中国石油和化学工业行业规划教材

"十二五"普通高等教育本科国家级规划教材
经全国职业教育教材审定委员会审定

"十三五"江苏省高等学校重点教材

（编号：2020-1-020）

荣获中国石油和化学工业优秀出版物奖（教材奖）一等奖

# 化工生产技术

## 第三版

陈 群 主编 樊亚娟 副主编

秦建华 主审

化学工业出版社

·北京·

## 内容简介

本书全面贯彻党的教育方针，落实立德树人根本任务，在教材中有机融入党的二十大精神。全书以化工生产过程为主线，从原料的选用到工艺条件的确定、反应操作控制、产品的后处理、储存及包装、产品的开发和流程的组织等，构建出一个完整真实的化工生产场景。全书通过对化工原料储存、选用与处理，化工生产过程分析、衡算与评价，化工生产操作与控制，反应产物的后处理及"三废"治理，化工过程开发与流程组织、评价，甲醇的生产，苯乙烯的生产，乙酸的生产，氯乙烯的生产和氯碱的生产共 10 个项目的介绍，让学生系统掌握信息和文献资料的检索方法、工艺路线的分析与选择、工艺参数确定、催化剂的选择与使用、生产设备的选择、生产工艺流程组织、生产操作与控制、生产异常现象及故障排除方法，培养学生解决实际问题的能力，使学生获得职业岗位技术应用能力和职业核心能力。

本书可作为高等职业院校化工及相关专业的专业课教材，也可作为项目化教学的参考教材供非化工相关专业选用，还可作为企业技术人员的参考书。

**图书在版编目（CIP）数据**

化工生产技术/陈群主编. —3 版. —北京：化学工业出版社，2020.10 （2025.1重印）

"十二五"职业教育国家规划教材　经全国职业教育教材审定委员会审定

ISBN 978-7-122-37703-6

Ⅰ. ①化…　Ⅱ. ①陈…　Ⅲ. ①化工生产-生产技术-高等职业教育-教材　Ⅳ. ①TQ06

中国版本图书馆 CIP 数据核字（2020）第 170798 号

---

责任编辑：提　岩　窦　臻　　　　　　　　　　文字编辑：王　芳
责任校对：王佳伟　　　　　　　　　　　　　　装帧设计：张　辉

---

出版发行：化学工业出版社（北京市东城区青年湖南街 13 号　邮政编码 100011）
印　　装：河北延风印务有限公司
787mm×1092mm　1/16　印张 16¾　字数 409 千字　2025 年 1 月北京第 3 版第 6 次印刷

---

购书咨询：010-64518888　　　　　　售后服务：010-64518899
网　　址：http://www.cip.com.cn
凡购买本书，如有缺损质量问题，本社销售中心负责调换。

---

定　　价：49.80 元

# 前言

本书依据高等职业院校人才培养目标，参照化工生产过程岗位特点来设计教学内容，采用项目化的模式编写。通过任务驱动的形式，强调培养学生的学习自主性，使学生获得职业岗位技术应用能力和职业核心能力。

本书以化工生产过程为主线，从原料的选用到工艺条件的确定，反应操作控制，产品的后处理、储存、包装，产品开发和流程组织，典型化工产品生产，并融入绿色节能、安全环保、人工智能等理念，构建出一个完整真实的化工生产场景。

为了便于教学和学生的学习，在每个项目前设有学习指南，明确了每个项目所要达到的知识目标和能力目标。每个项目含有若干明确的工作任务，为了使学生顺利完成工作任务，在工作任务后设置了技术理论、案例学习和拓展阅读。项目后的思考题、课外项目和课外阅读，不仅可以巩固项目学习效果，还可以提高学生的学习兴趣、拓宽知识面。

本次修订充分落实党的二十大报告中关于"实施科教兴国战略""着力推动高质量发展""加快发展方式绿色转型"等要求，对新标准、新知识、新技术等进行了更新和补充，还融入了数字化资源和德育元素，进一步丰富了教材的内容。

为了深入贯彻党的二十大精神，落实立德树人根本任务，本教材在重印时继续不断完善，有机融入工匠精神、绿色发展、文化自信等理念，弘扬爱国情怀，树立民族自信，培养学生的职业精神和职业素养。

活动的设计依赖于需要学生学习的内容，活动的形式没有统一标准，书中设计的活动仅作为教师在实际教学时的参考。书中的理论知识围绕活动任务展开，既可作为教学的主要内容，也可作为教学的参考。可采用灵活的教学方式，组织教学的地点既可以在课堂、实训中心，也可以在生产现场。

本书由常州工程职业技术学院陈群担任主编，常州工程职业技术学院樊亚娟担任副主编，其中项目一～项目三、项目五由陈群编写，项目四由常州工程职业技术学院马金花和太仓中化环保化工有限公司李忠国共同编写，项目六～项目九由樊亚娟编写，项目十由常州工程职业技术学院程进编写，全书由陈群统稿。江苏辉丰农化股份有限公司高级工程师张红伟、常州山峰化工有限公司工程师颜国平、嘉德信江阴检测技术有限公司工程师杨建华全程参与了教材的编写工作，在此一并表示感谢。本书由扬州工业职业技术学院秦建华教授担任主审，秦教授为本书的成稿付出了艰辛的劳动，提出了十分宝贵的意见，在此深表感谢！

由于编者水平所限，书中不足之处在所难免，敬请广大读者指正。

编　者

第一版前言

本教材依据高职高专人才培养目标，遵循学生的认知规律，采用项目化的教学模式编写，参照化学工业的生产过程特点来设计项目教学活动，采用任务驱动的形式，从而达到培养学生职业能力和职业素质的目标。

在项目设计中，以具体的典型化工产品的生产为载体，以学生的活动为主线，强调培养学生的学习自主性。本教材通过对 9 个项目的学习，使学生系统掌握信息和文献资料的检索方法、工艺路线的分析与选择、工艺参数确定、催化剂的选择与使用、生产设备的选择、生产工艺流程组织、生产操作与控制、生产异常现象及故障排除方法，培养学生解决实际问题的方法和能力，并注重培养学生的规范操作、团结合作、安全生产、节能环保等职业素质。

为了便于教学和学生的学习，在每个项目前设立了项目说明，明确了每个项目所要达到的知识目标、能力目标和素质目标。在每个活动中也明确了要具体达到的知识目标和能力目标。并在每个项目后列出了一定数量的思考题。为了巩固项目学习的效果，专门安排了课后的项目任务。

活动的设计依赖于需要学生学习的内容，活动的形式没有统一的标准，书中设计的活动仅作为教师在实际教学时的参考。书中的理论知识围绕活动任务展开，既可作为教学的主要内容，也可作为教学的参考。

本教材由常州工程职业技术学院陈群担任主编，陈群编写项目一、项目二、项目三（任务一、任务二、任务六）、项目四中任务七、项目五、项目七中任务六和项目六中的拓展阅读并负责全书统稿，由童国通编写项目三（任务三、任务四、任务五）、项目八，陈思顺编写项目四（任务一～任务六）、项目六、项目七（任务一～任务五），伍士国编写项目九。本书由扬州工业职业技术学院的秦建华副院长主审。常州工程职业技术学院陈炳和副院长在本书的编写过程中提出了许多宝贵意见，在此表示衷心的感谢。本书在编写过程中，得到了上海东方天祥检验服务有限公司杨建华、常州山峰化工有限公司颜国平的大力支持，在此一并表示感谢！

由于我们在项目化教材建设方面的经验尚有欠缺，在内容的选择和任务的设计上可能存在不足之处，欢迎广大专家和同行批评指正。

编　者
2009 年 6 月

# 第二版前言

本书依据高职高专人才培养目标，参照化工生产过程岗位的特点来设计教学内容，采用项目化的教学模式编写。通过任务驱动的形式，来实现培养学生职业能力和职业素质的目标。

本书以化工生产过程为主线，从原料的选用到工艺条件的确定、反应操作控制、产品的后处理、贮存、包装、产品的开发和流程的组织等，构建出一个完整真实的化工生产情境。全书以学生的活动为主线，强调培养学生的学习自主性，培养学生解决实际问题的方法和能力，并注重培养学生的规范操作、团结合作、安全生产、节能环保等职业素质。

为了便于教学和学生的学习，在每个项目前设立了项目说明，明确了每个项目所要达到的知识目标、能力目标和素质目标。每个任务后设置案例学习、拓展阅读，项目后设置了课外阅读，不仅可以提高学生的学习兴趣、拓宽知识面，还可培养学生敬业爱岗的精神。为了巩固项目学习的效果，每个项目后列出了一定数量的思考题，还专门安排了部分课后的项目任务。

活动的设计依赖于需要学生学习的内容，活动的形式没有统一的标准，书中设计的活动仅作为教师在实际教学时的参考。书中的理论知识围绕活动任务展开，既可作为教学的主要内容，也可作为教学的参考。可采用灵活的教学方式，组织教学的地点既可以在课堂、实训中心，也可以在生产现场。

全书由常州工程职业技术学院陈群担任主编，其中项目一～项目五由常州工程职业技术学院陈群编写；项目六～项目十一由常州工业职业技术学院樊亚娟编写，全书由陈群统稿。

本书由扬州工业职业技术学院秦建华担任主审，并对教材的成稿付出了艰辛的劳动，提出了十分宝贵的意见和建议，在此表示特别的感激！常州工程职业技术学院陈炳和在本书的编写过程中提出了许多宝贵意见和建议，在此表示衷心的感谢。在本书的编写过程中，还得到了上海东方天祥检验服务有限公司杨建华、常州山峰化工有限公司颜国平的大力支持，在此一并表示感谢。

本书可以作为高职高专化工生产技术类（化工工艺类）专业的专业课教材，也可以作为项目化教学的参考教材，非化工生产技术类（非化工工艺类）专业的专业课教材。

由于编者的水平有限，难免存在各种问题，敬请使用此书的老师和学生们指正。

编　者
2014 年 5 月

# 目录

## 项目六 甲醇的生产 —————————————————— 162

## 项目七 苯乙烯的生产 —————————————————— 181

## 项目八 乙酸的生产 —————————————————— 201

# 项目一
# 化工原料储存、选用与处理

 学习指南

化工原料是化工生产的基础，化工原料的储存、选用与处理操作在化工企业中是化工产品生产过程的辅助工序，属于化学反应工段的前道工序，企业只有根据自身的实际情况选择适合的原料路线、原料处理方法，才能实现优质、高效的化工生产。 通过本项目的学习和工作任务的训练，掌握化工原料的储存、选用、处理、混合与输送相关知识；并能根据企业实际、产品特点选择原料路线，正确进行原料处理和输送。

知识目标　1. 了解化工资源的结构及利用情况。

　　　　　2. 熟悉化工原料的储存原则和储存方法。

　　　　　3. 熟悉化工原料的选用原则。

　　　　　4. 熟悉化工原料常用的预处理方法。

能力目标　1. 具有信息检索能力和信息加工能力。

　　　　　2. 具有自我学习和自我提高能力。

　　　　　3. 能根据产品的要求选用原料路线。

　　　　　4. 能根据工艺要求及原料特性进行原料的处理及输送。

## 任务一　化工原料的储存

工作任务

查一查盐酸、氢氧化钠、碳酸氢钠的物性和储存方法，并完成下表。

| 名称 | 物性 | 储存方法 |
| --- | --- | --- |
| 盐酸 | | |
| 氢氧化钠 | | |
| 碳酸氢钠 | | |

试对三种原料的储存方法进行比较，并将结果相互交流。

## ✖ 技术理论

### 一、化工原料和化工产品

化工生产过程是指从原料出发，完成某一化工产品生产的全过程。一个化工生产过程一般包括：原料的净化、化学反应、产品的分离与提纯、"三废"处理及综合利用等。化工产品种类繁多，不同的化工产品其生产过程不尽相同；同一产品，原料路线和加工方法不同，生产过程也不同。

#### （一）化工原料

化工原料是指化工生产中能全部或部分转化为化工产品的物质。原料的部分或全部原子会转移到化工产品中去，一种原料经过不同的化学反应可以得到不同的产品，不同的原料经过不同的化学反应也可以得到同一种产品。在产品生产成本中，原料费所占的比例很高，有时高达60％～70％。当应用两种以上化工原料时，能构成产品主体的原料常称为主要原料。

就生产程序来说，化工原料可分为起始原料（也称为化工基础原料）、化工基本原料和辅助材料等。

**1.起始原料**

起始原料是人类通过开采、种植、收集等得到的原料，通常是指石油、天然气、煤和生物质及空气、水、盐、矿物质等自然资源。煤、石油和天然气既是原料，也是能源，对化学工业而言有着双重的意义。

现代化学工业发展初期，化学工业的起始原料是以煤为基础的。随着科学技术水平的迅猛发展，化学反应技术得到了很大的发展，自20世纪50年代中期以来，石油和天然气已取代煤成为化学工业的主要基础原料。

起始原料来源丰富，价格低廉，但经过一系列化学加工以后，就可以得到很多、很有价值的、更方便利用的化工基本原料和化工产品。由于人类对自然资源的无节制的开采，资源的枯竭已成为威胁人类社会发展的重要问题，化学工业同样也面临着可持续发展的问题，即如何利用有限的资源来创造出尽可能多的产品。

**2.化工基本原料**

化工基本原料是指自然界不存在的，需经一定加工得到的原料，通常是指低碳原子的烷烃、烯烃、炔烃、芳香烃和合成气。这些基本原料都是通过煤、石油、天然气等起始原料经过一定的途径生产而来的。

**3.辅助材料**

在化工生产过程中，除了需要消耗原料来生产化工产品外，还需要消耗一些辅助材料。相对于原料而言，辅助材料是反应过程中辅助原料的成分，它可能在反应过程中进入产品，也有可能不进入产品。辅助材料包括助剂、添加剂、溶剂和催化剂等，化工企业通常将辅助材料与原料一起统称为原材料。

#### （二）化工产品

**1.化工产品的概念**

化工原料经过一系列的物理、化学变化过程得到的目的产物称为化工产品。根据成品的使用目的不同，习惯上将不再用于生产其他化学品的成品，如化学肥料、农药、塑料、合成纤维等称为化工产品，而把再用于生产其他化学品的成品，如酸、碱、盐等无机产品和烃类、中间体等有机成品称为化工原料。

化工生产过程中常将所得到的某些目的产物作为下一道工序的原料，这种产物称为中间产品。化工企业所生产的产品大多属于中间产品。化工产品从中间产品进行生产，可以节约生产成本和提高生产效益，例如药品生产需要大量的特殊化学品，这些化学品原来大多由医药企业自行生产，但随着社会分工的深入与生产技术的进步，医药企业将一些医药中间体转交化工企业生产。

由于化学反应的多样性和复杂性，在生产主要化工产品的同时，也常常会得到一些非目的产物，称为副产物。将这些副产物进行回收，提供给其他生产过程或部门，这样的产品就称为化工副产品。如在石油裂解柴油馏分生产乙烯的过程中，会同时得到裂解汽油等副产品。

化工产品应符合产品要求的各项指标，如外观、颜色、粒度、晶形、黏度、杂质含量等，产品质量通常以纯度或浓度来表示。根据产品质量的好坏可分为不同等级，各有一定的规格和指标。

2. 主要化工产品

由于化工产品是原料经不同的化学反应转化而来的，因此化学反应的多样性就决定了化工产品的多样性。化工产品可以分为以下几类。

（1）无机化工产品　无机化工产品主要包括"三酸""两碱"与化学肥料（氮肥、磷肥、钾肥和复合肥）、无机盐、工业气体、单质（硅、铝、铁、溴、氯等）和元素化合物（卤化物、过氧化物、硫化物、氧化物等）。

## "三酸""两碱"

"三酸""两碱"，即硝酸（$HNO_3$）、硫酸（$H_2SO_4$）、盐酸（HCl）和氢氧化钠（NaOH）、碳酸钠（$Na_2CO_3$）。但碳酸钠不是碱，是盐，俗称纯碱、苏打，显碱性。

（1）硝酸　别名硝镪水，易溶于水，常温下其溶液无色透明，因浓硝酸溶有二氧化氮（$NO_2$），所以呈淡黄色。市售浓硝酸为恒沸混合物，质量分数为69.2%（约16mol/L），易挥发，市售浓度为95%以上的硝酸称为发烟硝酸。

（2）硫酸　纯硫酸一般为无色油状液体，凝固点（283.4K）过高，为了方便运输通常制成98%硫酸。通常将浓度低于98%而高于70%的硫酸称为浓硫酸，而浓度低于70%的称为稀硫酸。除此之外，将高浓度的$SO_3$通入硫酸可制成发烟硫酸（$H_2S_2O_7$），常见发烟硫酸的浓度为25%或45%。100%纯发烟硫酸为固体，熔点为36℃。

（3）盐酸　盐酸是氢氯酸的俗称，是氯化氢（HCl）气体的水溶液。市售盐酸一般质量分数为37%（约12mol/L）。一般的盐酸呈无色，但工业盐酸因为含有杂质（$Fe^{3+}$）而呈黄色。

（4）氢氧化钠　俗称烧碱、火碱、片碱、苛性钠。纯的无水氢氧化钠为白色半透明、结晶状固体，有吸水性，可用作干燥剂，且在空气中易潮解。氢氧化钠极易溶于水，溶解时能放出大量的热。纯固体烧碱呈白色，有块状、片状、棒状、粒状，质脆，纯液体烧碱为无色透明液体。

（5）碳酸钠　俗名苏打、石碱、纯碱、洗涤碱。含十个结晶水的碳酸钠为无色晶体，结晶水不稳定，易风化，变成白色粉末状碳酸钠。碳酸钠露置于空气中会逐渐吸收1mol/L（约15%）水分。

（2）基本有机化工产品　这些产品是以石油、天然气、煤等为原料，经过初步化学加工得到的化工产品，是以碳氢化合物及其衍生物为主的化工产品，如"三烯""三苯"、乙炔、萘、合成气等，由这些基本有机化工产品出发，经过进一步的化学加工，可生产出种类繁多、品种各异、用途广泛的有机化工产品。

## "三烯""三苯"

乙烯、丙烯和丁二烯简称"三烯"，是石化工业的基础原料。目前约有 75% 的石油化工产品由乙烯生产，主要产品有聚乙烯、聚氯乙烯、环氧乙烷/乙二醇、二氯乙烷、苯乙烯、乙醇、乙酸乙烯酯等多种重要的有机化工产品。丙烯是乙烯以外最重要的烯烃，用量仅次于乙烯。其最大的下游产品是聚丙烯（PP），占全球丙烯消费量的 50% 以上。丁二烯通常指 1,3-丁二烯，主要用于生产合成橡胶，如顺丁橡胶、丁苯橡胶、丁腈橡胶、苯乙烯-丁二烯-苯乙烯弹性体（SBS）、胶黏剂、汽油添加剂及用作有机合成原料，也用于生产 ABS 树脂和己二腈、己二胺等。

苯、甲苯、二甲苯工业上俗称"三苯"（BTX），作为化工原料或溶剂，广泛应用于染料工业、农药生产、香料制作、造漆、制药、制鞋、家具制造等行业。"三苯"均为无色透明油状液体，具有强烈芳香味，易挥发为气体，易燃有毒。

（3）高分子化工产品　高分子化工产品是一类发展迅速、产量较大、应用广泛的新型材料，是通过聚合反应获得的分子量在 $10^4 \sim 10^6$ 的化合物。高分子化工产品按用途分为塑料、合成橡胶以及橡胶制品、合成纤维、涂料和黏合剂等；按功能分为通用高分子化工产品和特种高分子化工产品两类。

## 三大合成材料

三大合成材料是指塑料、合成橡胶和合成纤维。它们是用人工方法，由低分子化合物合成的高分子化合物，又叫高聚物，分子量可在 10000 以上。

（1）塑料　塑料的主要成分是树脂，有热塑性和热固性两大类。人工合成的塑料是非生物降解材料，在自然状态下，能长期存在，不会分解。因此，塑料制品，尤其是大量使用的塑料薄膜袋和泡沫塑料容器，易造成环境污染问题。

（2）合成橡胶　人工合成的高弹性聚合物，也称合成弹性体。合成橡胶在 20 世纪初开始生产，从 40 年代起得到了迅速的发展。产量仅低于合成树脂（或塑料）、合成纤维。根据来源不同，橡胶可以分为天然橡胶和合成橡胶。合成橡胶一般需经过硫化和加工之后，才具有实用性和使用价值。合成橡胶在性能上不如天然橡胶全面，但它具有高弹性、绝缘性、气密性、耐油、耐高温/低温等性能，因而广泛应用于工农业、国防、交通及日常生活中。

（3）合成纤维　是用合成高分子化合物做原料而制得的化学纤维的统称。它是以小分子的有机化合物为原料，经加聚反应或缩聚反应合成的线型有机高分子化合物，如聚丙烯腈、聚酯、聚酰胺等。

（4）精细化工产品　精细化工产品也称为精细化学品或专用化学品，是具有某种特定功能或能增进（赋予）产品特定功能、附加价值高的化学品。

我国将农药、染料、颜料、涂料（含油漆和油墨）、黏合剂、食品和饲料添加剂、催化剂和各种助剂、化学原药和日用化学品、试剂和高纯物、功能高分子材料（包括功能膜、偏光材料等）、信息用化学品（包括感光材料、磁性材料等能接收电磁波的化学品）、香精和香料、精细陶瓷、医药制剂、酶制剂、电子信息材料、生物医药、生物农药等都划入精细化学品的范畴。

（5）生物化工产品　生物化工产品是指采用生物技术生产的化工产品，主要有乙醇、丙酮、柠檬酸、乳酸、葡萄糖酸、维生素、抗生素、生物农药、饲料蛋白、酶制剂等。

## 二、化工原料的储存

### （一）化工原料的储存量

化工原料的储存是化工生产的重要环节。为了保证化工生产过程的正常进行，需要有一定的原料储存量。正确地储存原料不仅可以减少原料的损耗、避免安全事故的发生，而且可以提高企业生产的经济效益。当然，化工原料储存量要适宜，不能过多，也不能过少。过多的原料储存量，首先会占用企业大量的流动资金，影响企业的正常生产和发展；其次也会占用工厂的大量空间，给企业的生产带来不便；还有可能因原料储存方法不当造成原料的挥发、风化等，导致原料的损耗和浪费。此外，过多的原料储存也会存在安全隐患，容易引发安全事故。同样，原料的储存量过少对企业生产也是不利的，一旦遇到原料价格的波动或者运输障碍，就会直接影响企业的正常生产，甚至可能导致停工停产，给工厂造成重大经济损失。因此，为了确保企业生产的正常进行，必须要有一定的原料储存量，但是原料储存量究竟多少合适还应综合考虑企业储存场所的大小、储存设备的投资费用，并结合原料的供应情况来确定。

### （二）化工原料的储存方式

化工原料既可能是起始原料也可能是上游的化工产品，但无论是起始原料还是上游化工产品，大多数具有有毒、有害、易燃、易爆的特性，有的甚至还有强烈的腐蚀性；有些化工原料在储存过程中虽然不会发生剧烈的化学变化，但会发生潮解、溶解、变质、聚合、缩合、氧化等缓慢的变化过程，除了会导致原料损耗外，储存时间长了也会使原料根本无法使用。因此，为了能够安全地储存好化工原料，首先要熟悉储存的化工原料的理化性质，严格遵循危险化学品的储存规定，特别是接触水、空气等外界因素会导致变质或发生危险事故的一些化工原料，在储存过程中更应小心谨慎，要严格按照该物质的物化性质采取适当的安全措施，防止事故的发生。

应根据化工原料的危险性、理化性质的不同采用不同的储存方式。从经济角度来说，化工原料储存应遵循的一般原则是：在确保原料储存安全的前提下，尽量节约储存原料场地或设备的投资，能室外储存的不在室内储存，能堆放储存的不用容器储存，能用非金属容器储存的不用金属容器储存，能用普通碳钢容器储存的不用合金钢容器储存。

化工原料储存的方式还要根据原料的形态来选择。煤、磷矿石、硫铁矿石等固体起始原料一般采用露天堆放，如图1-1，而作为化工中间体的原材料则通常在室内储存。至于液相和气相的化工原料，既可以采用室内储存方式也可以选择室外储存方式。在生产规模较大的化工企业，基于安全考虑，一般都单独设置专门的原料罐区，使原料罐区与生产区分开。

图 1-1 固体起始原料的堆放

### （三）化工原料的储存形式

根据企业生产实际选用整装储存或散装储存的原料储存形式。整装储存是将化工原料装于小型容器或包件中储存，如瓶装、袋装、桶装、箱装或钢瓶装。采用这种储存形式的地方往往存放的原料品种多，物品的性质相对复杂，管理起来难度较大。散装储存则是指物品不带外包装的净货储存形式。散装储存的特点是原料储存量较大，设备、技术条件比较复杂，有机液体危险化学品如甲醇、苯、乙苯、汽油等，一旦发生事故难以施救。无论整装储存还是散装储存都存在很大的潜在危险，所以，储存管理人员必须用科学的态度从严管理，确保不发生安全事故。

需要指出的是，由于化工原料危险性级别不同（表 1-1），对储存危险物品库房的要求也不一样。通常，化工产品都应储存于阴凉、通风、干燥的库房或货棚中，以防产生的挥发性气体积聚，引起燃烧或爆炸、中毒。对于挥发性大的液体物料，应采用加压或冷却的方法储存；有的还要避免阳光的暴晒，采用遮阳措施。对于气体原料，一般采用钢瓶或球形储罐储存，钢瓶或储罐必须定期进行安全检查，以确保气体原料储存的安全性。

表 1-1 化工原料或化工产品储存的火灾危险等级分类

| 储存物品类别 | 火灾危险性的特征 | 举例 |
|---|---|---|
| 甲类 | ①闪点小于 28℃ 的液体<br>②爆炸下限<10% 的气体，以及受水和空气中水蒸气的作用，能产生爆炸下限<10% 的气体的固体物质<br>③常温下能自行分解或在空气中氧化即能导致迅速自燃或爆炸的物质<br>④常温下受到水或空气中水蒸气的作用能产生可燃气体并引起燃烧或爆炸的物质<br>⑤遇酸或受热、撞击、摩擦以及遇有机物或硫黄等易燃的无机物而极易引起燃烧或爆炸的强氧化剂<br>⑥受撞击、摩擦或与氧化剂、有机物接触时能引起燃烧或爆炸的物质 | ①乙烷，戊烷，石脑油，环戊烷，二硫化碳，苯，甲苯，甲醇，乙醇，乙醚，甲酸甲酯，乙酸甲酯，硝酸甲酯，丙酮<br>②乙炔，氢，甲烷，乙烯，丙烯，丁二烯，环氧乙烷，水煤气，硫化氢，氯乙烯，液化石油气，电石，碳化铝<br>③硝化棉，硝化纤维胶片，喷漆棉，火胶棉，赛璐珞棉，黄磷<br>④钾，钠，锂，钙，锶，氢化锂，四氢化锂铝，氢化钠<br>⑤氯化钾，氯化钠，过氧化钠，硝酸铵<br>⑥赤磷，五硫化磷，三硫化磷 |

续表

| 储存物品类别 | 火灾危险性的特征 | 举例 |
|---|---|---|
| 乙类 | ①60℃＞闪点≥28℃的液体<br>②爆炸下限≥10％的气体<br>③不属于甲类的氧化剂<br>④不属于甲类的化学易燃危险固体<br>⑤助燃气体<br>⑥常温下与空气接触能缓慢氧化,积热不散引起自燃的物品 | ①煤油,松节油,丁烯醇,异戊醇,丁醚,乙酸丁酯,硝酸戊酯,乙酰丙酮,环乙胺,溶剂油,冰醋酸,樟脑油,甲酸<br>②氨气,液氯<br>③硝酸铜,铬酸,亚硝酸钾,重铬酸钠,铬酸钾,硝酸,硝酸汞,硝酸钴,发烟硫酸,漂粉<br>④硫黄,镁粉,铝粉,赛璐珞板(片),樟脑,萘,生松香,硝化纤维漆布,硝化纤维色片<br>⑤氧气,氟气<br>⑥漆布及其制品,油布及其制品,油纸及其制品,油绸及其制品 |
| 丙类 | ①闪点≥60℃的液体<br>②可燃固体 | 动物油,植物油,沥青,蜡,润滑油,重油,糠醛 |
| 丁类 | 难燃物品 | 自熄塑料及其制品,如聚氯乙烯及其制品,酚醛泡沫塑料及其制品,水泥刨花板 |
| 戊类 | 非可燃物品 | 钢材,铝材,玻璃及其制品,搪瓷制品,陶瓷制品,不可燃气体,玻璃棉,岩棉,陶瓷棉,硅酸铝纤维,矿棉,石膏及其无纸制品 |

注：难燃物品、非可燃物品的可燃包装的质量超过物品本身质量的 1/4 时,其火灾危险等级为丙类。

### (四) 典型储存容器

**1. 储罐**

储罐的种类多种多样，大致可分为储藏气体的气体储罐、储藏液体的液体储罐以及储藏固体的简仓。

（1）气体储罐　按其内部压力大小可分为低压储罐和高压储罐。内部压力低于 1MPa 的储罐称为低压储罐，内部压力在 1MPa 以上的储罐称为高压储罐。气体储罐的种类见图1-2。

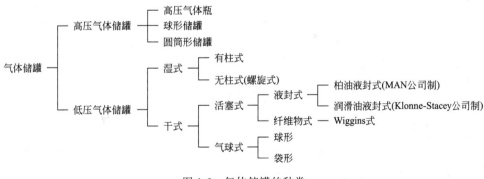

图 1-2　气体储罐的种类

（2）液体储罐　按照外观、形状、内储液的温度，液体储罐可以分成圆筒形、球形、类球形及低温储罐等。按其设置位置还有的称作地下储罐。圆筒形储罐广泛用于液体储藏，分为卧式和立式两种。立式储罐有固定顶盖或储罐和活动顶盖式储罐，通常用于常压下大量液体的储藏；而卧式储罐则限用于小容量低压或高压状况下的液体储藏。液体储罐的种类见图 1-3。

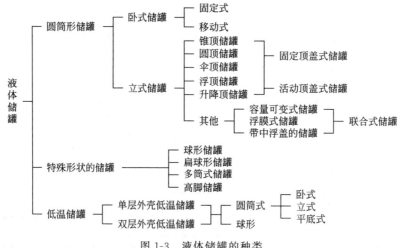

图 1-3　液体储罐的种类

　　易燃液体储罐在布置时，宜选择地势较低的地带。对于桶装或瓶装的整装甲类易燃液体应建造专门的易燃液体库房，不能露天布置。为了防止液体着火时流淌造成火灾蔓延，对易燃液体的地上、半地下储罐或储罐组，应当设置由不燃材料建造的防火堤或其他能够防止液体流散的设施。防火堤应能够确保容纳着火储罐中的全部液体而不至于流出堤外造成火灾蔓延。防火堤内储罐的布置一般超过两行，但如果是单罐容量不超过 1000m³ 且闪点超过 120℃的液体储罐，可不超过四行。在计算时，防火堤的高度宜为 1～1.6m，实际高度应比计算高度高出 0.2m。为了能够及时排出防火堤内的雨水和灭火冷却水，防火堤应设雨水排出管，但排水管应设置阀门等封闭装置，以保证储罐着火时液体不能向外流散。

　　**2. 气瓶**

　　气瓶的种类较多，其结构也各不相同。按结构不同可分为无缝气瓶和焊接气瓶。常用的无缝气瓶可分为凹形无缝气瓶和凸形带底座无缝气瓶两种。

　　凹形无缝气瓶由于底部是凹形的，所以这种气瓶没有底座。常用的氧气瓶就属于这类气瓶。凸形带底座无缝气瓶是用无缝钢管制成的无缝气瓶，为使凸形底的气瓶能直立于地面，在凸形底的外面用加热套合的方法装上一个上圆下方的底座圈。焊接气瓶由钢板卷焊的圆柱形筒体和两端封头组焊而成。钢瓶的类别及公称容积见表 1-2。

表 1-2　钢瓶的类别及公称容积

| 容积类别 | 容积(V)的范围/L | 气瓶结构类型 | 充装气体种类 | 容积系列级别/L |
|---|---|---|---|---|
| 小容积气瓶 | V≤12 | 无缝气瓶 | 永久气体或高压液化气体 | 0.4,0.7,1.0,1.4,2.0,2.5,3.2,4.0,5.0,6.3,7.0,8.0,9.0,10.0,12.0 |
| | | 焊接气瓶 | 低压液化气体或溶解乙炔 | 10 |
| 中容积气瓶 | 12<V≤100 | 无缝气瓶 | 永久气体或高压液化气体 | 20.0,25.0,32.0,36.0,38.0,40.0,45.0,50.0,63.0,70.0,80.0 |
| | | 焊接气瓶 | 低压液化气体或溶解乙炔 | 16,25,40,50,60,80,100 |
| 大容积气瓶 | V>100 | 焊接气瓶 | 低压液化气体或溶解乙炔 | 150,200,400,600,800,1000 |

气瓶的钢印标记包括制造钢印标记和检验钢印标记，是识别气瓶的依据。气瓶的钢印标记一般采用机械方法打印，以永久标准的形式打印在瓶肩或护罩等不可拆卸件上。气瓶的钢印标记图见图1-4。

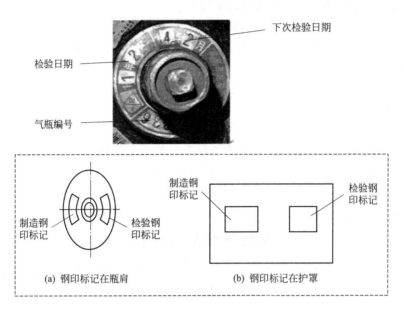

图 1-4　气瓶的钢印标记图

气瓶颜色标记是指气瓶外表的瓶色、字样、字色和色环。气瓶喷涂颜色标记的主要目的是方便从气瓶外表的颜色上迅速辨别出盛装某气体的气瓶和瓶内气体的性质（可燃性、毒性），避免错装和错用。此外，气瓶外表喷涂油漆还可以防止气瓶外表面生锈。

## 📖 案例学习

### 电石的储存

电石（图1-5）是有机合成化学工业的基本原料，通过电石可以合成一系列的有机化合物。工业用电石纯度为 $70\%\sim80\%$，杂质 CaO 约占 $24\%$，碳、硅、铁、磷化钙和硫化钙等约占 $6\%$。电石的化学性质非常活泼，遇水剧烈分解产生乙炔气和氢氧化钙，并放出大量的热。与氮气作用生成氰氨化钙。

图 1-5　电石

根据电石的化学性质，电石的储存要求如下：

① 储存电石的建筑应是单层建筑和轻质屋盖，符合一级耐火等级，仓库不得设置在低洼积水地区，也禁止将电石放在地下室内。库房地平面应高出室外地平面0.25m以上。

② 电石库房严禁铺设给排水管及蒸汽等管道。

③ 电石库房应采用防爆的照明灯、开关等。

④ 电石库房的门窗应向外开启，并有防雨棚。库房应有直通室外或通过带防火门的走道通向室外的出口。

⑤ 电石桶应放置在比库内地面高出20cm的垫板上，可摆数层，但最多不超过四层，并且各层间应放置宽达40~50cm的木板。

⑥ 仓库内应通风良好，保持干燥，空气相对湿度不应超过80%。

⑦ 电石库周围必须备有二氧化碳灭火器和干砂等消防器材，同时严禁烟火；库内不准使用能产生火花的铁制工具，不准在库内进行开启电石桶及粉碎电石等操作。

 **拓展阅读**

## 危险化学品的储存

危险化学品是指具有易爆、易燃、毒害、腐蚀、放射性等性质，在生产、经营、储存、运输、使用和废弃处置过程中，容易造成人身伤亡和财产损毁而需要特别防护的化学品。

### 1. 通用安全要求

按GB 15603—1995《常用化学危险品贮存通则》规定，对危险化学品的基本通用安全要求如下。

① 储存危险化学品的场所必须符合国家法律、法规和其他有关规定。

② 危险化学品必须储存在经公安部门批准设置的、专门的危险化学品库。未经批准不得随意设置危险化学品储存仓库。

③ 危险化学品的露天堆放必须符合防火防爆要求。爆炸物品、一级易燃物品、遇湿易燃物品、剧毒物品不得露天放置。

④ 储存危险化学品的仓库必须配备有专业知识的技术人员，仓库及场所应设专人管理，管理人员必须配备可靠的个人防护用品。

⑤ 储存的危险化学品应有明显的标志。同一区域储存两种或两种以上不同级别的危险品时，应按最高等级危险化学品的性能标志。

⑥ 根据危险物品的危险性分区、分类、分库储存。

⑦ 储存危险化学品的建筑、区域内严禁吸烟和使用明火。

### 2. 特殊储存要求

危险化学品储存方式取决于危险化学品分类、分项、容器类型、储存方式和消防的要求等。

① 遇火、热、潮湿引起燃烧、爆炸或发生化学反应、产生有毒气体的危险化学品不得在露天或潮湿积水的建筑物中储存。

② 受日光照射能发生化学反应引起燃烧、爆炸、分解或能产生有毒气体的危险化学品应储存在一级建筑物内。包装采取避光措施。

③ 爆炸类物品不得与其他类物品同储，必须单独隔离限量储存，仓库不准建在城镇，还应与周围建筑、交通干道、输电线路保持一定的安全距离。

④ 危险化学品储存区域或建筑物内输配电路线、灯具、应急照明灯和疏散指示标志，都应符合安全要求。

⑤ 储存易燃、易爆危险化学品的建筑，必须安装避雷装置。

⑥ 储存危险化学品的建筑，通排风系统应设有导除静电的接地装置。

⑦ 储存危险化学品的建筑必须安装通风设备，并注意设备要有相应的防护措施。

⑧ 通风管宜采用阻燃材料制作。通风管道不宜穿过防火墙等防火分隔物，必须穿过时，应用阻燃分隔。

⑨ 储存危险化学品建筑采暖的热媒温度不应过高（热水采暖不超过80℃）。不得使用蒸汽和机械采暖。采暖管道和设备的保温材料，必须采用阻燃材料。

3. 储存方式

危险化学品储存方式可以分为隔离储存、隔开储存和分离储存三种。

隔离储存是指在同一房间或同一区域内，不同的物料之间分开一定的距离，非禁忌物料间用通道保持空间的储存方式；隔开储存是指在同一建筑或同一区域内，用隔板或墙将禁忌物料分离开的储存方式；分离储存是指在不同的建筑物或远离所有建筑的外部区域的储存方式。

# 任务二　化工原料的选择

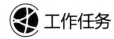 工作任务

查一查甲醇的工业生产方法，了解甲醇不同生产方法所用的原料，并完成下表。

| 甲醇的工业生产方法 | 所用原料 |
| --- | --- |
|  |  |
|  |  |
|  |  |

试对甲醇的不同生产方法所用原料进行比较，并将比较结果相互交流。

## 技术理论

### 一、化学工业的资源路线

#### （一）煤的化工利用

煤（coal）是自然界蕴藏最丰富的自然资源，已知煤的储量要比石油储量大十几倍。煤是由含碳、氢的多种结构的大分子化合物和少量硅、铝、钙、镁等无机矿物质组成。

我国煤炭储藏量十分丰富，煤的产量位居世界前列。煤的品种很多，根据成煤过程的程度不同，可将煤分为泥煤、褐煤、烟煤、无烟煤等。不同品种的煤具有不同的元素组成，见表1-3。

表1-3 煤的元素组成（质量分数）

| 煤的种类 | 元素组成 | | | 煤的种类 | 元素组成 | | |
|---|---|---|---|---|---|---|---|
| | C/% | H/% | O/% | | C/% | H/% | O/% |
| 泥煤 | 60~70 | 5~6 | 23~35 | 烟煤 | 80~90 | 4~5 | 5~15 |
| 褐煤 | 70~80 | 5~6 | 15~25 | 无烟煤 | 90~98 | 1~3 | 1~3 |

将煤进行化学加工，不仅可以得到作为热能和动力的燃料，供给生产和生活的需要，而且可以获得大量的基本有机化工生产的宝贵原料。经过化学加工可以将煤转化为气体、液体和固体燃料及化学品，煤化工加工的产品链见图1-6。

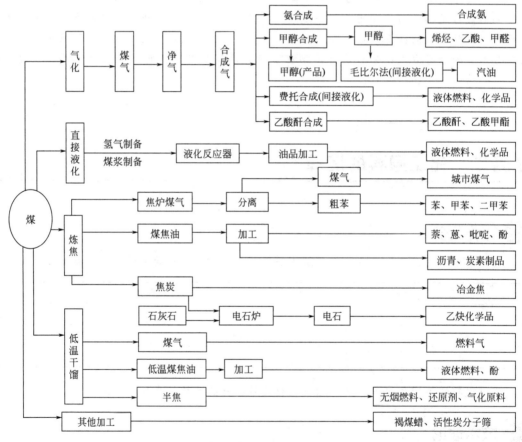

图1-6 煤化工加工的产品链图

煤化工（chemical processing of coal）始于18世纪后半叶，19世纪形成了完整的煤化学工业体系。煤化工的利用途径有以下几种。

### 1. 煤的干馏

煤的干馏（coal carbonization）是将煤隔绝空气加热，在高温下使煤中有机物发生复杂的化学变化的加工过程。煤干馏除了能得到冶金工业所需的焦炭外，还能同时得到化学工业所需的有机原料，如煤焦油、粗苯和焦炉气。

根据加热温度的不同，煤的干馏分为高温干馏（焦化）（1173～1373K）和低温干馏（773～873K）。焦化温度不同，所得焦化物的组成也不同。高温干馏产生焦炭、焦炉气、粗苯和煤焦油，而低温干馏则产生半焦、低温焦油和煤气等产物。

煤的干馏在炼焦炉中进行，炼焦炉用耐火砖砌成，如图1-7所示。它设有焦化室和燃烧室，中间有炉墙把它们隔开。焦化室的下面为蓄热室。

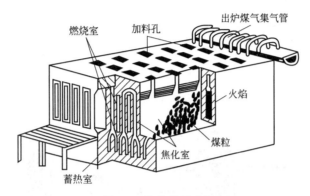

图1-7　炼焦炉示意图

### 2. 煤的气化

煤气化（coal gasification）是以煤或焦炭为原料，以氧气（空气、富氧或工业纯氧）、水蒸气或氢气等作气化剂，在高温条件下通过化学反应使其气化为可燃性气体的工艺过程。

$$C+O_2 \Longrightarrow CO_2 +394.1kJ/mol$$
$$C+H_2O \Longrightarrow H_2 +CO-135.0kJ/mol$$
$$C+CO_2 \Longrightarrow 2CO-173.3kJ/mol$$

与煤的干馏不同的是，煤的气化几乎可以利用煤中全部含碳和氢的物质。煤气化生成的气体的组成取决于燃料、气化剂的种类以及进行气化过程的条件，成分主要是$CO$、$H_2$、$CO_2$、$CH_4$、$N_2$、$H_2O$，还有少量硫化物、烃类和其他微量成分。

煤的气化是获得基本化工原料——合成气（$CO+H_2$）的重要途径。合成气不仅是合成氨、甲醇等化工产品的基本原料，还可用作气体燃料。

煤的气化是发展现代煤化工最重要的单元技术。进入21世纪后，开发具有高效、超洁净特点的煤气化技术更是成为世界煤化工技术发展的主流。为了保证我国经济的可持续发展，减少燃煤对大气的污染，必须大力发展洁净煤技术。目前，煤气化的专利技术主要有Shell（壳牌）加压气化法、Texaco（德士古）加压气化法、GSP（鲁奇）水煤浆气化法。

图1-8所示为Shell合成气园模式，它是以煤制合成气为核心，将生产甲醇、乙酸、合成氨等化工产品与洁净联合循环发电、城市煤气和供热（蒸汽或热水）等相结合组成能源化工多联产系统，取得了较好的经济效益、社会效益和环境效益。

图1-9所示为Texaco（德士古）加压气化法流程。

Shell加压气化法与Texaco加压气化法比较见表1-4。

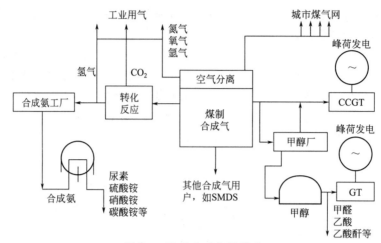

图 1-8 Shell 合成气园模式

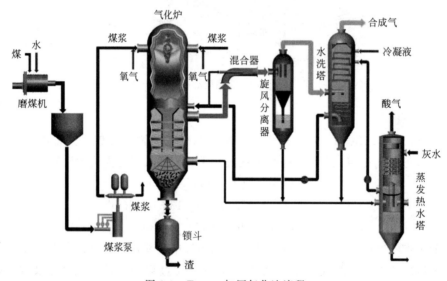

图 1-9 Texaco 加压气化法流程

**表 1-4 Shell 加压气化法与 Texaco 加压气化法比较**

| | Shell(壳牌)加压气化法 | Texaco(德士古)加压气化法 |
|---|---|---|
| 优点 | (1)干煤粉进料,煤种适应性比较广,对煤的灰熔融性温度范围的要求比其他气化工艺较宽一些。粉煤用密封料斗法升压(即间断升压),常压粉煤经变压仓升压进入工作仓(压力仓),其压力略高于气化炉,粉煤用氮气或 $CO_2$ 夹带入炉(经喷嘴)<br>(2)气化温度高(1400～1600℃),压力 3.0MPa,碳转化率高达 99% 以上<br>(3)氧耗低<br>(4)干煤粉下喷式喷嘴,并有冷却保护<br>(5)Shell 煤气化炉的单炉生产能力大,日处理煤量达1000～2000t。煤气化炉采用水冷壁结构,无耐火砖衬里,维护量少,运转周期长,无需备炉<br>(6)煤中约 83% 的热能转化为合成气,约 15% 的热能被回收为高压或中压蒸汽,总热效率为 98% 左右 | (1)气化炉结构简单,没有水冷系统,初投资较小<br>(2)原料适应性强,可以处理废旧轮胎等<br>(3)压力范围宽,气化压力高,单炉生产能力大,对下游工艺也非常有利<br>(4)自动化控制水平高,采用了一系列自控系统<br>(5)该工艺在高温、高压下反应,气化效率较高,Texaco 生成煤气洁净,煤气中有毒物质少、无焦油等高分子有机物,煤气净化系统简单,"三废"污染少,大部分工艺水回收循环使用,几乎无废气排放,废渣可用于制水泥、建筑材料<br>(6)进料系统简单,水煤浆以高压煤浆泵进料,比干进料系统安全,易于控制,气化炉采用单喷嘴运行,所有的气化物料都从一个喷嘴喷入,水煤浆可连续供料,从而使操作更为稳定<br>(7)有效气体成分高,$H_2/CO$ 有较宽幅度可调性 |

续表

| | Shell(壳牌)加压气化法 | Texaco(德士古)加压气化法 |
|---|---|---|
| 缺点 | (1)装置控制的自动化程度很高,对配套工程、操作、设备检修、设备性能的要求很高<br>(2)对锅炉给水的水质要求高,同时对水汽系统配管、设备安装及试车的要求也高<br>(3)高压氮气和超高压氮气的用量过大,部分抵消了其节能的优势<br>(4)不是所有的煤种都适于 Shell 气化法。要选用灰熔融性温度低、活性好、灰分含量较低的适于 Shell 气化的好煤种,才能够确保长周期安全稳定运行 | (1)碳的转化率一般只有 96%～98%,影响气化效率的提高<br>(2)冷煤气效率比较低,一般只有 0.70～0.76,因而热煤气显热的回收任务比较重<br>(3)气化所需的耗氧量较多,需要专门的制氧系统<br>(4)炉膛耐火砖的寿命短,价格高,更换时间长,耐火砖每 4 年要全部更换一次<br>(5)水煤浆泵和喷嘴易磨损 |

### 3. 煤的液化

煤的液化(coal liquefation)是指煤经化学加工转化成为液体燃料的过程。煤的液化可分为直接液化和间接液化两种。

煤的直接
液化流程

(1)煤的直接液化　煤的直接液化也称为煤的加氢液化,是煤化工领域的一项高新技术。该技术将煤制成油煤浆,于 693～753K 和 10～30MPa 压力下催化加氢,获得液化油,并进一步加工成汽油、柴油及其他化工产品。国外对该技术的开发始于 20 世纪 20 年代,德国曾于 30～40 年代将其工业化。70 年代国外又开始了对煤的直接液化的新工艺、新技术开发,相继开发出了一批新的加工过程,如美国的溶剂精炼煤法、埃克森供氢溶剂法、氢煤法等,但至今尚未有大规模工业化应用的实例。中国神华集团于 2004 年开始煤直接液化的产业化研究,2008 年在我国内蒙古鄂尔多斯市建成全球唯一的百万吨级煤直接液化工业化示范装置,并于 2011 年正式投入商业运行。

(2)煤的间接液化　煤的间接液化是将煤首先制成合成气,然后在催化剂作用下将合成气转化成发动机燃料油和其他化工产品的过程。南非于 20 世纪 50 年代开始建设煤间接液化的商业化工厂,目前已形成年产 700 万吨产品的生产能力。国内对间接液化技术的开发已有近 40 年的历史,目前我国已拥有具有自主知识产权的低温费托合成煤间接液化制油技术。

### (二)石油的化工利用

石油(oil)是一种有气味的黏稠状液体,色泽有黄色、褐色或黑褐色,色泽深浅与密度大小有关,也与所含组成有关。石油相对密度为 0.75～0.98,不溶于水。石油是由众多碳氢化合物组成的混合物,成分复杂,随产地不同而异。石油中含量最高的两种元素是碳和氢,其质量分数分别为碳 83%～87%,氢 11%～14%,O、S、N 占总含量的 1%～4%。

石油中所含烃类有烷烃、环烷烃和芳香烃三种,没有烯烃和炔烃。根据其所含烃类主要成分的不同可以把石油分为三大类:烷基石油(石蜡基石油)、环烷基石油(沥青基石油)和中间基石油。我国所产石油大多数属于烷基石油,如大庆原油就属于低硫、低胶质、高烷烃类石油,含有较多的高级直链烷烃。

从地下开采出来的未经加工处理的石油称为原油。原油一般不直接利用,需经过加工炼制,制成各种石油产品,如轻汽油、汽油、煤油、柴油、润滑油、石蜡、凡士林、沥青等。将原油加工成各种石油产品的过程称为石油加工,或石油炼制,简称炼油。

石油的蒸馏包括常压蒸馏和减压蒸馏,是石油加工方法中最简单,也是历史最悠久的方法。常减压蒸馏是利用原油中所含各组分沸点的不同,以物理方法将其分离成各种不同沸点范围的馏分的工艺过程。

常压蒸馏又称为直馏，是在常压和 300～400℃ 条件下进行的蒸馏。典型的原油常减压蒸馏装置是以加热炉和精馏塔为主体的管式蒸馏装置。原油常减压蒸馏流程如图 1-10 所示。

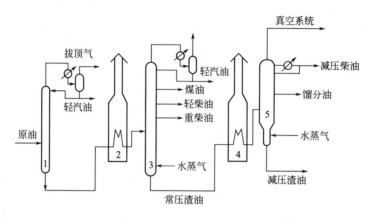

图 1-10　原油常减压蒸馏流程
1—初馏塔；2—常压加热炉；3—常压塔；4—减压加热炉；5—减压塔

在常压蒸馏塔的不同高度可分别采出汽油、柴油、煤油等油品，留在常压塔底的重组分称常压渣油，含有许多高沸点组分，为了避免在高温下蒸馏而导致组分进一步分解，采用减压操作。将常压渣油送入减压蒸馏塔，由侧线得到减压馏分油，塔底为减压渣油。减压柴油也可作生产乙烯的裂解原料和催化裂化原料，减压渣油经氧化处理可制得石油沥青，也可用于生产石油焦化气态烃、汽油和柴油等。

原油经蒸馏得到的直馏汽油有限，而且主要成分是直链烷烃，其辛烷值低，质量差，从数量和质量上不能满足交通事业和其他工业部门燃料油品的要求。为了提高汽油产量和质量，往往把蒸馏后所得的各级产品再进行二次加工。二次加工方法很多，下面简要介绍几种常用的加工过程。

1. 催化裂化

催化裂化（catalytic cracking）是炼油工业中广泛采用的一种裂化过程。催化裂化是指在催化剂的存在下，于 0.1～0.3MPa 和 450～550℃ 进行裂化的过程。催化裂化的目的是将不能用作轻质燃料的常减压馏分油，加工成辛烷值较高的汽油等轻质燃料，是增产轻质油品的主要手段。

催化裂化过程主要设备结构简单，工艺过程简单，操作容易，适于加工非高含硫原油。由于所用原料和催化剂及反应条件的不同，所得到的催化裂化气组成也就不同，一般乙烯含量为 3%～4%、丙烯为 13%～20%、丁烯为 15%～30%、烷烃占 50% 左右（均为质量分数）。催化裂化气可作基本有机化工的原料，可直接用于生产各种基本有机化工产品，另外，所含的大量烷烃也是生产乙烯和丙烯的原料。

2. 催化重整

催化重整（catalytic reforming）于 20 世纪 40 年代已工业化，最初用来生产高辛烷值的汽油，现在已成为将石油馏分经过化学加工转变为芳烃的重要方法之一。催化重整是以适当的石油馏分为原料，在贵金属催化剂的作用下，进行碳架结构重新调整，使环烷烃和烷烃发生脱氢芳构化而形成芳烃的化学加工过程。催化重整不仅能生产高辛烷值汽油，而且能提供苯、甲苯、二甲苯等芳烃原料及液化气和溶剂油，并副产氢气。

催化重整过程所发生的化学反应主要有：①环烷烃脱氢芳构化；②环烷烃异构化脱氢形成芳烃；③烷烃脱氢芳构化，经重整后得到的重整汽油含芳烃 30%～50%，从重整汽油中提取芳烃，精制后可得苯、甲苯、二甲苯和 $C_9$ 芳烃。

综上所述，将以上石油加工获取基本有机化工产品的方法和过程用一个简单的图表示，如图 1-11 所示。

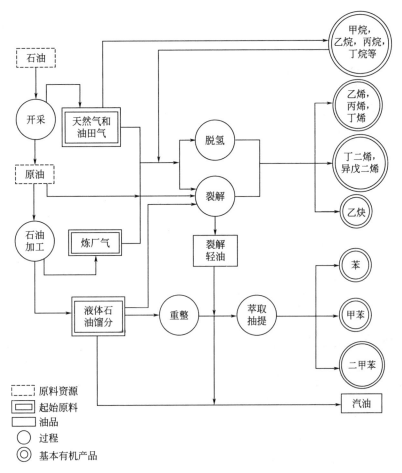

图 1-11　从石油加工获取基本有机化工产品的过程网络

### （三）天然气的化工利用

天然气（nature gas）是由埋入冲积土层中的大量动植物残骸经过长时期密闭，由厌氧菌发酵分解而形成的一种可燃性气体。天然气除含有主要成分甲烷外，还有乙烷、丙烷和丁烷等各种烷烃，并含有少量戊烷以上的重组分及二氧化碳、氮、硫化氢、氨等气体杂质。

根据天然气中甲烷和其他烷烃含量的不同，通常将天然气分为干气和湿气两种。干气又称为贫气，通常含甲烷 80%～90%，因较难液化，故称干性天然气。湿气也称为富气，因含有较多的乙烷、丙烷、丁烷等 $C_2$～$C_6$ 烃类，经压缩、低温处理后较易液化，故称湿性天然气。

天然气有单独蕴藏的丰富资源，通常称为气田，由气田采出的天然气，主要成分是甲烷，有的气田所采天然气甲烷含量可高达99％以上。湿天然气的产地常常和石油产地在一起，它们随石油一起开采出来，故通称为油田气，又称油田伴生气。油田气的成分也是以甲烷为主，并含有乙烷、丙烷和丁烷以及少量轻汽油，还有硫化氢、二氧化碳和氢等杂质。我国天然气蕴藏量丰富，绝大多数为干气，其组成随产地而异。

天然气的热值高，污染小，是一种清洁能源，在能源结构中的比例逐渐提高。目前，天然气化工是世界化学工业的重要支柱。天然气在世界一次能源消费中的比重仅次于石油和煤炭，是第三大能源，同时又是石油化工的重要原料来源。

以甲烷为主要原料的天然气化工从20世纪20年代以来一直保持稳定的发展，天然气是相对稳定而廉价的化工原料，世界上约有85％的合成氨和化肥、90％的甲醇及甲醇化学品、80％的氢气、60％的乙炔及炔属化学品是用天然气为原料生产的。天然气的化工利用主要有三个途径：①经转化制成合成气或含氢很高的气体，然后进一步合成甲醇、高级醇、人造液体燃料等；②经部分氧化（裂化）得到乙炔，发展乙炔化学工业；③直接用于生产各种化工产品，如氢氰酸、各种氯化甲烷、硝基甲烷、甲醇、甲醛等。以天然气为原料的主要化工产品网络如图1-12所示。

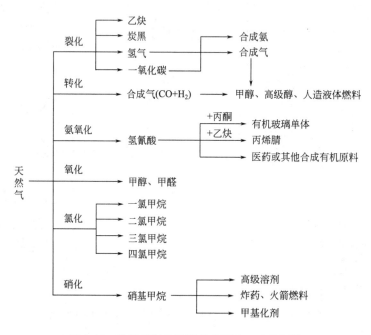

图1-12　以天然气为原料的主要化工产品网络

**页岩气**

页岩气是指附存于富有机质泥页岩及其夹层中，以吸附和游离状态为主要存在方式的非常规天然气，成分以甲烷为主，页岩气很早就已经被人们所认知，但采集比传统天然气困难。随着技术的进步及探明储量的持续增加，未来页岩气开采将进入爆发式增长期。

页岩气是一种清洁、高效的能源资源和化工原料，主要用于民用和工业燃料，化工和发电等，具有广阔开发前景。页岩气的开发和利用有利于缓解油气资源短缺，增加清洁能源供应，是常规能源的重要补充。

页岩气生产过程中一般无需排水，生产周期长（30～50年），勘探开发成功率高，具有较高的工业经济价值。在美国天然气供应中，页岩气所占比例越来越高。我国页岩气资源潜力大，初步估计可采资源量在31万亿立方米，与常规天然气相当。

## 可燃冰

可燃冰，学名天然气水化合物，其化学式为 $CH_4 \cdot 8H_2O$。可燃冰是洁净的新能源，它是天然气的固体状态（因海底高压），主要成分是甲烷分子与水分子。它的形成与海底石油的形成过程相仿，而且密切相关。埋于海底地层深处的大量有机质在缺氧环境中，厌气性细菌把有机质分解，最后形成石油和天然气（石油气）。其中许多天然气又被包进水分子中，在海底的低温与压力下形成可燃冰。这是因为天然气有个特殊性能，它和水可以在 2～5℃ 内结晶，这个结晶就是可燃冰。因为主要成分是甲烷，可燃冰也常称为甲烷水合物，在常温常压下它会分解成水与甲烷。可燃冰可以看成是高度压缩的固态天然气。外表上看它像冰霜，从微观上看其分子结构就像一个一个由若干水分子组成的笼子，每个笼子里"关"一个气体分子。

目前，可燃冰主要分布在东、西太平洋和大西洋西部边缘，是一种极具发展潜力的新能源，但由于开采困难，海底可燃冰至今仍原封不动地保存在海底和永久冻土层内。$1m^3$ 可燃冰可转化为 $164m^3$ 的天然气和 $0.8m^3$ 的水。科学家估计，海底可燃冰分布的范围约 4000 万平方公里，占海洋总面积的 10%，海底可燃冰的储量估计够人类使用 1000 年。

### （四）生物质的化工利用

生物质即生物有机物质，泛指农产品、林产品以及各种农林产品加工过程中的废弃物。农产品的主要成分是单糖、多糖、淀粉、油脂、蛋白质、木质纤维素等；林产品主要是由纤维素、半纤维素和木质素三种成分组成的木材。

利用生物质资源获取基本有机化学工业的原料和产品已有悠久的历史。早在17世纪，人们已发现将木材干馏可制取甲醇（联产乙酸和丙酮）。当前，利用生物质生产基本有机化工产品的主要方法有发酵、水解和干馏等。

1. 淀粉水解

将含糖或淀粉的物质经水解、发酵，可得乙醇、丙酮、丁醇等基本有机原料。如玉米淀粉的发酵过程如图1-13所示。

图1-13　玉米淀粉的发酵过程

糖蜜、纤维素也是发酵法制乙醇的良好原料。

## 生物乙醇

　　生物乙醇是指通过微生物的发酵将各种生物质转化为燃料酒精，它可以单独或与汽油混配制成乙醇汽油作为汽车燃料。汽油掺乙醇有两个作用：一是可以取代污染环境的含铅添加剂来改善汽油的防爆性能；二是可以改善燃烧，减少发动机内的碳沉淀和一氧化碳等不完全燃烧污染物排放。同体积的生物乙醇汽油和汽油相比，燃烧热值低30%左右。但因为只掺入10%，热值减少不显著，而且不需要改造发动机就可以使用。按照我国的国家标准，乙醇汽油是用90%的普通汽油与10%的燃料乙醇调和而成。乙醇汽油作为一种新型清洁燃料，它不影响汽车的行驶性能，还减少有害气体的排放量，是当前世界上可再生能源的发展重点，具有较好的经济效益和社会效益。

　　早在20世纪20年代，巴西就开始了乙醇汽油的使用。由于巴西盛产甘蔗，于是形成了用甘蔗生产蔗糖、醇的成套技术。目前世界上使用乙醇汽油的国家主要是美国、巴西等国。我国燃料乙醇的消费量已占汽油消费量的20%左右，成为继巴西、美国之后第三大生物燃料乙醇生产国和消费国。

### 2. 纤维素水解

　　稻草、麸皮、玉米芯、甘蔗渣、棉籽壳、花生壳等农业副产品和农业废物中含有的纤维素水解的过程如图1-14所示。

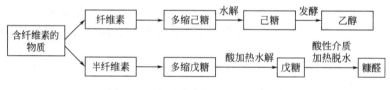

图1-14　含纤维素物质的水解过程

　　由于生物质水解是工业上得到糠醛的唯一方法，因此糠醛在各种生物质的化工利用中占有重要的地位。糠醛学名呋喃甲醛，是无色透明的油状液体，由于分子结构中含有羰基、双烯等官能团，化学性质活泼，可参与多种类型的化学反应，常用来生产糠醛树脂、顺丁烯二酸酐、合成纤维等，同时也是医药、农药产品的重要原料之一，是有机化学工业中的重要原料。

### 3. 油脂水解

　　油脂是高级饱和与高级不饱和脂肪酸的甘油酯，是制取高级脂肪酸和高级饱和醇的重要原料。

　　随着全球经济的快速发展和石化能源的不断开发，能源危机已逐渐显现。发展生物液体燃料将极大地缓解能源危机，具有广阔的开发前景。

　　生物液体燃料的加工过程，主要是指利用生物质热解综合技术和生物质液化技术提取生物液体燃料过程，也就是生物质的脂化过程。生物质液化技术是以生物质为原料，通过热化法、生化法、机械法和化学法等方法，制取醇类和生物柴油等液体燃料的反应过程。

## 生物柴油

生物柴油又称为生物质柴油，是指以油料作物如大豆、油菜、棉、棕榈等，野生油料植物和工程微藻等水生植物油脂以及动物油脂、餐饮垃圾油等为原料油通过酯交换或热化学工艺制成的可代替石化柴油的再生性柴油燃料。生物柴油是生物质能的一种，是含氧量极高的复杂有机成分的混合物，这些混合物主要是一些分子量大的有机物，其在物理性质上与石化柴油接近，可以像柴油一样使用，普遍用于拖拉机、卡车、船舶等。

生物柴油最普遍的制备方法是酯交换反应，由植物油和脂肪中占主要成分的甘油三酯与醇（一般是甲醇）在催化剂存在下反应，生成脂肪酸酯。脂肪酸酯的物理和化学性质与柴油非常相近甚至更好。

综上所述，利用生物质资源经过化学加工可得多种基本有机化工原料和产品，甚至从生物质制取是得到某些产品的唯一方法，因此开发利用生物质资源生产基本有机化工原料和产品具有重要意义。

### (五) 再生资源的开发利用

工农业和生活肥料在原则上都可以回收处理、加工成有用的产品，这些再生资源的利用不仅可以节约自然资源，而且是治理污染、保护环境的有效措施之一。

将废旧塑料重新炼制成液体燃料的方法已经有工业化生产装置，重炼的方法也很多。例如焦化法，将废旧塑料与石油馏分油混合并在 $250 \sim 350℃$ 下熔化成浆液，然后送至焦化炉加热处理，产生气体、油和石油焦。气体产物中主要含有甲烷、乙烷、丙烷、正/异丁烷等重要的化工原料。石油焦可以用于炼铁和制造石墨电极等。液体产物可分馏得到焦化汽油、焦化瓦斯油和塔底馏分油，可进一步加工生产汽油、煤油和柴油等燃料。

含碳的废料也可通过部分氧化法转化为小分子气体化合物，然后再加工利用。例如使部分聚烯烃塑料废渣在富油雾化燃烧的火焰内发生部分氧化反应，放出大量的热造成高温，其余的聚烯烃在此高温下发生吸热的裂解反应，产生的气体为氢气、一氧化碳、乙烯、甲烷等混合物。

近年来，对工业废物资源化的技术开发的研究报道也较多，例如从苯酚（phenol）装置产生的废渣油中回收有用物质的工艺研究，利用在玉米生产淀粉过程中产生的玉米浸渍水为原料来生产、肌醇等的技术研究，从异丙苯生产苯酚的副产物中分离蒸馏残渣——酚焦油等。

## 肌醇

肌醇是一种"生物活素"，参与体内的新陈代谢活动，具有免疫、预防和治疗某些疾病等多种作用，在发酵和食品工业中，可用于多种菌种的培养和促进酵母的增长等。高等动物若缺乏肌醇，会出现生长停滞和毛发脱落等现象，人体每天对肌醇的需求量是 $1 \sim 2g$，许多保健饮料和儿童食品都加有微量肌醇。

　　肌醇还是肠内某些微生物的生长因子，在其他维生素缺乏时，它能刺激所缺乏维生素的微生物合成维生素。

　　我国开发了以玉米浸渍水为原料，用离子交换树脂吸附法生产植酸钠，再进行加压水解反应生产肌醇的新工艺。新工艺生产肌醇的同时，联产磷酸氢二钠（磷酸氢二钠产量为肌醇产量的 12 倍左右），有效地回收了谷物中的有机磷，为农副产品中有机磷的回收开辟了新的途径。

## 二、原料的选用

　　化学工业的原料资源是多种多样的，如何选定原料路线是一项复杂而重要的工作，对国民经济的发展也有深远的影响。任何化工产品，不论市场前景如何广阔、利润空间如何巨大，如果没有充足的原料供应，就不具备进行正常化工生产的基础。通常，选择原料时，应充分考虑以下几方面因素。

　　1. 原料资源来源

　　原料资源是否充足可靠是原料选用首先要考虑的因素。有些化工原料不仅要考虑地方或国内有丰富的资源来源，从战略角度出发，也要考虑有稳定的外部资源供应，才能实现可持续发展。如世界上一些石油资源丰富的国家，也都在进行石油的战略储备，以实现本国经济的可持续发展。中国海洋石油化工海南东方基地地处的中海油海南基地具有丰富的南海油气资源，可以稳定地供应天然气，因此生产合成氨和合成甲醇选用天然气作原料；而江苏恒盛化肥集团位于江苏北部，没有丰富的天然气资源，但有可靠的陕煤和晋煤供应，因此生产合成氨和合成甲醇选用煤炭作为起始原料更为经济。

　　2. 原料成本

　　原料成本是原料选用需要考虑的第二个因素。化工原料一般占化工产品生产成本的 $60\%\sim70\%$，所以化工原料的价格直接影响企业的经济效益。原料的价格首先取决于原料的储量、开采和运输等外界因素，储量丰富、开采方便、易于运输的原料价格相对较低；反之，储量稀缺、开采不便、运输不易的原料，价格则相对较高。

　　此外，原料市场行情的波动也会影响化工产品的正常生产。例如，2008 年下半年，受国际金融危机的影响，化工产品销路受阻，价格一路下跌，但化工原料价格变化不大，有的甚至还略有上升，导致产品与原料价格间的价差缩小，影响了化工企业生产的积极性。当化工原料的价格发生波动时，对选用不同原料路线来生产同一种化工产品的不同企业影响就会不一样，如国际石油价格下跌时，以石油为原料生产化工产品的企业利润空间增大，而以煤为原料的化工生产企业则难以为继；相反，当国际石油价格上涨时，以石油或天然气为原料的化工企业就举步维艰，而以煤为原料的化工生产企业却能很好地生存。

　　从储量上来看，目前石油或天然气储量相对来说还比较丰富，短时间内不会面临资源的枯竭；从开采和运输上来看，石油和天然气便于开采和运输，可以用管道进行长距离的输送，输送成本低、安全可靠。虽然煤的储量十分丰富，但是煤只能通过水路、公路或铁路进行输送，而且有时候从原料产地需要通过几种运输方式才能到达目的地，再加上运输过程中不安全因素较多，所以煤的运输成本较高。为了解决煤的长距离运输困难的问题，化学工作者设法将煤通过气化、液化方式转化成煤气和液态烃后，实现像石油和天然气那样的长距离管道输送，当然这种输送方式的成本较高，我国已在内蒙古建成了世界首座百万吨煤加氢直接液化制轻质烃的装置。

　　化工原料的选用除了要考虑上述因素外，还要考虑选用的原料含杂质尽可能少，能用比较简易的方法加工成质量较好的产品，尽可能避免直接使用粮食作物或日用轻工业原料等因素。

　　总之，原料的选用是一个复杂的系统工程，不仅要从技术的角度，还要从经济、安全和环保的角度进行多方面综合考虑。

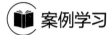 案例学习

## 合成气生产的原料路线

　　合成气是以一氧化碳和氢气为主要组分，用作化工原料的一种原料气。合成气的生产和应用在化学工业中具有极为重要的地位。早在 1913 年已开始从合成气生产氨，现在氨已成为最大吨位的化工产品。从合成气生产的甲醇，也是一个重要的大吨位有机化工产品。20世纪 70 年代石油涨价以后，又提出了碳一化学的概念。对合成气应用的研究，引起了各国极大的重视。

### 碳一（$C_1$）化学

　　碳一（$C_1$）化学是指研究从一个碳原子的化合物（如 $CH_4$、CO、$CO_2$、$CH_3OH$、HCHO 等）出发合成一系列重要的化工原料和燃料的化学。由于 $C_1$ 化学是以化工原料多样化和能源"非石油化"为目标，所以受到了世界各国的关注和重视。以煤、天然气制合成气再进一步制备各种化工产品和洁净燃料，已成为当今化学工业发展的必然趋势。

　　对一碳化合物合成其他化学品的研究和开发，逐渐形成了 $C_1$ 化学的主要分支，包括天然气化工、煤化工、合成气化工、CO 化工、$CO_2$ 化工、甲醇化工及甲醛化工等。目前，已工业化的 $C_1$ 化学生产技术包括合成乙酸、乙酸酐、草酸等产品，下一代的 $C_1$ 化学的发展方向和研究重心主要集中于由甲烷合成甲醇（甲醛）、由甲烷制造乙烯和 $CO_2$ 的固定等。

　　制造合成气的原料是多种多样的，许多含碳的资源像煤、天然气、石油馏分、农林废料、城市垃圾等均可用来制造合成气。目前，工业上生产合成气的方法主要有以下三种。

　　1. 以天然气为原料的生产方法

　　工业上由天然气制合成气的技术主要有蒸汽转化法和部分氧化法。蒸汽转化法是在催化剂存在及高温条件下，使甲烷等烃类与水蒸气反应，生成 $H_2$、CO 等混合气，此法技术成熟，目前广泛用于生产合成气。

$$CH_4 + H_2O = 3H_2 + CO$$

　　部分氧化法是由甲烷等烃类与氧气进行不完全氧化生成合成气。

$$2CH_4 + O_2 = 2CO + 4H_2$$

由天然气制合成气的过程如图 1-15 所示。

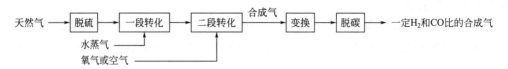

图 1-15　天然气制合成气过程

### 2. 以煤为原料的生产方法

以煤为原料的生产方法有间歇式和连续式两种,其中连续式是在高温下以水蒸气和氧气为气化剂,与煤反应生成 CO 和 $H_2$。该生产方法技术先进,生产效率高。

$$C+O_2 \Longrightarrow CO_2$$
$$C+H_2O \Longrightarrow CO+H_2$$
$$C+2H_2O \Longrightarrow CO_2+2H_2$$
$$2C+O_2 \Longrightarrow 2CO$$
$$C+CO_2 \Longrightarrow 2CO$$

煤与水蒸气制合成气的过程如图 1-16 所示。

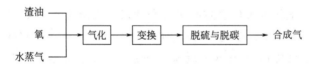

图 1-16　煤与水蒸气制合成气过程

### 3. 以渣油为原料的生产方法

由渣油为原料生产合成气的技术有部分氧化法和蓄热炉深度裂解法,目前常用的是部分氧化法,如图 1-17 所示。

图 1-17　渣油制合成气过程

以上三种制合成气的生产方法中,以天然气为原料制合成气的成本最低,煤与渣油制造合成气的成本相近,而渣油制合成气可以使石油资源得到充分的综合利用。

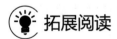 拓展阅读 ·················································································

## 化工资源的综合利用

化学工业的资源是多种多样的,实际生产中究竟采用哪一种资源路线和生产技术,必须遵循经济而又可行的原则。当资源路线确定后,资源的综合利用就成为一项重要的任务,它不仅与经济效益、社会效益和环境效益有着直接的关系,而且将对国民经济的可持续发展产生深远的影响。因此,资源的综合利用水平已成为衡量一个国家化学工业发展水平高低的一个重要标志。

煤作为化学工业的原料始于 18 世纪,19 世纪形成了完整的煤化工体系。以煤作原料可加工得到许多石油化工较难得到的产品，如酚、萘、蒽、喹啉、吡啶等。煤化工产品是医药、农药、合成纤维、合成橡胶、塑料等工业部门的重要原料。此外，从煤焦油中回收酚、萘、蒽等一些重要的芳香烃化合物，成本较其他方法低廉。我国的年均消耗煤量在 10 亿吨以上。但目前煤炭资源的利用存在着两个突出的问题：一是综合利用率低，煤主要作为燃料，大量的煤由于燃烧不完全，变成黑烟或灰渣，造成很大的浪费；二是污染环境。通过煤的综合利用，在提高煤的价值的同时，可避免由于燃烧不充分而造成的浪费和环境污染问题。在煤的干馏气化和液化等技术上，第一，应加强洁净煤技术的研究，最大限度地降低煤炭使用中产生的污染；第二，应努力开发煤炭的气化、加氢液化等新技术，进一步提高煤炭的利用率；第三，应合理使用余热，生产廉价的合成气，降低下游有机化工产品的生产成本；第四，应大力发展煤电转化，电厂建在煤炭生产基地附近，直接在当地把煤炭资源转化成电力资源进行输送；第五，应努力提高煤炭使用过程中产生的废弃物的综合利用水平，如粉煤灰用于改良土壤或生产建筑材料，以解决由于燃煤造成的环境污染问题。

## 粉煤灰

粉煤灰，是从煤燃烧后的烟气中收捕下来的细灰，是燃煤电厂排出的主要固体废物，是我国当前排量较大的工业废渣之一。大量的粉煤灰如果不加处理，就会产生扬尘，污染大气；若排入水系会造成河流淤塞，而其中的有毒化学物质还会对人体和生物造成危害。

粉煤灰具有良好的物理化学性质，可资源化利用。粉煤灰中含有大量水溶性硅、钙、镁、磷等农作物所必需的营养元素，可作农业肥料和土壤改良剂，能广泛应用于改造重黏土、生土、酸性土和盐碱土，弥补其酸、瘦、板、黏的缺陷。

在目前国际石油资源日益紧缺的情况下，针对我国富煤少油的资源特点，积极发展煤化工具有重要的战略意义。因此，从长远观点看，为了摆脱对石油资源的过度依赖，应大力发展煤炭的综合利用。

石油和天然气的综合利用率高。石油化学工业原料综合利用的主要途径是：先从低碳烯烃乙烯、丙烯开始，逐步转向其他高碳烯烃以及芳烃原料；对石油资源的综合利用开始时采用简单的工艺，生产少数几个产品，然后转向采用比较复杂的工艺过程，生产更多的下游产品，并实现了大型化、管道化和自动化；此外，乙烯生产过程中的联产品，如碳四馏分中的1-丁烯和2-丁烯，碳五馏分中的环戊二烯、间戊二烯、重芳烃，氧化过程中的副产物等均得到了一定的利用。在利用天然气生产合成气、乙炔的同时，还可以利用副产气体生产合成氨等，尤其可生产附加值更高的 $C_1$ 化工产品和精细化工产品。

利用石油和天然气作燃料或化工原料，比用煤和农副产品作燃料或化工原料的成本要低得多。例如，用石油制得的乙烯生产乙炔，要比用电石法制乙炔的成本低 50%；用石油气生产合成氨，其成本比用煤作原料低得多。此外，石油和天然气在化学组成上具有适宜的氢碳比，且都是流体，比输送固体煤方便，这对减少基建投资、降低动力消耗、简化工艺过程、提高劳动生产率都是有利的。

以生物质为化学工业的原料，对节约能源、改善环境具有重要意义，但由于农林副产品中所含的可供化工利用的有效成分较少，且耗用量大、运输不便、生产能力有限，因此成本较高，再加上它们的分散性、季节性以及所花费的劳动力大等因素，难以满足大工业生产的需要，因而在原料资源的产区，因地制宜地发展中、小型化工厂具有一定的意义，如用粮食作物发酵生产乙醇、从油料作物中提取天然油脂等。

矿物质作为化学工业的基础原料，一般受矿产资源的限制，必须根据矿产资源的储量来发展相应的化学工业，以提高其有效成分的利用率，尤其要重视贵金属资源的综合利用问题。

从目前来看，我国资源综合利用仍存在消耗高、浪费大、利用率低的问题。如我国矿产资源总回采率仅为30%左右，比世界先进水平低近20%；对共生、伴生矿进行综合开发的只占1/3，综合回采率不足20%。近几年来，国家虽然制定了一系列鼓励开展资源综合利用的政策和措施，但管理还没有纳入法制化轨道，在一定程度上影响了资源综合利用的健康发展。因此，大力发展资源综合利用技术，是适应经济增长方式转变和实施可持续发展战略的需要。

总之，资源的综合利用，应根据其成分，通过对资源的前期分离、深度加工和开发附加值更高的下游产品来达到。

# 任务三　化工原料的处理

 **工作任务**

查一查煤制合成气的生产，了解煤制合成气中的杂质、杂质的危害及净化方法，并完成下表。

| 煤制合成气中的杂质 | 杂质的危害 | 净化方法 |
|---|---|---|
|  |  |  |

对表中内容进行整理，并将结果相互交流。

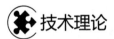 **技术理论**

## 一、原料的预处理

化工生产的全过程可分为原料的预处理、化学反应和产物的分离与精制三个阶段。存在于自然界的原料多数是不纯的，如果直接采用这样的原料进行化学反应，与反应无关的组分经过反应器时，轻则影响反应器的处理能力，使反应组成复杂化；重则损坏催化剂甚至腐蚀设备，使生产无法顺利进行。可见，原料预处理是化工生产中十分重要的一环。原料预处理过程的基本功能是将原料转化成反应状态下的反应物，包括满足催化剂对原料的要求。因此，化工原料的预处理是以满足后续的化学反应为目的所进行的化工单元操作，化工原料预处理就是为了使经过处理后的原料符合进行化学反应所要求的状态和规格。

原料预处理的具体过程及设备需视所使用的原料规格和反应过程的要求而定，一般有两种情况：一是原料的净制，即除去原料中的有害杂质或者进行物态的改变等；二是相当于中间产物的制备，由基本原料制得符合反应要求的反应物。

原料的预处理应根据原料的不同状态和反应对原料的要求，分别对其进行净化、提浓、混合、乳化或粉碎（对固体物料）等不同的简单单元操作或几种简单单元操作的组合，以达到反应对原料规格（状态、粒度、纯度）的要求。

不同形态的原料应采取不同的预处理方法，选择预处理方法必须遵循以下原则：①必须满足工艺要求；②尽可能选择简便可靠的预处理工艺；③预处理过程中不要产生新的污染、不要造成损失；④要充分利用反应和分离过程的余热及能量。

**1. 固体原料的预处理**

为了增大反应的接触面积，提高反应速率，固体原料一般要经过破碎或粉碎、过筛等过程以达到反应要求的粒度。粒度过小，虽然气固接触面积较大，有利于提高反应速率，但是容易被气流带走，燃烧不充分；粒度过大，气固接触面积较小，反应速率较慢。所以固体进行焙烧时，需要一定的粒度。

需要制备成溶液的固体物料，也需要将大块物料破碎成小块的物料，以增大溶解的速率，有时候也在溶解的过程中采用加热的方式增大溶解速率和提高物质的溶解度，但是在加热的过程中要注意溶液的挥发性，以防操作人员中毒。有些物料在常温时，特别是在冬季，气温比较低时是固态，而在反应温度下是液体。此种物料如以固态投入反应器，反应速率较快，难以控制，无法进行正常的反应，所以在投入反应器之前必须加热熔化成液体，再按要求的比例或速度投入反应器中参加反应，如苯酚与甲醛水溶液的反应。

**2. 液体原料的预处理**

液体原料的质量标准如果能够满足生产工艺的要求就不需要重新处理。对于达不到反应要求的液体原料，可采用非均相分离的方法以除去其中的固体杂质，如采用精馏的方法除去液体杂质。在原油的炼制过程中，经管道输送来的原油首先要进行脱盐、脱水，然后经过初馏、常压精馏和减压精馏后，得到石脑油、汽油、轻柴油、重油、减压柴油和渣油。如果石脑油是符合热裂解要求的，就不需要再进行预处理。

**3. 气体原料的预处理**

工业上一般采用吸收的方法脱除气体原料中的有害杂质，吸收的方法包括物理吸收、化学吸收或物理-化学吸收。采用物理-化学吸收时，一般可先进行物理吸收，后进行化学吸收，这样不仅能将气体原料中的有害气体脱除干净，还能节约化学溶剂的用量，同时又有利于污水治理和水的回收利用。对于气体中的固体粉尘，有害杂质含量较小的，一般采用吸附单元操作，因为此时吸附比吸收更方便、更经济合理。

## 二、原料的混合

两种或两种以上的原料参加的化学反应，原料在进入反应器之前需要按一定比例进行混合，以保证反应的正常进行。化工原料的混合有的是在混合器中混合好后进入反应器；有的是在反应器中进行混合，混合后直接升温反应。气固相反应的气体反应物料一般要先在混合器中进行混合。有氧参加的化学反应各反应物的量应按爆炸极限的要求进行计量混合；无氧参加的化学反应各反应物料一般以化学计量比为基础，经具体的工艺研究确定各物料实际用量进行混合。对于气液相反应，当反应体系是液相时，原料直接进入反应器进行混合；对于液液相反应，若反应物料是液体则按照计量要求投入反应器中，通过机械搅拌使其混合均匀后参与反应，而不需要事先混合。若反应物料是固体可以加入溶剂加热溶解后进行反应，也有的可以先熔化成液体后再与其他组分混合进行反应。

### 三、原料输送

原料输送是指利用输送机械将原料从储存区输送到计量罐或者反应器让其参与化学反应的过程。根据原料的状态，可分为固体原料输送和流体原料输送，流体原料输送又可分为液体原料输送和气体原料输送。

1. 固体原料的输送

固体原料的输送相对于流体输送来说更安全、方便，固体原料的输送通常采用敞开式输送，如利用皮带输送机来实现一定斜坡高度的输送，在电解食盐水溶液之前的粗盐精制中，就是利用皮带输送机械将工业粗盐从粗盐仓库输送到具有一定高度的食盐溶解槽中。固体原料有时也可以利用平板车、手推车搬运，然后用料斗或料桶通过手提或电动葫芦提升到进料口送入反应器中。还可以采用螺旋推进器连续不断地将定量固体物料送入反应器中。

2. 流体原料的输送

化工生产中所处理的物料（包括原料、中间产物、产品和载体等）多数为流体，如何按工艺要求实现从原料储罐到化学反应设备间的安全输送，是实现化工安全生产的重要环节。由于液体化工原料的种类繁多，性质各异，而且温度（从低于$-200℃$到高达$1000℃$以上）、压力（从高度真空到$100MPa$）、流量（从$10^{-3}\,m^3/h$到$10^4\,m^3/h$以上）变化较大，所以液体输送形式、输送机械、管道及其材质也有很大的差异。

液体原料的输送可以采用压送、抽吸和泵送的方式。压送通常用于挥发性较大、沸点较低、易于发生燃烧爆炸的物质的输送，这类物质无法用抽吸或泵送的方式输送，压送所采用介质一般为氮气，氮气压力应在克服流体在流经管道、管件、阀门和仪表所产生的阻力后，要略微高于反应器内操作压力。而在不压送液体时，只需要保持氮气的压力，保证原料液体正常储存即可。抽吸输送方式适用于沸点较高、挥发性相对较小的原料的输送，抽吸液体时一般是采用喷射真空泵造成系统内的真空，使原料源源不断地进入反应器，对于间歇操作过程，当原料进入量达到反应要求时，关闭真空，停止进料。而泵送则一般适用于水溶液或有机液体等原料，常选用离心泵或计量泵。选用离心泵时，为了计量的方便，可以设置高位槽。操作方法是先将料液打入高位槽，如间歇反应过程，一般采用液位计进行计量；若是连续反应过程，一般是在高位槽上部设置回流管以保证稳定的液位。也可以不设置高位槽，在此直接设置双转子流量计计量操作，它适用于连续化生产，对于间歇生产过程，则省去了转子流量计。鼓风机和压缩机则是常用的气体原料输送机械，对于常压反应，常用鼓风机；对于加压反应，常用压缩机；对于气体输送流量比较大的，近年多采用离心式压缩机；对于气体输送流量比较小的，仍然采用传统的往复式压缩机。对于工厂无高压蒸汽可利用的，可以选用离心式压缩机或往复式压缩机输送气体；但对于工厂有高压蒸汽可利用的，一般选择离心式压缩机作为气体的输送机械。

流体输送过程总费用包括管道、输送机械的折旧费用和输送机械的能耗费用。在化工原料的输送过程中，应尽量缩短输送距离，减少阻力损失，节约能量。对于一定输送量的流体，采用大口径管道时，流动阻力减少，能耗下降，但管道的投资和折旧费用增加；采用小口径管道时，投资和折旧费用减少，但能耗费用增加。因此，选用管道口径过大或过小，使管道内流体的流速过小或过大，都是不经济的。工厂内部的原料输送可参照各种流体在管道内常用流速范围，来确定管道内的流速，据此确定现有流体输送管径是否符合要求。

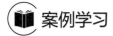 **案例学习**

## 原油加工前的预处理

从油田中采出的石油都伴有水，而在水中又溶解有 $NaCl$、$CaCl_2$、$MgCl_2$ 等盐类。这些杂质对炼油装置的危害是很大的。原油含水过多会造成蒸馏塔操作不稳定，严重时甚至造成冲塔事故，而且含水过多还增加了系统中的热能消耗。

原油中所含的盐类在换热器和加热炉中会沉积在管壁，轻则降低传热效率，重则堵塞管路；$CaCl_2$、$MgCl_2$ 能水解生成具有强腐蚀性的 HCl，尤其在低温时，对设备腐蚀更为严重；原油中的盐类大多残留在渣油和重馏分中，将直接影响某些产品的质量，同时也使二次加工原料中金属含量增多，加剧催化剂的污染和中毒。由于上述原因，原油在加工前要求进行脱水、脱盐预处理。原油脱水、脱盐的要求一般规定含盐量 $<0.05kg/m^3$，含水量为 $0.1\%\sim0.2\%$。

原油中的盐大部分是溶于所含的水中，所以脱盐和脱水是同时进行的。为了能脱除悬浮于原油中的盐的细粒，在脱盐脱水之前需要向原油中加入一定量的软化水来溶解盐粒，然后使盐与水一起脱除。由此可见，脱盐脱水的实质就是脱水。由于含水原油常常是较稳定的油包水型乳状液，因此，只有破坏了这种乳化状态，才能使水滴聚结而达到油水分离的目的。实践证明，加热和加入破乳剂能破坏乳化液的保护膜；在高压电场的作用下，乳状液中的微滴，由于带电荷水滴的变形和运动，并由于边界膜受到破坏而聚集为巨大的水滴，受重力作用下沉，也能达到破乳的目的。所以，目前炼油厂广泛采用加入破乳剂和高压电场联合作用的电脱盐法。

加入定量的软水和破乳剂的原油，经加热器升温至 100℃ 左右后进入电脱盐脱水器。电脱盐脱水器是一立式或卧式圆罐，内设有特殊结构的电极，原油脱水后从罐体上部排出，盐水从下部排出。

 **拓展阅读**

## 生物质原料的预处理

生物质预处理是生物质技术研究开发的一个重要环节，生物质资源的品种多样性、性质复杂性以及外形差异性决定了其应用过程中必须经过预处理环节。预处理技术即是为了满足某种工艺的特殊需要而对生物质所做的技术处理，也就是对天然生物质的一个提质处理。

通过预处理可以改变天然生物质的尺寸、密度、水分、成分以及一些化学特性等，合理的预处理将大大提高生物质燃料的质量标准，直接影响生物质的能量转化及应用。

生物质的含水量一般较大，新收集的秸秆类生物质含水量为 $40\%\sim60\%$，直接加以利用有一定的难度，而且生物质在储存过程容易腐烂变质。再加上生物质的堆积密度较小，增加了运输和储存所占空间，使生物质的利用难度增加。一般来说，秸秆水分含量在 $20\%$ 左右时，其堆积密度为 $20\sim60kg/m^3$，其热值仅相当于燃煤的 1/10。生物质几何形状多样，从农作物秸秆到木材、树枝，从生物粪便到生活或工业垃圾，所有的生物质外形尺寸千差万别。同时，生物质原料的燃烧特性与灰渣的烧结温度范围也有很大变化，对生物质原料进行合理的预处理可以减少这些差异所导致的对利用过程的影响。目前主要的生物质预处理技术包括干燥技术、切割与粉碎技术、成型技术、打捆技术、垃圾筛选技术以及垃圾衍生燃料技术等。

## 思考题

1. 试比较化工生产上的几个概念：产品、成品、半成品、副产品。
2. 化工原料和化工产品之间有何联系？
3. 化工基础原料是指哪些物质？
4. 试简述从石油获取化工原料的途径。
5. 试简述从煤获取化工原料的途径。
6. 试简述从天然气获取化工原料的途径。
7. 以石油和天然气为化工原料资源有哪些优点？对于我国而言，以煤为原料资源有怎样的现实意义？
8. 原料为什么要进行预处理？原料预处理的原则是什么？
9. 原料选择应综合考虑哪些因素？
10. 用列表方法回答化工原料有哪三种状态？每种状态的净化方法有哪些？
11. 化工原料输送机械有哪些？请列出液体原料的输送机械。
12. 结合具体的产品，说明原料预处理的原因和方法。

## 课外项目

了解氯乙烯的工业生产方法。结合本地实际，分析氯乙烯生产应采用的原料路线，所用原料的安全储存要点。

## 课外阅读

### 化工计量

化工生产与计量关系密切，化工生产中大宗原材料多为各种液体和固体物质，经过炉、窑、塔、釜等化工设备，进行间断或连续的各种传热、传质过程和化学反应。这些反应绝大部分是密闭的，只有通过各种计量器具对工艺过程的温度、压力、流量、液位、组成等参数进行自动检测和控制，才能使反应得以按规定的、严格的技术条件生产出优质的化工产品。例如：在合成乙酸乙烯的反应中，工艺要求严格控制反应器中部温度，温度偏高，催化剂会中毒失活；温度过低，则影响反应收率，使消耗增加，质量难以保证。化工生产普遍具有易燃、易爆、高温、高压、剧毒、强腐蚀等特点，这些特点既体现了化工计量的重要性，也给化工计量与监控工作提出了更高的要求。只有加强计量与监控工作，方能使化工生产在允许的范围内长周期安全稳定运行。在化工原料的储存和处理中，经常会涉及压力、液位、流量等的检测。

### 1. 压力检测

压力检测仪表按照其转换原理不同，可分为液柱式、弹性式、活塞式和电气式四大类，其工作原理、主要特点和应用场合见表1-5。

**表1-5 压力检测仪表分类比较**

| 压力检测仪表的种类 | | 检测原理 | 主要特点 | 用途 |
|---|---|---|---|---|
| 液柱式压力计 | U形管压力计 | 液体静力平衡原理（被测压力与一定高度的工作液体产生的重力相平衡） | 结构简单、价格低廉、精度较高、使用方便。但测量范围较窄，玻璃易碎 | 适用于低静压测量，高精确度者可用作基准器 |
| | 单管压力计 | | | |
| | 倾斜管压力计 | | | |
| | 补偿微压计 | | | |
| | 自动液柱式压力计 | | | |
| 弹性式压力计 | 弹簧管压力表 | 弹性元件弹性变形原理 | 结构简单、牢固，使用方便，价格低廉 | 用于高、中、低压的测量，应用十分广泛 |
| | 波纹管压力表 | | 具有弹簧管压力表的特点，有的因波纹管位移较大，可制成自动记录型 | 用于测量400kPa以下的压力 |
| | 膜片压力表 | | 除具有弹簧管压力表的特点外，还能测量黏度较大的液体压力 | 用于测量低压 |
| | 膜盒压力表 | | 用于低压或微压测量，其他特点同弹簧管压力表 | 用于测量低压或微压 |
| 活塞式压力计 | 单活塞式压力表 | 液体静力平衡原理 | 比较复杂和贵重 | 用于做基准仪器，校验压力表或实现精密测量 |
| | 双活塞式压力表 | | | |
| 电气式压力表 | 压力传感器 应变式压力传感器 | 导体或半导体的应变效应原理 | 能将压力转换成电量，并进行远距离传送 | 用于控制室集中显示、控制 |
| | 压力传感器 霍尔式压力传感器 | 导体或半导体的霍尔效应原理 | | |
| | 压力（差压）变送器 力矩平衡式变送器 | 力矩平衡原理 | 能将压力转换成统一标准电信号，并进行远距离传送 | |

### 2. 液位检测

液位计是用来观察设备内部液位变化的一种装置，为设备操作提供部分依据。一般用于两种目的。一是通过测量液位来确定容器中物料的数量，以保证生产过程中各环节必须定量的物料。二是通过液位测量来反映连续生产过程是否正常，以便可靠地控制过程的进行。

液位检测仪表的种类很多，大体上可分成接触式和非接触式两大类。常见的各类液位检测仪表的检测原理、主要特点和应用场合见表1-6。

表 1-6　液位检测仪表的分类

| 液位检测仪表的种类 | | | 检测原理 | 主要特点 | 应用场合 |
|---|---|---|---|---|---|
| 接触式 | 直读式 | 玻璃管液位计 | 连通器原理 | 结构简单,价格低廉,显示直观,但玻璃易损,读数不十分准确 | 现场就地指示 |
| | | 玻璃板液位计 | | | |
| | 差压式 | 压力式液位计 | 利用液柱对某定点产生压力的原理而工作 | 能远距离传送 | 可用于敞口或密闭容器中,工业上多用差压变送器 |
| | | 吹气式液位计 | | | |
| | | 差压式液位计 | | | |
| | 浮力式 | 恒浮方式　浮标式 | 基于浮于液面上的物体随液位的高低而产生的位移来工作 | 结构简单,价格低廉 | 测量储罐的液位 |
| | | 恒浮方式　浮球式 | | | |
| | | 变浮力式　沉筒式 | 基于沉浸在液体中的沉筒的浮力随液位变化而变化的原理工作 | 可连续测量敞口或密闭容器中的液位、界位 | 需远传显示、控制的场合 |
| | 电气式 | 电阻式液位计 | 通过将液位的变化转换成电阻、电容、电感等电量的变化来实现液位的测量 | 仪表轻巧,滞后小,能远距离传送,但线路复杂,成本较高 | 用于高压腐蚀性介质的液位测量 |
| | | 电容式液位计 | | | |
| | | 电感式液位计 | | | |
| 非接触式 | 核辐射式液位仪表 | | 利用核辐射透过物料时,其强度随物质层的厚度而变化的原理工作 | 能测量各种液位,但成本高,使用和维护不便 | 用于腐蚀性介质的液位测量 |
| | 超声波式液位仪表 | | 利用超声波在气、液、固体中的衰减程度、穿透能力和辐射声阻抗各不相同的性质工作 | 准确性高,惯性小,但成本高,使用和维护不便 | 用于对测量精度要求高的场合 |
| | 光学式液位仪表 | | 利用液位对光波的折射和反射原理工作 | 准确性高,惯性小,但成本高,使用和维护不便 | 用于对测量精度要求高的场合 |

### 3. 流量检测

流量分为瞬时流量和累积流量。瞬时流量是指在单位时间内流过管道某一截面流体的数量,简称流量,其单位一般用立方米每秒($m^3/s$)、千克每秒($kg/s$)。累积流量是指在某一段时间内流过流体的总和,即瞬时流量在某一段时间内的累积值,又称为总量,单位用千克($kg$)、立方米($m^3$)。

通常把测量流量的仪表称为流量计,把测量总量的仪表称为计量表。流量的检测方法很多,所对应的检测仪表种类也很多,见表 1-7。

表 1-7　流量检测仪表分类比较

| 流量检测仪表种类 | | 检测原理 | 特点 | 用途 |
|---|---|---|---|---|
| 差压式 | 孔板 | 基于节流原理,利用流体流经节流装置时产生的压力差而实现流量测量 | 已实现标准化,结构简单,安装方便,但差压与流量为非线性关系 | 管径>50mm、低黏度、大流量、清洁的液体、气体和蒸汽的流量测量 |
| | 喷嘴 | | | |
| | 文丘里管 | | | |

| 流量检测仪表种类 | | 检测原理 | 特点 | 用途 | |
|---|---|---|---|---|---|
| 转子式 | 玻璃管转子流量计 | 基于节流原理,利用流体流经转子时,截流面积的变化来实现流量测量 | 压力损失小,检测范围大,结构简单,使用方便,但需垂直安装 | 小管径、小流量的流体或气体的流量测量,可进行现场指示或信号远传 | |
| | 金属管转子流量计 | | | | |
| 容积式 | 椭圆齿轮流量计 | 采用容积分界的方法,转子每转一周都可送出固定容积的流体,则可利用转子的转速来实现测量 | 精度高、量程宽,对流体的黏度变化不敏感,压力损失小,安装使用较方便,但结构复杂,成本较高 | 小流量、高黏度、不含颗粒和杂物、温度不太高的流体流量测量 | 液体 |
| | 皮囊式流量计 | | | | 气体 |
| | 旋转活塞流量计 | | | | 液体 |
| | 腰轮流量计 | | | | 液体、气体 |
| 靶式流量计 | | 利用叶轮或涡轮被液体冲转后,转速与流量的关系进行测量 | 安装方便,精度高,耐高压,反应快,便于信号远传,需水平安装 | 可测脉动、洁净、不含杂质的流体的流量 | |
| 电磁流量计 | | 利用电磁感应原理来实现流量测量 | 压力损失小,对流量变化反应速度快,但仪表复杂,成本高、易受电磁场干扰,不能振动 | 可测量酸、碱、盐等导电液体溶液以及含有固体或纤维的流体的流量 | |
| 旋涡式 | 旋进旋涡型 | 利用有规则的旋涡剥离现象来测量流体的流量 | 精度高、范围广、无运动部件、无磨损、损失小、维修方便、节能好 | 可测量各种管道中的液体、气体和蒸汽的流量 | |
| | 卡门旋涡型 | | | | |
| | 间接式质量流量计 | | | | |

# 项目二
# 化工生产过程分析、衡算与评价

 学习指南

化工生产过程是一个复杂的系统，涉及许多化工理论知识。作为一名将来从事生产一线工作的应用型人才，具有对工艺过程进行分析、对生产过程和生产效果的优劣进行评价的能力，是今后从事技术管理、生产管理的基础。通过本项目的学习和工作任务的训练，具有基本的化工计算能力，并能运用一些技术理论知识对化工过程进行分析和评价。

知识目标　1. 了解化工生产过程中常用的经济评价指标。

2. 掌握物料衡算和能量衡算的原理和方法。

3. 掌握转化率、选择性和收率等的计算方法。

4. 理解动力学分析、热力学分析的内容和作用。

能力目标　1. 能根据提供的工艺数据进行物料衡算和简单的能量衡算。

2. 能进行转化率、选择性和收率等的计算。

3. 能进行生产强度、生产能力等的计算。

4. 能运用动力学、热力学知识对化工过程进行分析。

5. 初步具有运用理论知识分析解决实际问题的能力。

## 任务一　化工生产过程分析

 工作任务

从热力学角度和动力学角度，查一查低压法合成甲醇的工艺中压力和温度对甲醇合成的影响，并完成下表。

| 项目 | 热力学角度 | 动力学角度 |
| --- | --- | --- |
| 温度对反应的影响 | | |
| 压力对反应的影响 | | |

试比较热力学分析与动力学分析的不同，并将结果相互讨论。

## ✖ 技术理论

### 一、化工生产过程概述

化工生产过程简称化工过程，由化学处理的单元反应和物理加工的单元操作过程组成。化工生产过程一般包括物料的预处理、化学反应、产品的分离与提纯三部分。反应前物料的预处理，以满足主反应的工艺条件为目的；反应后物料的分离、纯化等处理，以达到产品质量标准为目标。化学反应实现原料到产品的转换，是化工生产过程的核心。为了保证生产工艺过程能够正常运行，化工生产企业往往由若干个生产车间和若干个生产辅助车间（动力、机修、仪表等）以及一些管理部门（生产技术部门、质量部门、安全部门、供应销售部门等）组成。

### 二、化工生产反应过程分析

化学反应过程往往是生产过程的关键，反应过程进行的条件对原料的预处理提出了一定的要求，反应进行的结果决定了反应产物的分离与提纯任务以及未反应物的回收利用。反应过程的改变将引起整个生产流程的改变。因此，反应过程是化工生产全局中起关键作用的部分。

反应过程不仅涉及化学反应的理论和规律，而且还涉及对反应的进程有直接影响的传递过程的理论和规律。通过对反应过程的热力学和动力学分析，不仅可以知道影响反应过程的因素及其规律，而且能够获得最适宜的工艺条件。通过控制反应条件，改变反应选择性，增加原料转化率和产品收率，可达到提高化工产品的质量和产量、降低生产成本的目的。

#### （一）热力学分析

热力学分析只涉及化学反应过程的始态和终态，不涉及中间过程，不考虑时间和速率，仅说明过程的可能性和反应进行的限度。借助于热力学分析可以判断化学反应进行的可能性，还可以比较同一反应系统中同时发生的几个反应的难易程度。

1. 化学反应的可行性分析

对制备某一化工产品所提出的工艺路线，首先应确定其在热力学上是否合理，即对反应的可能性进行判断，以免人力、物力的浪费。若反应可以进行，则可进一步根据热力学分析方法计算出反应能进行到什么程度，最后结合热力学和动力学因素的综合分析确定适宜的工艺条件，从而使理论上可行的化学过程变成有现实意义的工业化生产方法。

热力学分析的依据是热力学第二定律。对于一个反应体系，可以用反应的标准吉氏函数变化值 $\Delta G^{\ominus}$ 来判断反应进行的可能性。若 $\Delta G^{\ominus} < 0$，反应能自发进行；若 $\Delta G^{\ominus} > 0$，反应不能自发进行；若 $\Delta G^{\ominus} = 0$，反应处于平衡状态。

值得注意的是，若 $\Delta G^{\ominus}$ 的绝对值较小，则不能根据 $\Delta G^{\ominus}$ 的符号作出有关过程方向的结论，反应到底向何方向进行还要依据所提供的反应条件综合判断。

**例 2-1**　试用标准吉氏函数值判断由苯直接与氨作用制取苯胺的可能性（101.3kPa，298K）。

**解**　首先写出反应式：

$$C_6H_6(l) + NH_3(g) \longrightarrow C_6H_5NH_2(l) + H_2(g)$$

查得上述各化合物的 $\Delta G^{\ominus}$ 值分别为：

| 化合物 | $C_6H_6(l)$ | $NH_3(g)$ | $C_6H_5NH_2(l)$ | $H_2(g)$ |
|---|---|---|---|---|
| $\Delta G^{\ominus}$值/(kJ/mol) | 124.59 | -16.65 | 153.33 | 0 |

反应的标准吉氏函数变化值：

$$\Delta G^{\ominus} = (\sum v_i \Delta G^{\ominus})_{产物} - (\sum v_i \Delta G^{\ominus})_{反应物}$$
$$= 153.33 - 124.59 - (-16.65) = 45.39(kJ/mol) > 0$$

所以，该反应不能自发进行。

计算结果说明，用苯直接与氨作用制取苯胺的工艺路线在热力学上是不可行的，因此，工业上不能用该工艺路线来生产苯胺。

**2. 反应系统中反应难易程度的分析**

生产一种化工产品，在主反应进行的同时，总是伴随着若干个副反应，主副反应构成了一个复杂的化学反应系统。人们总是期望得到最高的产品收率，因此，了解其中各种化学反应竞争的情况，尤其是主反应和副反应进行的难易程度，以及这些反应进行的有利与不利条件，对实现工业生产过程工艺条件控制的目标，取得良好的反应效果，提高产品的收率均能起到重要的作用。

低压下气相反应中的气体通常可认为是理想气体，根据：

$$\Delta G^{\ominus} = -RT\ln K_p$$

而

$$K_p = K_y(p/p^{\ominus})^{\Delta n}$$

所以可用反应标准吉氏函数变化值 $\Delta G^{\ominus}$ 来判断反应进行的难易程度。从上面的公式可知，当 $\Delta G^{\ominus} < 0$ 时，$K_p$ 值为一较大的数值，平衡时产物量大大超过反应物的量，说明反应向正方向进行的可能性很大。反之，当 $\Delta G^{\ominus} > 0$ 时，$K_p$ 值则为一较小的数值，即反应达到平衡时产物的量远比反应物的量少，说明反应向正方向自发进行的可能性相当小。因此，$K_p$ 值越小，$\Delta G^{\ominus} > 0$，说明反应越容易进行。

在某化学反应系统内，由于主、副反应在同一条件下进行，所以可根据各主、副反应的 $\Delta G^{\ominus} < 0$ 值的大小来判断各反应的难易程度。但是，当反应条件变化时，主、副反应难易程度的差距也会发生改变。

**3. 化学反应限度的分析**

在化工生产中，人们期望知道在一定条件下某反应进行的限度，即平衡时各物质间的组成关系。根据

$$\Delta G^{\ominus} = -RT\ln K_p$$

当 $\Delta G^{\ominus} < 0$ 时，$K_p$ 值为一较大的数值，$K_p$ 值越大，反应进行得越完全，反应进行的限度越大。相反，$\Delta G^{\ominus} > 0$ 时，$K_p$ 值为一较小的数值，$K_p$ 值小，反应进行的限度越小。

**4. 化学反应平衡移动分析**

任何化学反应几乎都存在着平衡关系，平衡状态的组成说明了反应进行的限度。化学平衡是相对的和暂时的平衡，是有条件的平衡。当外界条件发生变化时，平衡就被破坏，建立起新的平衡的过程称为平衡移动。研究平衡移动的意义在于可选择适宜的操作条件，使化学反应尽可能向生成物方向移动。

按照平衡移动的原理，任何稳定平衡系统所处的条件如温度、压力、反应物组成有所变化时，则平衡就会向着削弱或解除这种变化的方向移动。

(1) 温度　从平衡常数与温度的关系式 $d\ln K_p/dT = \Delta H/RT^2$ 可以看出，对于吸热反

应，$\Delta H > 0$，$d\ln K_p/dT > 0$，则平衡常数 $K_p$ 值随温度的升高而增大，即温度升高，反应向生成物方向移动，这是由于吸热反应中吸收的热量减缓了温度的升高，从而削弱了外界作用的影响。反之，对于放热反应，$\Delta H < 0$，$d\ln K_p/dT < 0$，则平衡常数 $K_p$ 值随温度的升高而减小，温度下降，平衡向反应物方向移动，这是因为放热反应中放出热量补偿了温度的下降。因此，从化学平衡的角度看，升温有利于提高吸热反应的平衡产率，降温则有利于提高放热反应的平衡产率。

（2）压力　由于压力对气相反应的影响较大，这里仅讨论其对气相反应的影响。压力升高，反应平衡向分子数减少的方向移动，即向 $\Delta n < 0$ 的方向移动，这样使总压下降便削弱了压力的升高对平衡造成的影响。压力下降，向分子数增加的方向移动，即向 $\Delta n > 0$ 的方向移动，由于 $\Delta n > 0$ 使体系总压升高，削弱了压力下降的影响。从热力学分析可知，常压下的气体反应 $K_p$ 值只与温度有关，与压力无关。当反应温度一定时，$K_p$ 值为常数，对 $\Delta n > 0$（即物质的量增大）的反应，当总压力下降时，$(p/p^{\ominus})^{\Delta n}$ 也下降。为维持 $K_p$ 值不变，则 $K_y$（是以平衡时各物质的摩尔分数表示的平衡常数）要增大，其结果是化学平衡向产物生成的方向移动。而对 $\Delta n < 0$（即物质的量减小）的反应，当总压力下降时，$(p/p^{\ominus})$ 增大。要维持 $K_p$ 值不变，则 $K_y$ 必然要下降，结果是化学平衡向化学反应的逆方向即向生成反应物的方向移动。因此，对物质的量增加的反应，降低压力可以提高平衡产率，对物质的量减少的反应，升高压力，产物的平衡产率增大；对分子数不变的反应，压力对平衡产率没有影响。

（3）反应物组成　反应物浓度升高，反应平衡向生成物方向移动，由于产物的增加而减少反应物的浓度；随着产物浓度的升高，反应向生成反应物的方向移动，由于逆反应的发生，从而降低了产物浓度。

需要指出的是，以上仅是定性的热力学条件分析，具体到某一个反应时，采用多高的反应温度、多大的反应物浓度和体系压力才能获得理想的平衡产率，可通过热力学的定量计算来寻求适宜的条件。由于热力学没有时间概念，只考虑了反应到达平衡的理想状况，没有考虑反应速率，因此，只有当几个反应在热力学上都有可能同时发生，且完成反应所需的时间很短时，热力学因素对于这几个反应的相对优势才起决定性作用。而切实可行的工艺条件还要结合动力学分析才有可能进一步确定。

### （二）动力学分析

1. 化学动力学与化学热力学的关系

化学动力学是研究化学反应速率和各种外界因素对化学反应速率影响的学科。不同的化学反应，反应速率不相同，同一化学反应的速率也会因操作条件的不同差异很大。例如：氢和氧化合成水，热力学分析该反应是可行的，但在常温下，却没有反应产物的出现，这是因为反应速率太慢。而二氧化氮聚合成四氧化二氮的反应，虽然从热力学分析该反应的可能性很小，但实际反应速率却大到无法测定的程度。又如，碳氧化为二氧化碳的反应：

$$C + O_2 \longrightarrow CO_2 \qquad \Delta G^{\ominus} = -394.67 \text{kJ/mol}$$

经热力学分析，该反应的可能性和程度都相当大，但在常温下，该反应的速率极慢，因此如何改变化学反应的条件使反应速率加快，以满足工业生产的要求，是人们关心的问题。动力学分析的任务就是要在热力学分析的基础上探索如何通过改变化学反应速率，使化工产品的工业生产具有现实意义。

### 2. 化学反应速率

化学反应的速率通常以单位时间内某一种反应物或生成物浓度的改变量来表示。对于基元反应：

$$b\mathrm{B}+d\mathrm{D}\longrightarrow g\mathrm{G}+h\mathrm{H}$$

其化学反应速率方程为：

$$r=-\mathrm{d}c_\mathrm{B}/\mathrm{d}t=kc_\mathrm{B}^b\times c_\mathrm{D}^d$$

$k$ 是反应速率常数，其大小反映了反应速率的快慢。影响反应速率的因素复杂，其中有一些因素在生产过程中已经确定，在已有的生产装置中不便调节，除非在重新设计制造设备时进行改进，以有利于化学反应的进行。在生产过程中，可通过对另外一些因素（如温度、压力、原料组成和停留时间等）的调节来改变化学反应速率。

（1）温度对化学反应速率的影响分析　温度是影响化学反应速率的重要因素之一。化学反应速率和温度的关系比较复杂，温度升高往往会加速反应。一般来说，化学反应速率常数（$k$）与温度（$T$）之间的关系可由阿伦尼乌斯经验方程式表达：

$$k=A\mathrm{e}^{-E_\mathrm{a}/RT}$$

式中，$R$ 为摩尔气体常量；$E_\mathrm{a}$ 为表观活化能；$A$ 为指前因子（也称频率因子）。

该式对阐述反应速率的内在规律具有极其重要的意义。它表明，反应速率总是随温度的升高而增加（例外的情况很少），在反应物浓度相同的情况下，温度每升高 10℃，反应速率增加 2～4 倍，在低温范围增加的倍数比高温范围更大些。活化能大的反应，其速率随温度升高而增长更快些，这是由于其值与 $T$ 是指数关系，即使温度 $T$ 的一个微小变化也会使速率常数发生较大的改变，体现了温度对反应速率的显著影响。由于化学反应种类繁多，因此温度对化学反应速率的影响也是很复杂的，反应速率随温度的升高而加快只是一般规律，而且有一定的范围限制。对于不可逆反应，产物生成速率总是随温度的升高而加快；对于可逆反应来说，正、逆反应速率常数都增大，因此反应的净速率变化就比较复杂。

图 2-1 列出了常见的五类反应的反应速率随温度变化的情况。

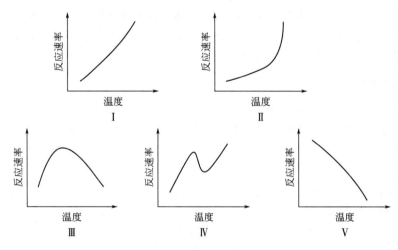

图 2-1　反应速率与温度的关系

第Ⅰ种类型　反应速率随温度的升高而逐渐加快，反应速率和温度之间呈指数关系，符合阿伦尼乌斯公式，这种类型的化学反应是最常见的。

第Ⅱ种类型　反应开始时，反应速率随温度的升高而加快，但影响不显著，当温度升高到某一温度后，反应速率却突然加快，以"爆炸"速率进行。这类反应属于有爆炸极限的化学反应。

第Ⅲ种类型　温度比较低时，反应速率随温度的升高而逐渐加快，当温度超过某一值后，反应速率却随着温度的升高而下降。酶催化反应就属于这种类型，因为温度太高和太低都不利于生物酶的活化。还有一些受吸附速率控制的多相催化反应过程，其反应速率随温度的变化而变化的规律也是如此。

第Ⅳ种类型　这种反应比较特殊，在温度比较低时，反应速率随温度的升高而加快，符合一般规律。当温度高达一定值时，反应速率随温度的升高反而下降，但温度继续升高到一定程度，反应速率却又会随温度的升高而迅速加快，甚至以燃烧速率进行。某些碳氢化合物的氧化过程便属于此类反应，如煤的燃烧，由于副反应多，使反应复杂化。

第Ⅴ种类型　反应速率随温度的升高而下降，这是一种比较少有的现象，如一氧化氮氧化为二氧化氮的反应便是一例。

（2）催化剂对反应速率的影响分析　前已述及，要使反应速率加快，可以提高温度。但对某些反应来说，升高温度常会引起一些副反应发生或者使副反应也加快，甚至会使主反应的反应进程减慢。此外，有些反应即使在高温下反应速率也较慢。因此，在这些情况下使用升高温度的方法来提高反应速率，就受到了一定的限制。而催化剂则是提高反应速率的一种最常用，也是很有效的办法。例如在常温下氢和氧化合成水的反应速率是非常小的，但当有钯粉或 105 催化剂（是以分子筛为载体的钯催化剂）存在时，常温常压下氢气和氧气就可以迅速化合成水。又如，在硫酸生产中，由 $SO_2$ 氧化转化为 $SO_3$ 的反应：

$$SO_2 + 1/2O_2 = SO_3$$

只要加入少量的 $V_2O_5$ 作催化剂，就可以使反应速率提高数万倍。

在化工生产中，使用催化剂的目的就是加快主反应的速率，减少副反应的发生，从而使反应能定向进行，缓和反应条件，降低对设备的要求，提高设备的生产能力和降低产品的生产成本。而某些在理论上可以合成得到的化工产品，由于没有开发出有效的催化剂，以致长期以来不能实现工业化的生产。此时，只要研究出该化学反应适宜的催化剂，就能有效地加速化学反应速率，使该产品的工业化生产得以实现。

（3）浓度对反应速率的影响分析　根据反应平衡移动原理，反应物浓度越高，越有利于平衡向产物方向移动。当有多种反应物参加反应时，往往使价廉易得的反应物过量，从而可以使价格高或难以得到的反应物更多地转化为产物，以提高其利用率。

从前述知识可知，反应物浓度愈高，反应速率愈快。一般在反应初期，反应物浓度高，反应速率快，随着反应的进行，反应物逐渐消耗，反应速率逐渐下降。

提高浓度的方法有：对于液相反应，采用能提高反应物溶解度的溶剂，或者在反应中蒸发或冷冻部分溶剂等；对于气相反应，可适当加压或降低惰性物的含量等。

对于可逆反应，反应物浓度与其平衡浓度之差是反应的推动力，此推动力愈大则反应速率愈快。所以，在反应过程中不断从反应体系取出生成物，使反应远离平衡，既保持了高速率，又使平衡向产物方向移动，这对于受平衡限制的反应，是提高产率的有效方法之一。

（4）压力对反应速率的影响分析　压力对反应速率的影响是通过压力改变反应物的浓度而形成的。因此，压力对液相和固相反应的平衡影响较小，对有气相物质参加的反应平衡影响很大。从反应动力学可知，除零级反应的反应速率与反应物浓度无关外，其他各级反应的速率都随反应物浓度增大而加快。在生产中也可以通过提高反应压力使气体的浓度增加，来达到提高反应速率的目的。

需要指出的是，在一定压力范围内，增加压力可减小气体反应体积，并对加快反应速率有一定好处，但效果有限，压力过高，能耗增大，对设备要求高，反而不经济。

惰性气体的存在可降低反应物的分压，对反应速率不利，但分子数的增加有利于反应平衡。

以上涉及的反应主要是单相反应。对于多相反应来说，由于反应总是在相和相的界面上进行，因此多相反应的反应速率除了与上述几个因素有关外，还和彼此的相之间的接触面的大小有关。例如，在生产上常把固态物质破碎成小颗粒或磨成粉末，将液态系统淋洒成线流、滴流或喷成雾状的微小液滴，以增大相间的接触面，提高反应速率。此外，多相反应还受到扩散作用的影响，因为加强扩散可以使反应物不断地进入界面，并使已经产生的生成物不断地离开界面。例如煤燃烧时，鼓风比不鼓风烧得旺，加强搅拌也可以加快反应速率，这都是扩散作用加强的结果。

## 三、化工过程工艺条件分析与优化

由于化学反应中原料几乎不可能完全参加反应，因此，在生产上通常将反应物的转化控制在一定的限度之内，再把未转化的反应物分离出来回收利用。若想要实现用最少的原料消耗得到更多的目的产品，首先要找出最佳工艺条件范围，并实现最佳的工艺控制。

### (一) 化工过程工艺优化内容

下面以化学工业中最常见的连串反应为例，介绍如何进行最佳工艺条件的分析和确定。连串反应可以用下面的通式来表示：

$$A \xrightarrow{k_1} R \xrightarrow{k_2} Y$$

假如连串反应中的中间产物 R 为目的产物，则 Y 就是副产物。连串一级反应中，各组分浓度随时间变化的关系如图 2-2 所示。

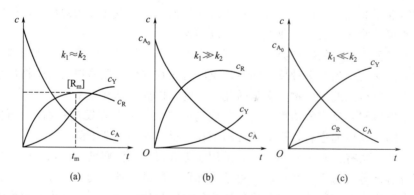

图 2-2　连串反应的 $c$-$t$ 关系

1. 化学上的最佳点

图 2-2(a) 是工业生产中常见的反应情况，目的产物浓度 $c_R$ 存在极大值 $[R_m]$，在极大值 $[R_m]$ 之前，R 的生成速率大于消耗速率，随着反应时间的延长，目的产物浓度 $c_R$ 增大到极大值 $[R_m]$，此后 R 的生成速率小于消耗速率，且随反应时间的延长，目的产物浓度

$c_R$ 越来越低，副产物 Y 的浓度则越来越大。

一般把 R 浓度的极大值点 [$R_m$] 作为连串反应工艺中的最佳点，对应的时间 $t_m$ 称为最佳反应时间，对应的反应物 A 转化深度 [$(A_0 - A_m)/A_0 \times 100\%$] 称为最佳转化深度。若将反应过程中因副反应造成的损失称为化学损失，则这种以 R 浓度最大（即化学损失最小）为优化目标的最佳点称为化学上的最佳点。

### 2. 工艺上的最佳点

为了使原料得到充分利用，在工业生产中反应器之后通常有配套的分离回收系统，由于在分离回收过程中不可能全部回收未反应的原料 A，这种在分离回收过程中造成的物料损失称为物理损失。在实际生产中，如果原料 A 的转化率过高，则目的产物 R 转化为副产物 Y 的量也会相应变大，这样造成的化学损失会增大。相反，如果反应物 A 的转化率太低，工艺系统中循环的原料 A 的量就会增多，进入分离回收而造成的物理损失也会随之增大。在上述两种情况下，目的产物 R 的收率都不可能很高。因此，将化学损失和物理损失两项的总损失最小操作点称为工艺上 R 总收率最大的操作点。以目的产物 R 总收率最大为优化目标的最佳点称为工艺上的最佳点。

### 3. 设计上的最佳点

当未反应的原料 A 在系统中的循环量增大时，分离设备体积也要增大，设备折旧费和能耗都要相应增加。以目的产物 R 成本最低为优化目标的最佳点称为设计上的最佳点。可见，目的产物 R 总收率最高的最佳点还不是成本最低的最佳点。

上述三种最佳点分别以目的产物不同的标准为优化的目标，就经济角度而言，成本最低应是最终目标，而在已有的装置中分析影响反应过程的基本因素时，应以目的产物总收率最大为优化目标（即工艺上的最佳点）来寻求反应过程的最佳工艺条件。

### (二) 影响工艺上的最佳点的因素分析

影响反应过程能否达到工艺上的最佳点的因素有很多，如设备结构、催化剂性能和用量、反应过程的工艺参数（温度、压力、原料配比、停留时间）以及原料的纯度等。

### 1. 温度对化学反应过程的影响规律

温度的测量与控制是保证化工生产过程正常进行与安全运行的重要环节。化学反应的速率与温度密切相关，通常反应温度每升高 10℃，反应速率加快 2～4 倍。反应温度不仅会影响压力、转化率等工艺参数，也会影响到产品质量。

从平衡常数与温度的关系可以看出，对于吸热反应，平衡常数值随温度的上升而增大；对于放热反应，平衡常数随温度的上升而减小。所以从化学平衡的角度看，升温有利于提高吸热反应的平衡产率，降温则有利于提高放热反应的平衡产率。其实际意义说明了应该如何改变温度条件去提高反应的限度。

从温度与化学反应速率的关系可知，在同一反应系统中，提高温度可以同时加快主、副反应的化学反应速率。但温度的升高相对更有利于活化能高的反应。但由于催化剂的存在，相比之下主反应一定是活化能最低的。因此，温度升得越高，越有利于副反应的进行。所以在实际生产上，用升温的方法来提高化学反应速率具有一定的限度，只能在有限的适宜范围内使用。

对于化工产品生产中使用的催化剂来说，只有在催化剂能正常发挥活性的起始温度以上使用才有效。因此，适宜的反应温度必须在催化剂活性的起始温度以上。随着反应温度的进一步升高，催化剂活性也会上升，但催化剂的中毒系数也随之增大，若温度过高，中毒系数就会急剧上升，导致催化剂的生产能力（即空时收率）急剧下降。当温度升至催化剂使用的终极温度时，催化剂就会完全失去活性，此时，不仅主反应难以进行，而且有的反应甚至会出现爆炸等危险，因此，操作温度还应在低于终极温度的安全范围内进行操作。

从温度对反应效果的影响来看，在催化剂适宜的温度范围内，当温度较低时，反应速率慢，原料转化率也比较低，而反应的选择性就比较高。随着反应温度的升高，反应速率加快，虽然可以提高原料的转化率，但是由于副反应速率也随温度的升高而加快，导致反应的选择性下降，而且温度越高，反应的选择性下降就越快，同时单程收率下降。由此可见，升温在一定程度上对提高反应速率、提高原料转化率有效，但反应温度过高，会使反应选择性下降，原料的消耗量增加。

综上所述，适宜反应温度范围首先要根据催化剂的使用条件（在其活性起始温度和终极温度之间），结合操作压力、空间速率、原料配比等工艺因素，在充分考虑反应效果及安全生产等因素的基础上综合选择，并经过实验和生产实际的验证最后确定。

2. 压力对化学反应过程的影响规律

压力也是化工产品生产中重要的操作参数之一，操作压力不仅取决于反应动力学，还受到动力设备、安全等诸多因素的影响。由于压力对液相反应的影响不大，因此液相反应都在常压下进行。对于某些气液相反应，为了使反应在液相中进行，在与之平衡的气相空间施加一点压力，也属于常压反应。而气体可压缩性很大，因此压力对气相反应的影响比较大。这里仅讨论压力对气相反应的影响规律。

从化学平衡的角度看，增大压力对分子数减少的反应是有利的，而降低压力有利于分子数增加的反应。

压力对反应速率的影响是通过压力改变反应物浓度而实现的，增大反应压力，相应地提高了反应物的分压（即浓度增大）。除零级反应外，反应速率均随反应物浓度的增大而加快。所以在一定的条件下，增大压力间接地加快了化学反应速率。

增大压力可以缩小气体混合物的体积。对于一定的原料处理量来说，意味着反应设备和管道的容积都可以缩小。对于确定的生产装置来说，增大反应压力意味着可以加大处理量，即提高设备的生产能力，这对于强化生产是有利的。

当然随着反应压力的提高，一方面提高了设备的材质和耐压强度要求，使设备造价、投资增加；另一方面需要增加压缩机对反应气体加压，会使能量消耗增加。此外，压力提高后，对有爆炸危险的原料气体，爆炸极限范围将会扩大，生产过程的危险性也会增加，对生产操作的安全要求也就更高。

总之，适宜的操作压力应根据该反应使用催化剂的性能要求，结合化学平衡和化学反应速率随压力变化的规律，并综合考虑生产的安全性、经济性等因素来确定。

3. 原料配比对化学反应过程的影响规律

为了有效地进行生产操作和控制，化工生产中经常需要测量生产过程中各种介质（液体、气体和蒸汽）的流量。一般所讲的流量是指单位时间内流过管道某一截面的流体数量的大小，即瞬时流量。当有两种或两种以上原料参加同一化学反应时，同一时间和条件下的各种原料的瞬时流量的比例，就是原料配比，原料配比一般用原料摩尔配比表示。

原料配比对反应的影响与化学反应本身的特点有关。如果按化学反应方程式的化学计量关系进行配比，在反应过程中原料的比例基本保持不变是比较理想的，但从化学平衡的角度来看，两种以上的原料中，任意提高某一种原料的浓度（比例），均可达到提高另一种原料的转化率的目的。

从反应速率的角度分析，在动力学方程 $r = kc_A^a c_B^b$ 中。若其中一种反应物的浓度指数为 0，表明反应速率与该反应物的浓度无关，就没有必要过量配比。若某反应物浓度的指数大于 0，则说明反应速率与该反应物的浓度有正向关系，可以考虑过量操作以加快反应速率。

需要指出的是在提高某种原料配比时，该种原料的转化率一定会下降，随着反应的进行，这种过量的倍数就会越来越大，就会增加分离回收系统的负荷。因此，原料的配比要综合分析反应结果和经济因素来确定。

如原料混合物属于爆炸性混合物，则首要考虑保证生产的安全进行，原料的百分比浓度应在爆炸范围之外，同时还应辅以必要的安全措施。

4. 停留时间对化学反应过程的影响规律

停留时间也称为接触时间，指的是原料在反应区或在催化剂层的时间。停留时间和空间速率关系密切，空间速率越大，停留时间越短；空间速率越小，停留时间越长，但两者之间不是简单的倒数关系。

从化学平衡来看，空间速率小一些，接触时间就长一点，反应就越接近于平衡，单程转化率就越高，循环原料量也可减少，相应的能量消耗就低，但停留时间过长，一方面会导致副反应增多，结果使产物的收率反而下降，另一方面，由于单位时间内通过的原料气量太少，会大大降低设备的生产能力。空间速率过大，原料气与催化剂接触时间太短，原料尚未来得及反应或反应很不充分便离开了反应区，从而使原料转化率很低。

因此，必须控制适宜的空间速率，才能得到理想的转化率和收率。就某一个具体的化学反应来说，适宜的停留时间（或空间速率）应根据反应达到适当的转化率与选择性所需的时间以及催化剂的性能来确定。

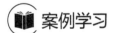 案例学习

## 烃类热裂解的热力学和动力学分析

烃类热裂解过程是指石油系列烃类原料（如天然气、轻油、煤油、柴油等）在高温、隔绝空气的条件下发生分解反应而生成碳原子数较少、分子量较低的烃类，以制取乙烯、丙烯、丁烯等低级不饱和烃，同时副产苯、甲苯、二甲苯和丁二烯的基本的化学过程。

烃类热裂解过程十分复杂，目前已知的热裂解过程包括脱氢、断链、二烯合成、异构化、芳构化、脱氢环化、聚合等一系列复杂的化学反应。烃类热裂解所得产物组成也很复杂（图 2-3），产物中可以确定的化合物已达上百种以上。

1. 烃类热裂解的热力学分析

从产物变化的先后顺序看，可将复杂的热裂解过程分为一次反应和二次反应两类主要的反应。一次反应是指原料烃类经裂解生成乙烯和丙烯的反应，主要包括脱氢和断链两类反应；二次反应是指一次反应生成的乙烯、丙烯等低级烯烃进一步裂解为炭和焦的反应，二次反应远比一次反应来得复杂。若略去其他中间产物，烃类热裂解反应可分为生成目的产物乙烯及其他低分子烯烃的主反应及可能分解成碳和氢的副反应两大类。各类原料烃发生上述两

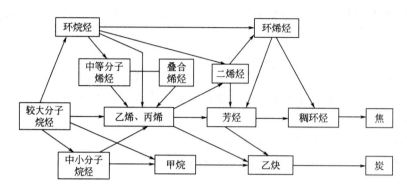

图 2-3　烃类热裂解过程反应图示

类反应的 $\Delta G^{\ominus}$ 与 $T$ 的关系绘制的图线如图 2-4 所示。

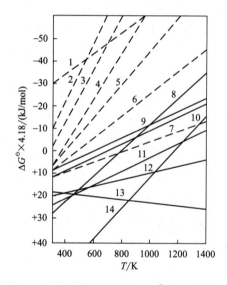

图 2-4　原料烃裂解反应的 $\Delta G^{\ominus}$ 与 $T$ 的关系

主反应为：

$$C_6H_{12} \longrightarrow C_2H_4 + C_4H_8 \quad （图 2\text{-}4 中实线 8）$$

$$C_3H_8 \longrightarrow C_2H_4 + CH_4 \quad （图 2\text{-}4 中实线 9）$$

$$C_nH_{2n+2} \longrightarrow C_2H_4 + C_{n-2}H_{2n-2}(n \geqslant 3) \quad （图 2\text{-}4 中实线 10）$$

$$C_2H_6 \longrightarrow C_2H_4 + H_2 \quad （图 2\text{-}4 中实线 11）$$

$$CH_4 \longrightarrow 1/2C_2H_4 + H_2 \quad （图 2\text{-}4 中实线 12）$$

$$C_6H_6 + 3H_2 \longrightarrow 3C_2H_4 \quad （图 2\text{-}4 中实线 13）$$

$$C_6H_{12} \longrightarrow C_2H_4 + C_4H_6 + H_2 \quad （图 2\text{-}4 中实线 14）$$

副反应：

$$C_6H_6 \longrightarrow 6C + 3H_2 \quad （图 2\text{-}4 中虚线 1）$$

$$C_6H_{12}（环） \longrightarrow 6C + 6H_2 \quad （图 2\text{-}4 中虚线 2）$$

$$C_5H_{12} \longrightarrow 5C + 6H_2 \quad （图 2\text{-}4 中虚线 3）$$

$$C_4H_{10} \longrightarrow 4C + 5H_2 \quad （图 2\text{-}4 中虚线 4）$$

$$C_3H_8 \longrightarrow 3C + 4H_2 \qquad （图2-4中虚线5）$$
$$C_2H_6 \longrightarrow 2C + 3H_2 \qquad （图2-4中虚线6）$$
$$CH_4 \longrightarrow C + 2H_2 \qquad （图2-4中虚线7）$$

从图2-4可以看出，原料烷烃裂解生成乙烯的主反应随温度的升高，$\Delta G^{\ominus}$值逐渐减小，反应从难于自发进行逐渐变为能够自发进行。其中甲烷最难发生裂解，乙烷次之，随着碳原子数的增加，烷烃的裂解反应越易进行。说明提高温度可以提高乙烯的平衡产率。环烷烃裂解生成乙烯的主反应随温度升高，$\Delta G^{\ominus}$值逐渐减小的变化速度比烷烃更快，说明升高温度对环烷烃裂解生成乙烯的反应更为有利。芳烃裂解生成乙烯的反应，$\Delta G^{\ominus}$值为正，且随温度升高而增大，说明苯不能自发裂解生成乙烯。

烷烃、环烷烃、芳烃在高温下分解成碳和氢的反应标准吉氏函数改变 $\Delta G^{\ominus}$值均为负值，且随温度的升高而迅速下降。说明原料烃在高温下都极易发生分解成碳和氢的副反应，而且温度越高可能性越大。

对于同碳原子的烃，分解成烃和氢反应的$\Delta G^{\ominus}$值均小于零且较裂解为乙烯的$\Delta G^{\ominus}$值还要小得多。这表明在高温下各种烷烃分解成碳和氢的可能性比裂解为乙烯的可能性要大得多。因此，随着裂解反应时间的延长，各种烃在高温下裂解得到的最后产物不是乙烯，而是碳和氢。

由以上分析可知，在低温下烃裂解为乙烯的效果均不理想，由于在低温下 $\Delta G^{\ominus}$值大于零，平衡常数 $K_p$ 极小，导致乙烯的平衡产率极低。如果能在工艺上创造高温条件，则可降低 $\Delta G^{\ominus}$值，从而使 $K_p$ 值增大，使生成乙烯的反应可能性增大。但在高温条件下，烃分解为碳和氢的可能性同时也会变大。所以，就热力学角度而言，单纯提高裂解温度是不能提高乙烯平衡产率的。

### 2. 烃类热裂解的动力学分析

从动力学的角度来看，一般烷烃裂解为乙烯的反应活化能为 $191.35 \sim 293.93 kJ/mol$，分解为碳和氢的反应活化能为 $326.59 \sim 568.18 kJ/mol$。由于活化能是决定化学反应速率的关键因素，从烃类裂解两类反应活化能数值的比较可以看出，生成乙烯反应的活化能较完全分解为碳和氢反应的活化能低，因此，生成乙烯的反应速率常数就大，反应速率就快。生成乙烯的一次反应较完全分解的二次反应在动力学上占优势。

从烃类裂解反应的变化过程可知，一次反应发生在先，二次反应发生在后。因此，根据烃类裂解生成乙烯的反应速率较烃类分解成碳和氢的反应速率快这一特性，可以将反应限定在一定的时间范围内。在此时间范围内，既要使烃类裂解生成乙烯的反应充分进行，又要使烃类分解成碳和氢的反应不能进行或进行得很少，这样就可以提高乙烯的产率。从热力学分析角度而言，温度越高，乙烯的平衡产率越高，如果反应温度不够，接触时间不管如何调整，乙烯的产率也不能提高。所以，高温和较短的停留时间是获得较高乙烯产率的两个关键因素。

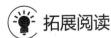
拓展阅读

# 化学动力学和化学热力学

化学热力学研究的对象是由大量粒子（原子、分子或离子）组成的宏观物质系统。它主要以热力学第一、第二定律为理论基础，将热力学能（$U$）、焓（$H$）、熵（$S$）、亥姆霍茨函数（$A$）、吉布斯函数（$G$）和可由实验直接测定的系统的压力（$p$）、体积（$V$）、温度（$T$）等作为最基本的热力学参量。将热力学公式或结论应用于物质系统的 $p$、$V$、$T$ 变化、相变化（物质的聚集态变化）、化学变化等物质系统的变化过程，解决这些变化过程的能量效应（功与热）和变化过程的方向与限度等问题，它不研究完成该过程所需要的时间及实现这一过程的具体步骤。

化学动力学是研究化学反应速率及机理的学科。它研究的对象也是化学反应。化学热力学只注意系统的始态和终态，不考虑时间因素，也不涉及反应的中间步骤。它的主要目的是通过反应系统在始、终态间的状态函数改变量来确定反应进行的方向和限度。因此，它仅说明反应进行的可能性。化学动力学恰好研究化学热力学没有考虑的时间因素和中间步骤的影响因素。由化学动力学可以得出一个反应能否真正实现的结论。

一个化学制品的生产，必须从化学热力学原理及化学动力学原理两方面考虑，才能全面地确定生产的工艺路线和进行反应器的选型与设计。

# 任务二　化工生产过程衡算

## 工作任务

以氟石（含 96% $CaF_2$ 和 4% $SiO_2$）为原料与 93% $H_2SO_4$ 反应来生产氟化氢，反应原理如下。

主反应：$CaF_2 + H_2SO_4 \longrightarrow CaSO_4 + 2HF$

副反应：$SiO_2 + 6HF \longrightarrow H_2SiF_6 + 2H_2O$

其中，氟石分解度为 95%，每千克氟石实际消耗 93% $H_2SO_4$ 1.42kg。若以 100kg 氟石为基准，试完成下表。

| | |
|---|---|
| 生成 HF 的质量/kg | |
| 93% $H_2SO_4$ 实际消耗量/kg | |
| 过量 $H_2SO_4$ 百分数/% | |

将计算结果进行比较，并相互交流。

## 技术理论

化学反应是化工生产过程中的核心，化学反应效果的好坏不仅直接关系到产量的高低，也影响到原料的利用率。在化工生产过程中，要想获得理想的生产效果，总是希望在提高产量和质量的同时，能提高原料的利用率和降低生产过程的能量消耗。生产过程的原材料消耗、能量消耗衡算和经济核算，是企业对车间、车间对班组、班组对个人日常考核的基础。通过物料衡算和能量衡算可以确定化工生产过程中的原料消耗指标、热负荷和产品产率等，为设计与选择反应器，确定其他设备的尺寸、类型、数量提供依据；也可以核查生产过程中各物料量及有关数据是否正确，有无泄漏，能量回收利用是否合理，从而找出生产中的薄弱环节，为改进生产操作和系统优化提供理论依据。

## 一、物料衡算

物料衡算以质量守恒定律和化学计算关系为基础，通过对化工过程中的各股物料进行分析和定量计算来确定不同物料间的数量、组成和相互比例关系，并确定它们在物理变化或化学变化过程中相互转移或转化的定量关系的过程。物料衡算是化工科研、设计、生产及其他工艺计算、设备计算的基础。

通过物料衡算可以计算转化率、选择性，筛选催化剂，确定最佳工艺条件，对装置的生产情况作出分析和判断，确定装置的最佳运转状态，为生产过程的强化提供依据。

物料衡算的计算一般分为两种情况，一种是在已有的装置上，对一个车间、一个工段、一个或若干个设备，利用实际测定的数据，算出另外一些不能直接测定的物料量，由此，对这个装置的生产情况做出分析，找出问题，为改进生产提出建议意见。另一种是对新车间、新工段、新设备做出设计，即利用本厂或别厂已有的生产实际数据（或理论计算数据），在已知生产任务下算出需要的原料量、副产品生成量和"三废"的产生量，或在已知原料量的情况下算出产品、副产品和"三废"的量。

1. 物料衡算的理论基础

物料衡算的理论基础是质量守恒定律，即在一个孤立的系统中，不论物质发生任何变化，其质量始终不变。

质量守恒定律总是对总质量而言的，它既不是一种组分的质量，也不是指体系的总物质的量或某一组分的物质的量。在化学反应过程中，体系中组分的质量和物质的量发生变化，而且在很多情况下总物质的量也发生变化，只有总质量是不变的，而对于化工生产中的物理过程，总质量、总物质的量、组分质量和组分的物质的量都是守恒的。

2. 物料衡算的范围

物料衡算按其范围，有单元操作或单个设备的物料衡算与全流程的物料衡算。按操作方式有连续操作的物料衡算与间歇操作的物料衡算。按有无化学反应过程，有物理过程的物料衡算与化学反应过程的物料衡算。此外，还有带循环的过程的物料衡算。

物料衡算总是针对特定的衡算体系的，而体系是有边界的，在边界之外的空间和物质称为环境。体系和环境间可能发生质量和能量交换。凡是与环境间没有能量和质量交换的体系称为封闭体系，而与环境有能量和质量交换的体系称为敞开体系。物料衡算针对的体系可以人为选定，即可以是一个设备或几个设备，也可以是一个单元操作过程或整个生产过程。

3. 物料衡算基本方程式

对于任何一个体系，进入系统的物料的总质量等于离开系统的物料量与系统积累的物料量及损耗的物料量之和，即：

输入物料的总质量＝输出物料的质量＋系统内积累的物料质量＋系统损耗的物料质量

或　　　　　　　$\sum(m_i)_入 = \sum(m_i)_出 + \sum(m_i)_{积累} + \sum(m_i)_{损耗}$　　　　　(2-1)

（1）连续操作过程的物料衡算　对于连续稳定的操作过程，由于系统内没有物的积累，式(2-1)可简化为：

$$\sum(m_i)_{\text{入}} = \sum(m_i)_{\text{出}} + \sum(m_i)_{\text{损耗}} \tag{2-2}$$

若系统内没有物料损耗，则式(2-2)可进一步简化为：

$$\sum(m_i)_{\text{入}} = \sum(m_i)_{\text{出}} \tag{2-3}$$

（2）间歇操作过程的物料衡算　对于间歇操作过程，一般按式(2-3)计算每一批物料的进入与排出量。

4. 物料衡算的基本步骤

（1）画出物料衡算示意图，确定衡算范围　根据衡算对象的情况，用框图形式画出物料流程简图，标明各种物料进出的方向、数量、组成以及温度、压力等操作条件，待求的未知数可用适当的符号进行表示。必要时可在流程图中用虚线表示体系的边界，从虚线与物料流的交点可以很方便地知道进出体系的物料流股有多少。

（2）写出化学反应式　写出主、副反应方程式，标出有用的分子量。当副反应很多时，可以只写出主要的或者以某一个副反应为代表。但是对于某些作为分离精制设备设计和"三废"治理设施的设计重要依据的反应则不能省略。

（3）确定物料衡算任务　根据反应方程式和物料衡算示意图，分析物料变化情况，明确物料衡算中的已知量和未知量。

（4）收集、整理计算数据　收集的各种计算数据包括生产规模、生产时间及消耗定额、收率、转化率等技术经济指标和设计计算数据；原材料及产品、中间体的组成、规格及密度、浓度、化学反应平衡常数、相平衡常数等物性常数；温度、压力、流量、原料配比、停留时间等工艺参数。

（5）确定合适的计算基准　计算基准的选择直接影响到计算的繁简。因此，在物料衡算中，对计算基准的选择非常重要。如在有化学反应过程的物料衡算过程中，一般是选用1mol某反应物或产物作为衡算基准。选择基准的原则是尽量使计算简化，可以以一段时间的投料量或产品产量作为计算基准；当系统物料为固、液相时，通常选取原料或产品的质量作为计算基准；对于气体物料，也可以以物料体系作为计算基准。

（6）列出方程组，求解　针对物料变化情况，列出独立的物料衡算式，有几个未知数就要列出几个方程。假如已知原料量，要求可得到多少产品时，可以顺着流程从前往后进行计算。反之，则逆着流程从后向前计算。

（7）整理、核对计算结果　将物料衡算的结果进行整理、校核，以表格或图的形式将物料衡算的结果表示出来，全面反映输入和输出的各种组分的绝对量和相对含量。

5. 物料衡算方法

明确了物料衡算的任务，掌握了物料衡算的步骤，就可以对各个系统进行物料衡算。

（1）物理过程　对于只有物理变化的过程，如蒸发、蒸馏、吸收、干燥等单元过程，除了建立总物料衡算式外，还可以对每一种组分分别建立物料衡算式。

图2-5所示为双组分精馏过程，可以建立三个物料衡算式：

总物料衡算式　　　　　　　　　$F = D + W$

A组分物料衡算式　　　　　　　$Fx_{FA} = Dx_{DA} + Wx_{WA}$

B组分物料衡算式　　　　　　　$Fx_{FB} = Dx_{DB} + Wx_{WB}$

上面三个式子中，其中的一个物料衡算式可由另外两个式子组合得到，因此物料衡算式虽然有三个，但是独立的衡算式只有两个。

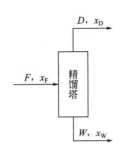

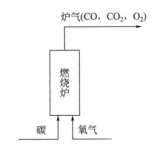

图 2-5  双组分精馏示意图          图 2-6  碳燃烧过程示意图

（2）化学反应过程  对于发生化学反应的过程，建立物料衡算式的方法就不能简单地按发生物理变化过程的方法计算，必须考虑化学反应中生成和消耗的物料量。

① 直接计算法  当反应过程中有明确的化学反应方程式，而且已知的条件比较充分时，可以根据反应的方程式，通过化学计算关系、转化率和收率等直接计算。

图 2-6 是碳的燃烧过程示意图，碳在燃烧炉中发生了如下反应：

$$C + O_2 \Longrightarrow CO_2$$
$$C + 1/2O_2 \Longrightarrow CO$$

进入燃烧炉的物料有碳和氧气，而离开设备的物料有碳、氧、一氧化碳和二氧化碳，由于在反应的前后同一种元素的物质的量不变，即 $\sum (n_i)_\text{入} = \sum (n_i)_\text{出}$。因此，可以按照元素的物质的量进行物量衡算，各种元素的物料衡算式如下：

氧              $n_{O_2} = 1/2 n_{CO} + n_{CO_2}$

碳              $n_C = n_{CO} + n_{CO_2}$

总物料衡算式    $n_{O_2} + n_C = 3/2 n_{CO} + 2n_{CO_2}$

② 利用衡算联系物法  在生产过程中常有不参加化学反应的惰性物料存在，由于惰性物料的数量在反应器的进出物料中不发生变化，因此可以用它和另外一些物料在组成中的比例关系来计算另外一些物料的数量。这种不参加化学反应而能起物料量联系的惰性物料称为衡算联系物。例如，化工生产中最常见的惰性物料氮气可作为衡算联系物。

采用衡算联系物法可以简化计算，尤其是同一系统中有数个惰性物料存在时，可联合采用，减少误差。但是当某惰性物料的数量很少，而且该组分分析相对误差较大时，则不宜选择用该惰性物作联系物。

③ 结点衡算法  在化工生产中有时需要采用旁路调节，在这种情况下，以旁路联结点作物料衡算就比较方便。两股物料汇合称为并流，一股物料成为两股物料称为分流。分流的联结点与并流的联结点均称为结点。由于旁路分流和混合并流都是物理过程，因此可以对总物料及其中的组分进行衡算。

## 二、能量衡算

能量消耗对现代化生产效益具有特殊意义。化工生产过程与能量的传递或能量形式的变化密切相关。能量消耗也是化工生产中的一项重要经济指标，它是衡量化工生产工艺过程、设计和操作是否合理的主要指标之一。

能量衡算就是利用能量守恒的原理，通过计算确定设备的热负荷、传热面积以及加热剂或冷却剂的用量等，为工程设计、设备设计提供设计依据。由于化工生产中热量的消耗是能量消耗的主要部分，因此化工生产中的能量衡算主要是热量衡算。

1. 能量衡算的依据

能量衡算的依据就是能量守恒定律，即输入体系的能量等于输出体系的能量，加上体系内积累或损失的能量。对于稳流体系，以 1kg 流体为计算基准时，稳流体系的能量平衡方程可用下式表示：

$$\Delta H + g\Delta z + 1/2\Delta u^2 = Q + W_S$$

若体系与环境之间无轴功交换，体系的动能与位能变化可以忽略不计，上式可以变成：

$$\Delta H = Q$$

2. 能量衡算的方法和步骤

(1) 确定衡算体系　画出流程示意图，明确物料和能量的输入项和输出项。在流程图上用带箭头的实线表示所有的物流、能流及其流向。用符号表示各物流变量和能流变量，并标出其已知值，必要时还应注明相态，然后用闭合虚线框出所确定体系的边界。

(2) 选定能量衡算计算基准　在进行能量衡算前，一般先要进行物料衡算求出各物料的量，有时物料和能量衡算方程式要联立求解。由于焓值与状态有关，多数反应过程在恒压下进行，温度对焓值影响很大，许多文献资料、手册的图表和公式中给出的各种焓值和其他热力学数据均有温度基准，一般以 298.15K 为基准温度。

(3) 收集、整理有关数据　能量衡算所需的数据通常包括物料的组成、温度、压力、流量、物性和相平衡数据，反应计量关系及物质的热力学数据等。通过设计要求、现场测定等手段可获取计算主要数据，也有一些数据可通过文献和手册查得。

(4) 列出物料平衡方程和能量平衡方程并计算求解　根据质量守恒定律列出物料平衡方程；根据能量守恒定律列出能量平衡方程。求解过程一般是先进行物料衡算，然后在此基础上进行能量计算，若过程较复杂，则可能要对物料平衡和能量平衡进行联解，才能求出结果。

(5) 结果校验　将计算结果列成物料及能量平衡表，进行校核和审核。根据质量守恒定律和能量守恒定律，进入体系的物料总质量和总能量，应分别等于离开体系的物料总质量和总能量。

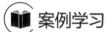 案例学习

## 甲烷气蒸汽转化过程的物料衡算和能量衡算

某企业甲烷蒸汽转化车间，在装有催化剂的管式转化器中进行甲烷转化反应，反应式如下：

$$CH_4 + H_2O \Longrightarrow CO + 3H_2 \tag{2-4}$$

$$CH_4 + CO_2 \Longrightarrow 2CO + 2H_2 \tag{2-5}$$

$$CO + H_2O \Longrightarrow CO_2 + H_2 \tag{2-6}$$

蒸汽转化温度为 500℃，水蒸气与甲烷的物质的量比为 2.5，甲烷的转化率为 75%，离开转化器的混合气体中 CO 和 $CO_2$ 之比以反应 (2-6) 达到化学平衡时的比率确定。已知

500℃时，式(2-6) 的平衡常数为 0.8333。若每小时通入的甲烷为 1kmol，求反应后气体混合物的组成。

## 一、物料衡算

### 1. 画出物料衡算流程图

画出的物料衡算流程图见图 2-7。

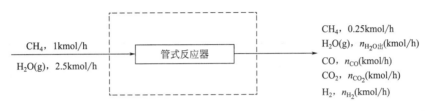

图 2-7　物料衡算流程

### 2. 确定计算基准

以通入管式反应器的甲烷 1kmol/h 作计算基准，则：

离开转化器的甲烷量＝1×(1－0.75)＝0.25(kmol/h)

进入转化器的 $H_2O(g)$ 量＝1×2.5＝2.5(kmol/h)

### 3. 物料衡算

(1) 碳元素平衡

$$n_{CH_4 入}＝n_{CO}＋n_{CO_2}＋n_{CH_4 出}$$

即

$$1＝n_{CO}＋n_{CO_2}＋0.25$$

$$n_{CO}＋n_{CO_2}＝0.75 \tag{2-7}$$

(2) 氧元素平衡

$$n_{H_2O 入}＝n_{CO}＋2n_{CO_2}＋n_{H_2O 出}$$

$$2.5＝n_{CO}＋2n_{CO_2}＋n_{H_2O 出} \tag{2-8}$$

(3) 氢元素平衡

$$4n_{CH_4 入}＋2n_{H_2O 入}＝4n_{CH_4 出}＋2n_{H_2O 出}＋2n_{H_2}$$

$$1×4＋2.5×2＝0.25×4＋2n_{H_2O 出}＋2n_{H_2}$$

$$4＝n_{H_2O 出}＋n_{H_2} \tag{2-9}$$

由题意可知：

$$\frac{x_z x_w}{x_y x_x}＝0.8333 \tag{2-10}$$

由 (2-7)、(2-8) 得

$$n_{CO_2}＝1.75－n_{H_2O 出} \tag{2-11}$$

将 (2-11) 代入 (2-7) 得

$$n_{CO}＝n_{H_2O 出}－1 \tag{2-12}$$

将 (2-9)、(2-11)、(2-12) 代入式 (2-10) 中，求解得：

$$n_{H_2O 出}＝1.5(kmol/h)$$

$$n_{CO}＝0.5(kmol/h)$$

$$n_{CO_2}＝0.25(kmol/h)$$

$$n_{H_2}＝2.5(kmol/h)$$

### 4. 列出物料衡算表

物料衡算表见表 2-1。

表 2-1  物料衡算数据

| 组分 | 输入物料 | | 输出物料 | |
|---|---|---|---|---|
| | kmol/h | kg/h | kmol/h | kg/h |
| $CH_4$ | 1 | 16 | 0.25 | 4 |
| $H_2O(g)$ | 2.5 | 45 | 1.5 | 27 |
| CO | | | 0.5 | 14 |
| $CO_2$ | | | 0.25 | 11 |
| $H_2$ | | | 2.5 | 5 |
| 合计 | 3.5 | 61 | 5 | 61 |

从表 2-1 中可以看出：物料衡算过程中输入物料和输出物料的质量是守恒的，符合质量守恒定律。

## 二、能量衡算

### 1. 画出物料衡算流程图

在物料衡算基础上画出物料流向及变化示意图，如图 2-8 所示。

图 2-8  物料衡算后的物料流向图

### 2. 确定基准

以 25℃ 为基准温度。

### 3. 列出能量衡算方程

假设系统保温良好，$Q_{损}=0$，根据题意，转化过程中需向转化器提供的热量为：

$$Q = \Delta H$$

其中

$$\Delta H = \sum H_{i出} - \sum H_{i入}$$

$$H_i = n_i \Delta H_{Fi}^{\ominus} + n_i c_{p,25\sim500} \Delta t = n_i (\Delta H_{Fi}^{\ominus} + c_{p,25\sim500} \Delta t)$$

### 4. 查取手册得到有关热力学数据

各组分的标准生成焓 $\Delta H_{Fi}^{\ominus}$ 和 25～500℃ 的平均摩尔定压热容 $c_{p,m}$ 见表 2-2。

表 2-2  相关热力学数据

| 组分 | $\Delta H_F^{\ominus}/(kJ/kmol)$ | $c_{p,m}/[kJ/(kmol \cdot ℃)]$ | $\Delta t/℃$ | $\Delta H_{Fi}^{\ominus} + c_{p,25\sim500} \Delta t/(kJ/kmol)$ |
|---|---|---|---|---|
| $CH_4$ | $-74.85 \times 10^3$ | 48.76 | 475 | $-51689$ |
| $H_2O(g)$ | $-242.2 \times 10^3$ | 35.76 | 475 | $-225214$ |
| $H_2$ | 0 | 29.29 | 475 | 13913 |
| CO | $-110.6 \times 10^3$ | 30.19 | 475 | $-96260$ |
| $CO_2$ | $-393.7 \times 10^3$ | 45.11 | 475 | $-372273$ |

5. 计算

$\sum H_{i入} = -51689 - 2.5 \times 225214 = -614724 (kJ/h)$

$\sum H_{i出} = -0.25 \times 51689 - 1.5 \times 225214 - 0.5 \times 96260 - 0.25 \times 372273 + 2.5 \times 13913 = -457159 (kJ/h)$

$\Delta H = -457159 + 614724 = 157565 (kJ/h)$

因此，$Q = 157565 (kJ/h)$

由计算结果可知，每小时需要向系统供热 157565kJ 才能满足流量为 1kmol/h 甲烷气转化率为 75% 时转化制合成气所需要的热量。此数值是在没有考虑热量损失的情况下得出的，实际情况是保温良好的设备也有热量损失，根据经验热量损失的数值按进入体系热量的百分比计算，如 5%～10%。如按 5% 计算，每小时提供的热量为：

$$Q = 157565 \times (1 + 0.05) = 165443 (kJ/h)$$

 **拓展阅读** ·······

## 化工计算在化工生产中的作用

化工生产过程具有原料来源广泛、工艺路线多样、生产设备种类和结构繁杂、产品众多、影响因素复杂及涉及知识面广等多种特点。为了能够优化化工生产设备、优化化工生产操作过程，实现节能、降耗、增效的目标，无论对于化工生产方案、工艺流程、生产设备的设计，还是确定各种工艺操作参数，都需要用到化工计算。

化工计算的目的就是能够向与化工有关的过程提供正确、可靠的数据，其主要作用有以下几方面。

### 1. 在化工过程开发中的作用

化工过程开发包括实验室研究、小试、中试、工业化装置等几个步骤。其中每个步骤和环节都必须通过一定的计算确定、核实相关数据，用于判断过程开发的成败与优劣。

随着计算机性能的不断提高，化工过程开发中各类数据资源的逐渐丰富，通过开发相应的数学模型，使化工过程开发能通过相应的软件进行模拟放大，减少了从实验室到工业生产装置间的中间试验环节，极大地提高了化工新产品的开发效率。

### 2. 在化工设计中的作用

化工设计是化工新产品由科研成果实现工业化的桥梁。化工计算又是化工工艺设计的一个中心环节。随着计算机在化工设计中的广泛应用，利用计算机进行化工设计不仅仅缩短设计周期，而且实现了设备、流程的优化。

### 3. 在技术革新和技术改造中的作用

由于化工生产过程的复杂性和化工设备的非标性，对于一套化工装置而言，常常存在着扩产、增效的"瓶颈"问题。通过对生产装置或某一设备进行系统核算，就能找出问题所在，实现扩产和增效目的。

### 4. 在化工操作方面的作用

化工生产操作中涉及许多工艺参数的调节和控制，作为一名优秀的化工操作人员，操作控制不能仅停留在使工艺参数稳定在工艺指标范围内，更要懂得、理解工艺指标为什么要在此范围内，就必须具有一定的化工计算能力。

### 5. 在化工生产的组织和管理中的作用

在化工生产的组织和管理过程中，需要面对大量的工艺技术经济指标、消耗定额指标，如何制定合理的考核和评价指标就需要经过严密、细致的计算，因此对于一个优秀的化工生产组织和管理人员，就必须具有一定的化工计算能力。

---

# 任务三　化工生产过程评价

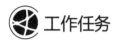 **工作任务**

查一查甲醇的生产方法，了解原料的转化率和产品甲醇的收率，并完成下表。

| 甲醇生产方法 | 转化率、甲醇收率 |
| --- | --- |
|  |  |
|  |  |

试对不同生产方法的原料转化率和产品收率进行比较，并将结果相互交流。

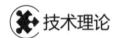 **技术理论**

## 一、化工生产工艺指标

### （一）转化率、收率、选择性

#### 1. 转化率

转化率是指在化学反应体系中，参加化学反应的某种原料量占通入反应体系的该种原料总量的百分数。转化率数值说明该种原料在反应过程中转化的程度，转化率越大，说明参加反应的原料量越多。一般情况下，由于通入反应系统中的原料不可能全部参加化学反应，所以转化率数值总是小于100％的。根据选择的"反应体系范围"不同，转化率可分为单程转化率和总转化率。

（1）单程转化率　以反应器为研究对象，参加反应的原料量占通入反应器原料总量的百分数就称为单程转化率。

（2）总转化率　以包括循环系统在内的反应器和分离器的反应体系为研究对象，参加反应的原料量占通入反应体系原料总量的百分数就称为总转化率。

以乙炔与乙酸反应合成乙酸乙烯酯过程为例，原料乙炔的循环过程如图2-9所示。

图2-9　乙炔与乙酸反应合成乙酸乙烯酯中乙炔的循环流程

**例 2-2** 已知新鲜乙炔 A 的流量为 600kg/h，混合乙炔 B 的流量为 5000kg/h，反应后乙炔 C 的流量为 4450kg/h，循环乙炔 D 的流量为 4400kg/h，放空的乙炔 E 流量为 50kg/h，试计算乙炔的单程转化率和总转化率。

**解** 反应器内每小时参加反应的乙炔量为 5000−4450＝550（kg）

$$乙炔的单程转化率＝\frac{550}{5000}\times100\%=11\%$$

$$乙炔的总转化率＝\frac{600-50}{600}\times100\%=91.67\%。$$

虽然通入反应器中的乙炔单程转化率只有 11%，但经分离并经循环使用后，乙炔的利用率可以从 11% 提高到 91.67%。但值得一提的是，循环的物料量愈大，分离系统的负担和动力消耗也就愈大。因此，就经济角度而言，通过提高单程转化率最为有利，但是单程转化率提高后也会使不利因素增多，如副反应增多、停留时间过长导致生产能力下降等。总之，在实际生产中控制多高的单程转化率最为适宜，要根据不同反应的特点，经实际生产经验总结得到。

单程转化率和总转化率都是生产过程中的实际转化率，反映实际生产过程的效果。在实际生产中，要采取各种措施来提高原料的总转化率，总转化率愈高，原料的利用程度就愈高。

（3）平衡转化率　平衡转化率是指当某一化学反应达到平衡状态时，转化为目的产物的原料占该种原料量的百分比。平衡转化率是在某一特定的条件下，某种原料参加化学反应的最高转化率。平衡转化率的大小与温度、压力和反应物组成等有关。

在反应条件不变的情况下，平衡转化率和实际转化率之间的差距表示理想状态与实际操作水平的差距，此差值愈大，表示操作水平愈低，可挖掘的增产潜力就愈大。但由于一般的化学反应要达到平衡状态都需要相当长的时间，因此，在实际生产过程中不能单纯追求最高的转化率。

**2. 选择性**

选择性是指化学反应过程中生成的目的产物所消耗的某原料量占该原料反应总量的百分数。

$$选择性＝\frac{实际所得的目的产物量}{以某种反应原料的转化总量计算得到的目的产物量}\times100\%$$

$$＝\frac{生成目的产物的某反应物的量}{该反应物的总转化量}\times100\%$$

选择性越高，原料的利用率也就越高，表示反应越有效；相反，选择性越低，原料的利用率就越低。对于催化剂参与的反应，选择性的高低也反映了催化剂性能的好坏，反应的选择性高说明催化剂的催化性能好。

需要指出的是，转化率和选择性之间往往存在一定矛盾，即若追求高转化率，反应的选择性往往是比较低的；而在低转化率时，反应的选择性却又往往是高的。

**3. 收率**

生成目的产物的量与通入反应器的某种原料计算的目的产物的理论量的百分数，称单程收率。也可以用生成目的产物所耗的某种原料量与输入到反应器的该原料量的百分数表示。

$$单程收率＝\frac{目的产物的实际产量}{以通入反应器的原料量计算的产品理论产量}\times100\%$$

$$＝\frac{反应为目的产物的某种原料量}{通入反应器的该种原料量}\times100\%$$

对于一些非反应的生产工序，如精制、分离等，由于在生产过程中也有物料损失，从而导致产品收率下降。因此，对于由多个工序组成的化工生产过程，可以分别用每个阶段的收率来表示各工序产品的变化情况，而整个生产过程则可以用总收率来表示实际生产效果。非反应工序阶段的收率是实际得到的目的产品的量占投入该工序的此种产品量的百分数，而总收率计算方法为各工序收率的乘积。

**例 2-3**　苯和乙烯烷基化反应制取乙苯，每小时得到烷基化液 500kg，质量组成为苯 45％、乙苯 40％、二乙苯 15％。假定原料苯和乙烯均为纯物质，控制苯和乙烯在反应器进口的摩尔比为 1∶0.6。试求：

① 进料和出料各组分的量；

② 假定苯不循环，乙烯的转化率和乙苯的收率；

③ 假定离开反应器的苯有 90％可以循环使用，此时乙苯的总收率。

$$\bigcirc\!\!\!\!- + C_2H_4 \longrightarrow \bigcirc\!\!\!\!-C_2H_5$$

$$\bigcirc\!\!\!\!- + 2C_2H_4 \longrightarrow \bigcirc\!\!\!\!\!<^{C_2H_5}_{C_2H_5}$$

**解**　① 烷基化液中苯的质量为：$500 \times 0.45 = 225$(kg)

乙苯的质量为：$500 \times 0.40 = 200$(kg)

二乙苯的质量为：$500 \times 0.15 = 75$(kg)

生成乙苯消耗苯的质量为：$\dfrac{200}{106} \times 78 = 147.17$(kg)

生成二乙苯消耗苯的质量为：$\dfrac{75}{134} \times 78 = 43.65$(kg)

苯的进料量为：$225 + 147.17 + 43.65 = 415.82$(kg) $= 5.33$(kmol)

乙烯的进料量为：$5.33 \times 0.6 = 3.2$(kmol) $= 89.6$(kg)

② 反应中消耗掉乙烯的质量为：$\dfrac{28}{106} \times 200 + \dfrac{2 \times 28}{134} \times 75 = 84.17$(kg)

乙烯的转化率为：$\dfrac{84.17}{89.6} \times 100\% = 93.9\%$

乙苯的收率为：$\dfrac{200}{106 \times 5.33} \times 100\% = 35.4\%$

③ 参与循环的苯的质量为：$225 \times 0.9 = 202.5$(kg)

需要补加的新鲜苯的质量为：$415.82 - 202.5 = 213.32$(kg) $= 2.735$(kmol)

乙苯的总收率为：$\dfrac{200}{106 \times 2.735} \times 100\% = 69\%$

**4. 转化率、选择性和单程收率间的关系**

当转化率、选择性和单程收率都用 mol 为单位时，其相互间的关系可用下式来表示：

$$单程转化率 \times 选择性 = 单程收率$$

单程转化率和选择性都只是从某一个方面说明化学反应进行的程度。转化率越高，说明反应进行得越彻底，一定程度上可以降低设备投资和操作费用。但随着单程转化率的提高，反应的推动力下降，反应速率变小，若再提高反应的转化率，所需要的反应时间就会过长，同时副反应也会增多，导致反应的选择性下降，增大了产物分离、精制的负荷。因此，单纯的转化率高，反应效果不一定好。同样，如果仅仅选择性较高，而转化率太低，则设备的利用率太低，生产能力不高，因此也不经济合理。所以必须综合考虑单程转化率和选择性，只有当两个指标值都比较适宜时，才能得到较好的反应效果。

### （二）生产能力与生产强度

#### 1. 生产能力

生产能力是指一台设备、一套装置或一个工厂在单位时间内生产的产品量或在单位时间内处理的原料量，其单位为 kg/h、t/d 或 kt/a 等。对于以化学反应为主的过程以生产产品量表示生产能力；对于以非化学反应为主的过程以加工原料量表示生产能力。如 300kt/a 乙烯装置表示该装置生产能力为每年可生产乙烯 300kt，而 600kt/a 炼油装置表示该装置生产能力为每年可加工原油 600kt。

生产能力又可以分为设计能力、查定能力和现有能力。设计能力是指在设计任务书和技术文件中所规定的生产能力，根据工厂设计中规定的产品方案和各种设计数据来确定。新建化工企业基建竣工投产后，通常要经过一段时间的试运转，充分熟悉和掌握生产技术后才能达到规定的设计能力。查定能力一般是指老企业在没有设计能力数据，或由于企业的产品方案和组织管理、技术条件等发生变化，致使原设计能力已不能正确反映企业实际生产能力可达到的水平，此时重新调整和核定的生产能力。它是根据企业现有条件，并考虑到查定期内可能实现的各种技术组织措施而确定的。现有能力也称为计划能力，指在计划年度内，依据现有的生产技术条件和组织管理水平在计划年度内能够实现的实际生产能力。这三种生产能力在实际生产中各有不同的用途，设计能力和查定能力是用作编制企业长远规划的依据，现有能力是编制年度生产计划的重要依据。

一个化工企业的生产装置能否达到最大的生产能力既与化学反应进行的状况有关，也与设备及人为因素有关。

由于化学反应的好坏直接影响到生产能力的大小，因此只有单程转化率高，反应选择性好，单程收率才能高，企业生产的经济效益才高。要得到高的经济效益，一方面要提高化学反应的速率，尤其是提高主反应的反应速率；另一方面加强对反应过程的温度、压力、停留时间、物料配比等工艺参数的控制。

设备也是影响生产能力的重要因素之一。在整个工艺流程中，各个设备的生产能力之间要相互匹配，才能有最好的生产能力。如果有一个设备的生产能力跟不上，就会影响到整个企业的生产能力。同样，提高每一台设备的生产能力，则总的生产能力也就会相应提高。

企业生产中存在的一些人为因素也会对生产能力产生较大的影响。人为的因素包括生产技术的组织管理水平和操作人员的操作水平。生产管理水平高，对生产过程的调配、协调能力就强，生产组织就能平稳、正常进行，就能杜绝和减少生产事故的发生。操作人员的操作水平高，生产中工艺参数控制波动就小，就能实现生产的平稳操作，确保稳定的产品质量，遇到操作时异常时就能正确进行处置，防止事故的发生。

#### 2. 生产强度

生产强度为设备的单位容积或单位面积（或底面积）的生产能力，单位为 $kg/(h \cdot m^3)$、$t/(d \cdot m^3)$ 或 $kg/(h \cdot m^2)$、$t/(d \cdot m^2)$ 等。它主要用于比较那些相同反应过程或物理加工过程的设备或装置的优劣。设备内进行的过程速率越快，该设备的生产强度就越高，设备的生产能力也就越大。在分析对比催化反应器的生产强度时，常要看在单位时间内、单位体积催化剂所获得的产品量，亦即催化剂的生产强度，有时也称为空时收率，单位为 $kg/(h \cdot m^3)$ 或 $kg/(h \cdot kg)$。

提高设备的生产强度，就可以用同一台设备生产出更多的产品，进而提高设备的生产能力。

## 二、工艺技术经济评价指标

化工企业都根据产品的设计数据和企业的实际情况在工艺技术规程中规定各种原材料的消耗定额，消耗定额是反映化工生产技术水平和管理水平的一项重要经济指标，也是企业管理的基础数据之一。如果超过了规定指标，必须查找原因，寻求解决的办法，以实现增效降耗的目的。

所谓消耗定额是指生产单位产品所消耗的各种原料及辅助材料（水、电、蒸汽等）的数量。消耗定额越低，生产过程的经济效益就越好。但是当消耗定额降低到某一水平后，再继续降耗就很困难，此时的标准就是最佳状态。

在消耗定额的各项指标中，包括水、电、气和各种原辅材料等，虽然水、电、燃料和蒸汽等对生产成本影响很大，但是影响最大的还是原料的消耗定额，因为大部分化学过程中原料成本占产品成本的 $60\% \sim 70\%$。因此，要降低生产成本，其中最关键的就是要降低原料消耗。

### 1. 原料消耗定额

将初始物料转化为具有一定纯度要求的最终产品，按化学反应方程式的化学计量为基础计算的消耗定额，称为理论消耗定额，用"$A_{理}$"表示。理论消耗定额是生产单位目的产品时，必须消耗原料量的理论值。

按实际生产中所消耗的原料量为基础计算的消耗定额，称为实际消耗定额，用"$A_{实}$"表示。在实际生产过程中，由于有副反应的发生，会多消耗一部分原料；另外在各加工环节中也会损失一些物料（如随"三废"排放），设备、管道和阀门等的跑、冒、滴、漏。因此，在实际生产过程中的原料消耗量总是高于理论消耗定额。理论消耗定额与实际消耗定额间的关系为：

$$(A_{理}/A_{实}) \times 100\% = 原料利用率 = 1 - 原料损失率$$

当生产一种产品同时需要两种或两种以上的原料时，则每一种原料都有各自的消耗定额。对于同一种原料，有时由于初始原料的组成情况不同，其消耗定额也不等，甚至差别还可能较大。企业确定消耗定额应依据先进性和现实性两条标准，消耗定额低，说明原料利用得充分，收率高而成本低，也说明了副反应少、"三废"少、管理水平高。反之，消耗定额高，说明产品成本大，"三废"治理的压力大。化工工艺管理的首要目标就是提高原料利用率，降低生产成本，并创造较好的环境效益。

**例 2-4** 从甲烷制备乙炔产率为 $15\%$，乙炔制备乙醛产率为 $60\%$，乙醛制备乙酸产率为 $90\%$。以含有 $97\%$（体积分数）甲烷的天然气为原料，试计算从乙醛生产 1t 乙酸需要多少天然气？

**解** 从甲烷为原料来生产乙酸的反应式如下：

$$2CH_4 \Longleftrightarrow C_2H_2 + 3H_2$$
$$C_2H_2 + H_2O \Longleftrightarrow CH_3CHO$$
$$CH_3CHO + 0.5O_2 \Longleftrightarrow CH_3COOH$$

生产 1t 乙酸时甲烷的理论消耗量为 $1000 \times 2 \times 16 \div 60 = 534(\mathrm{kg})$，可求得消耗定额为：

$$534 \div (0.9 \times 0.6 \times 0.15) = 6592(\mathrm{kg})$$

或
$$6592 \times 22.4 \div 16 = 9229(\mathrm{m}^3)\mathrm{CH}_4$$

### 2. 公用工程的消耗定额

公用工程是指化工生产必不可少的供水、供热、冷冻、供电和供气等。公用工程消耗定额是指生产单位产品所消耗的水、蒸汽、电及燃料等的量。

除了生活用水外，化工生产中所用的水主要是工业用水，工业用水可分为工艺用水和非工艺用水。工艺用水直接与物料接触，由于杂质带入生产物料系统会影响产品质量，因此工艺用水对水质要求较高，工艺用水一般要经过过滤、软化、脱盐等工序处理，并符合明确的指标规定。非工艺用水主要指冷却用水，在化工生产中的非工艺用水对水质也有一定的要求（如硬度、酸度、悬浮物的含量等），以防止在冷却过程中产生水垢、泥渣沉积或腐蚀管道等。此外，为了节约用水，应尽可能将冷却水循环使用。

换热操作是化工生产中最为常见的操作之一。加速化学反应，进行蒸发、蒸馏、干燥或物料预热等操作都需要进行换热。根据各种操作对温度要求和加热方式的不同，正确选择热源，充分利用热能，对生产过程的技术经济指标影响很大。饱和水蒸气是化工厂使用最多的热载体，它具有使用方便、加热迅速、均匀和容易控制等优点。当加热温度在 200℃ 以下时通常使用 1MPa 的低压蒸汽。当加热温度超过 200℃ 时，可以选用导热油作为热载体。温度在 350~500℃ 范围内可用熔盐混合物（$\mathrm{NaNO}_2$ 40%、$\mathrm{KNO}_3$ 53%、$\mathrm{NaNO}_3$ 7%）作为热载体。更高温度可采用烟道气加热或电加热方式。

当化工生产中需要温度降低到比周围环境温度更低时，这就需要提供低温的冷却介质。常用的冷却介质包括低温水（使用温度≥5℃）、盐水（温度为 -15~0℃ 常用 NaCl 水溶液；温度为 -45~0℃ 常用 $\mathrm{CaCl}_2$ 水溶液）、有机物（如乙醇、丙醇、乙二醇、乙烯、丙烯等适用于更低的温度范围）及氨（冷却温度可达 -120℃）四种。其中，冷冻盐水是化工生产中最常用的冷却介质。

化工生产用电通常要电网变压后才能使用。因此，车间内部或附件通常设有变电室，将电压降低后分配给各用电设备。由于化工生产过程具有易燃、易爆的特点，化工生产所用电气设备及电机等均应采取防爆和防静电措施，建筑物应有防雷设施。

化工车间通常还需配备空气和氮气等气源。一般的非工艺用空气、氮气只需简单除去机械杂质和灰尘，经压缩后即可供车间作吹净、置换、保压等使用。而工艺用空气则对净制的要求较高，以免将杂质带入反应系统。

## 化工公用工程中常用的气体

**一、压缩空气系统**

压缩空气分为仪表用压缩空气和杂用压缩空气。仪表用压缩空气主要用于气动阀门、燃机振动探头等；杂用压缩空气主要用于机组检修、吹扫冷却等。

压缩空气的质量标准应根据应用范围和元件类型选择，按照规范标准严格选择相应的质量等级。

压缩空气制备中各部分的设备作用如下：

（1）空压机　由电动机将电能转化为机械能，将空气压缩并以较高的压力输送到气动系统，将机械能转化为气压能。

（2）储气罐　储存压缩空气和稳压作用，压缩空气中的杂质在此沉降，分离出大部分的水、油、尘。

（3）过滤器　根据用气质量要求不同配备过滤器的数量及接入的位置。另外，有时根据一些特殊要求使用除油过滤器、除菌过滤器及活性炭过滤器等。

（4）冷干机　降低压缩空气的温度，利于机油和水分的分离。

（5）干燥机　压缩空气在使用过程中只要有温度的变化就会有水分的析出，干燥机可以进一步纯净空气，使压缩空气达到使用的要求。

二、氮气系统

氮气作为公用工程气体主要用于保护、置换、洗涤及安全保障。

三、蒸汽系统

蒸汽主要供工艺生产加热和动力用。普通工业锅炉供应的水蒸气，大多是在一定的压力下产生的，在定压下对水加热至沸腾，部分水汽化成蒸汽（饱和蒸汽），随着加热进行，水逐渐减少，蒸汽逐渐增多（湿蒸气），如果对湿蒸气继续加热，蒸汽中水分全部汽化，成为干蒸汽。在定压下，水与蒸汽的温度是相同的，当加热蒸汽温度超过饱和温度时，就形成过热蒸汽。

现在的化工企业一般由化工园区统一供应蒸汽。

各化工生产企业对所需使用的公用工程也规定消耗定额，以限制公用工程的使用量。

## 三、经济效益分析

所谓经济效益就是生产过程中所取得的生产成果与取得这一成果所消耗的劳动的比较，也就是投入与产出的比较。求出投入和产出的数值就可以定量地分析和比较不同技术方案的经济效益的差别。

反映投入的指标包括原材料、动力消耗、燃料、厂房和机器设备的折旧、人员工资支出等；反映产出的指标有产品产量、产值、利润和税金等。

### （一）投入指标

1. 投资

投资可以分为固定资产投资和流动资金两部分。固定资产投资是指用于建造厂房、购置机器等生产设备的费用；流动资金是指用于购买原材料、燃料、支付工人工资和其他周转资金。生产厂房和设备在使用过程中会逐渐变旧直至损坏，这部分减损的价值必须逐渐转移到生产成本中去。这种分次逐渐转移到成本中去的固定资产价值，称为折旧。

2. 成本

化工产品成本通常由以下几个部分组成。

（1）原材料费　原材料费是指在化工产品的生产中，经过加工构成产品实体的各种物料费用。原料费通常占产品成本的 $50\%\sim70\%$。

（2）燃料及动力费　燃料及动力费是指直接用于工艺生产过程，为生产提供能量的燃料和产品生产所消耗的水、电、压缩空气、水蒸气等的费用。

（3）工资和附加费　工资是指操作人员的报酬，附加费包括工资以外的医疗费、劳动保护用品和保险费等。

（4）折旧费　折旧费是指在规定的年限内平均分摊设备消耗价值的费用。折旧费通常采用直线折旧法，化工设备的折旧年限一般为 $10\sim20$ 年。

（5）销售费　销售费是指用于产品销售活动的相关费用，如广告费、运输费、包装费等。

（6）企业管理费　企业管理费是指企业在组织和管理全厂生产经营性活动过程发生如工厂管理人员工资和附加费、办公费、职工教育费、试验费等费用。

（二）产出指标

（1）产量和产值　产品的产量代表企业生产的产品的数量。而销售量则是指出售产品的量。在技术经济分析中，销售量往往比产量更为重要。

产值是指某种产品的年产量与单位产品的价格的乘积。一个企业在一年内的全部最终产品与产品各自单价的乘积之和称为总产值。销售收入则是产品作为商品销售后的收入，即销售收入等于单价与销售量之积。

（2）盈利、利润和税金　企业将产品销售收入扣除生产成本后的余额就是盈利。盈利也称为毛利润，是企业职工为社会创造的新增价值。税金是国家依法向企业征收的一部分税利，与化工企业利润相关的有产品税、资源税、调节税和所得税 4 种。

毛利润扣除各种税金后就是净利润。

（三）提高经济效益的途径

（1）提高产出的价值　增加产品数量和提高产出产品的价值都可实现这一目标。高科技产品和高附加值产品的开发与生产，将产生更高的价值，企业能够实现更多的收益。此外，进行技术革新、设备改造、提高产品的产量和质量等，都能够在不同程度上提高产出的价值。

（2）减少投入、降低消耗和成本　通过降低产品生产的人力消耗和物质消耗，降低产品的库存和销售费用，采用绿色工艺减少环境污染等，都能够提高企业的经济效益。

## 📖 案例学习

### 物料量计算

一套年产 1500t 苯乙烯的乙苯脱氢装置，以每千克乙苯加 2.6kg 水蒸气的配比进料，在 650℃ 的操作温度下，苯乙烯的产率为 90%，收率为 40%，其余产物的产率为苯 3%、甲苯 5%、焦炭 2%，装置年生产时间为 7200h。已知原料乙苯的纯度为 98%（质量分数），其余为甲苯，试计算每小时进出装置的物料量。

**解**　乙苯脱氢化学反应方程式为：

$$C_6H_5C_2H_5 \Longleftrightarrow C_6H_5C_2H_3 + H_2$$
$$C_6H_5C_2H_5 + H_2 \Longleftrightarrow C_6H_5CH_3 + CH_4$$
$$C_6H_5C_2H_5 \Longleftrightarrow C_6H_6 + C_2H_4$$
$$C_6H_5C_2H_5 \Longleftrightarrow 7C + 3H_2 + CH_4$$

$$苯乙烯的产量＝\frac{1500\times1000}{7200\times104}＝2(\text{kmol/h})＝208(\text{kg/h})$$

$$反应所需乙苯量＝\frac{2}{0.4}＝5(\text{kmol/h})＝530(\text{kg/h})$$

$$其中反应的乙苯量＝\frac{2}{0.9}＝2.22(\text{kmol/h})＝235(\text{kg/h})$$

未反应的乙苯量＝5－2.22＝2.78(kmol/h)＝295(kg/h)

水蒸气进料量＝530×2.6＝1378(kg/h)

$$原料中乙苯进料量＝\frac{5}{0.98}＝5.102(\text{kmol/h})＝540.8(\text{kg/h})$$

原料中甲苯量＝540.8－530＝10.8(kg/h)＝0.117(kmol/h)

产物中各组分的量如下。

苯乙烯：2(kmol/h)＝208(kg/h)

甲苯：2.22×0.05＋0.117＝0.228(kmol/h)＝21.01(kg/h)

苯：2.22×0.03＝0.067(kmol/h)＝5.23(kg/h)

焦炭：2.22×0.02×7＝0.311(kmol/h)＝3.73(kg/h)

乙苯：2.78(kmol/h)＝294.68(kg/h)

乙烯：0.067(kmol/h)＝1.61(kg/h)

甲烷：0.111＋2.22×0.02＝0.1554(kmol/h)＝2.49(kg/h)

氢：2＋2.22×0.02×3－0.111＝2.022(kmol/h)＝4.04(kmol/h)

进出装置的物料衡算见表 2-3。

表 2-3　进出装置的物料衡算表

| 组分 | 输入物料 | | 输出物料 | |
| --- | --- | --- | --- | --- |
| | kmol/h | kg/h | kmol/h | kg/h |
| 苯乙烯 | 0 | 0 | 2 | 208 |
| 甲苯 | 0.11 | 10.12 | 0.228 | 21.01 |
| 苯 | 0 | 0 | 0.067 | 5.23 |
| 焦炭 | 0 | 0 | 0.311 | 3.73 |
| 乙苯 | 5 | 530 | 2.78 | 294.68 |
| 乙烯 | 0 | 0 | 0.067 | 1.61 |
| 甲烷 | 0 | 0 | 0.155 | 2.49 |
| 氢 | 0 | 0 | 2.022 | 4.04 |
| 合计 | 5.11 | 540.12 | 7.63 | 540.79 |

 **拓展阅读** ..................................................................................................

## 班组经济核算

经济核算是以节约资源为原则，以提高经济效益为目标，运用会计核算、统计核算、业务核算以及经济活动分析等方法，对企业生产经营过程中的资源占用，资源消耗和劳动成果进行记录、计算、分析、对比的综合管理工作。按照化工企业的管理形式，一般实行厂部、车间和班组的三级核算。

企业生产经营状况如何，计划指标完成程度，取得经济效益多少，都须通过厂级经济核算才能得到全面、系统的反映。车间是企业内部中层生产行政单位，生产消耗主要发生在车间，车间主要核算产品品种、质量、产量、劳动、成本以及资金等经济指标。班组是企业基层生产行政单位，班组通常只核算生产成果和生产消耗两方面，即具体的产量、质量、工时利用、原材料消耗，有时也需核算成本。

常用的班组核算指标包括产品产量指标、产品质量指标、劳动指标、物资消耗指标、能源消耗指标、成本指标等。下面介绍两种常见的班组成本核算方法。

### 1. 产量核算方法

（1）以实物核算产量　就是以实物计量的实际产量与计划（或定额）产量相比较，求出差额与比值，即可知道实际生产的计划完成水平。具体计算公式如下：

$$完成计划产量差额＝实际产量－计划产量$$

$$完成计划产量程度＝（实际产量÷计划产量）×100\%$$

在化工厂里，固体产品实物量一般采用重量单位来计，液体产品采用重量单位或体积单位，气体产品采用体积单位。

（2）以定额工时核算产量　就是用实际完成定额工时数与计划完成定额工时数相比较，求出差额及比值，从而考核完成计划的水平。具体计算公式如下：

$$完成计划产量工时差额＝实际完成定额工时数－计划完成定额工时数$$

$$完成计划产量工时程度＝（实际完成定额工时数÷计划完成定额工时数）×100\%$$

（3）以产值核算产量　就是用实际完成产值与计划产值相比较，求出差额与比值，从而考核完成计划的水平。具体计算公式如下：

$$每一产品产值＝每一产品数量×每一产品单价$$

$$各种产品总产值＝每一产品产值的加和$$

$$完成产值计划差额＝实际产值－计划产值$$

$$完成产值计划程度＝（实际产值÷计划产值）×100\%$$

### 2. 成本核算方法

（1）单位产品成本核算　单位产品成本核算方法就是用实际单位产品成本与定额单位产品成本相比较，求出差额与比值，从而得出单位产品成本高低水平。具体计算公式如下：

$$实际单位产品成本＝产品总成本÷产品总数量$$

$$单位产品成本降低额＝实际单位产品成本－定额单位产品成本$$

$$单位产品成本降低率＝（单位产品成本降低额÷定额单位产品成本）×100\%$$

（2）产品总成本核算　产品总成本即生产一定数量的某一种产品耗用的生产总费用。产品总成本核算的方法就是用实际产品总成本与计划产品总成本相比较，求出差额与比值，从而得出成本盈亏水平。具体计算公式如下：

$$盈亏金额＝实际产品总成本－计划产品总成本$$

$$总成本降低率＝（盈亏金额÷计划产品总成本）×100\%$$

班组盈亏金额＝各产品盈亏金额加和

通过及时分析和解决经济核算中发现的问题，可以有效地增加产量、提高质量、减少消耗、降低成本、保证安全，从而取得最大的经济效益。

## 思考题

1. 甲烷和氢的混合气用空气完全燃烧来加热锅炉，生成的水蒸气全部进入烟道气。生成烟道气 100mol。烟道气成分组成为：氮 72.18%，二氧化碳 8.11%，氧 2.44%，水蒸气 17.27%。分别求出燃料气中甲烷与氧的比例、空气与燃料气的比例。

2. 烃类热裂解中裂解温度和停留时间对裂解过程有什么影响？

3. 试分析单程转化率、总转化率及平衡转化率的区别。它们在化工生产中各有何意义？

4. 生产能力和生产强度在化工生产中各有何意义？

5. 什么是原料消耗定额？为什么要降低消耗定额？降低原料消耗定额在化工生产中有何意义？

6. 原料消耗定额、原料利用率和原料损失率之间有何关系？

7. 用苯氯化制氯苯时，为了减少副产物二氯苯的生成量，应控制氯的消耗量。已知每 100mol 苯与 40mol 的氯发生反应，反应产物中含 38mol 氯苯、1mol 二氯苯以及 61mol 未反应的苯。反应产物经分离后可回收 60mol 的苯，损失 1mol 苯。试计算苯的单程转化率和总转化率。

8. 甲苯用浓硫酸磺化制对甲苯磺酸，已知甲苯的投料量为 1000kg，反应产物中含对甲苯磺酸 1460kg，未反应的甲苯 20kg，计算对甲苯磺酸的反应选择性。

9. 物料衡算的目的是什么？依据是什么？热量衡算的目的是什么？

10. 如何用转化率、产率等指标来衡量化学反应的效果？

11. 用什么方法来比较化学反应体系中主、副反应进行的难易程度？

12. 温度、压力、空间速率（停留时间）、原料配比对化学反应过程的影响各有什么共同的规律？应根据什么原则来选择温度、压力、空间速率和原料配比的最佳控制范围？

## 课外项目

结合本地实际，选择一个典型的化工产品，收集相关工艺数据进行物料衡算和能量衡算，运用所学知识对生产过程进行分析和评价。

## 课外阅读

### 化工企业管理

化工企业管理是在化工生产过程中，利用企业现有的资源，以合适的方法和手段，来组织产品的生产，并保证安全文明生产的管理。它的管理对象是整个企业的生产人员、生产设备、产品原材料等生产资源。

### 1. 化工企业管理的特点

化工企业是资金密集和知识密集型的企业，企业投入大、生产工艺装置复杂、专业化要求高，从其生产来看，化工企业和管理特点表现在以下几个方面。

（1）系统性　化工企业的生产、技术相对复杂，设备多而成套，工艺路线繁琐，而且生产操作要严格按操作规程进行，要求生产管理从原料到产品各个环节都要全面考虑，合理管理。

（2）技术性　化工企业的生产主要是靠化学反应来完成从原料到成品的转变，生产过程往往会由一个或几个工段来完成，每个工段又包括若干个生产单元，每个生产单元都要在严格的操作规范下进行。同时生产装置大多是管道纵横，各种设备星罗棋布，干扰与影响因素很多。化工生产要求的工艺条件苛刻，所以化工生产对设备、人员和管理技术等要求都很高。

（3）高危险性　化工生产使用的原料、半成品和成品种类繁多，绝大部分是易燃、易爆、有毒害、有腐蚀的危险化学品。这给生产中的这些原材料、燃料、中间产品和成品的储存和运输都提出了特殊的要求。与其他行业对比，不安全因素多，而且安全事故的发生率高于其他行业。如化肥生产过程中的天然气、煤气，烯烃生产过程中的乙烯、丙烯等都是易燃易爆物质，再如甲醇是重要的化工原料，它不但有毒，有腐蚀性，而且易燃易爆。

在化工生产过程中，各种反应都要在一定的温度、压力下进行，而且为了提高生产效率，大多数反应都是在高温高压下进行的，几十公斤压力和几百摄氏度的温度在化工生产中都是非常常见的，这些都大大增加了企业生产的危险性。

（4）生产的连续性　化工产品的生产往往工序较多、过程较复杂，生产大多具有高度的连续性。在企业内部，厂际之间、车间之间，管道互通，原料产品互相利用，是一个组织严密、相互依存、高度统一、不可分割的有机整体。任何一个厂或一个车间，乃至一道工序发生事故，都会影响全局。

（5）污染性　化工企业"三废"多，污染较为严重，化工企业排放的污染物已成为水污染、大气污染、土壤污染的主要根源。

### 2. 化工企业管理的原则

化工生产具有以下特点。

① 化工生产中使用的原料种类繁多，绝大部分是易燃、易爆、有腐蚀的危险化学品，在生产中这些原料、燃料、半成品和成品的贮存和运输都提出了特殊的要求。

② 有些化学反应需要在高温、高压下进行，有些则要在低温、高真空下进行，工艺条件要求较高。

③ 国际上化工生产装置向大型化发展趋势明显，采用大型装置不仅可以明显降低生产成本，而且可以提高劳动生产率，降低能耗。

④ 化工生产从过去落后的手工操作、间歇生产逐步转变为自动化、连续化生产；生产设备由敞开式变为密闭式；生产操作由分散控制变为集中控制。控制方式由人工手动操作变为仪表自动操作，进而发展为计算机控制。

由于化工生产自身的特点，进行化工企业管理应遵循以下几条原则。

（1）安全第一　就是要求在生产经营活动中，在处理安全与生产的关系上，要始终把安全放在首要位置，优先考虑人员的安全，不仅要考虑本企业的安全，而且要考虑到对社会的影响，实行安全优先的原则。

（2）以人为本　人是企业的核心，所以在生产管理的过程中既要发挥人的主观能动性，又要促使人员遵守制度，管好生产，要以人为本，从实际发展，高度重视人的作用。

（3）以经济效益为主线　在生产管理过程中贯彻讲求经济的原则，在生产过程中始终要紧抓经济效益主线，利用科学的方法、合理的手段，降低成本，增加效益，要根据经济状况决定生产的规模，根据市场要求来确定产品的方向。

（4）保障平稳生产　生产环节最忌工作量忽高忽低，生产过程应是平稳均衡的。

# 项目三
# 化工生产操作与控制

## 学习指南

化工生产操作与控制是化工生产的核心，只有保持化工生产操作和控制的平稳，才能得到质量稳定的化工产品，实现安全生产。化工生产操作与控制能力是从事化工生产人员所必须具有的岗位核心能力。通过本项目的学习和工作任务的训练，熟悉化工生产操作所必备的开停车操作、检修知识；能根据岗位要求进行化工生产的开车准备、开停车操作和正常生产工况的维持。

知识目标　　1. 了解化工装置开车操作准备工作内容。
　　　　　　2. 了解化工装置原始开车操作步骤和方法。
　　　　　　3. 了解化工装置停车的步骤和方法。
　　　　　　4. 了解化工设备检修的步骤和方法。
　　　　　　5. 了解化工检修的阶段和安全事项。
　　　　　　6. 理解化工工艺调节与控制的原理和方法。

能力目标　　1. 能根据生产要求完成化工装置开车前的准备工作。
　　　　　　2. 能根据生产操作规程进行化工装置的开停车操作。
　　　　　　3. 能根据工艺要求进行工艺参数的调节与控制操作。
　　　　　　4. 能按照操作规程进行设备的维护和检修。

## 任务一　化工装置开车操作准备

 工作任务

查一查乙醛氧化制乙酸工艺，了解乙醛氧化制乙酸开车前需做的准备工作，并完成下表。

| 工艺过程 | 内容要点 |
| --- | --- |
| 开车前的准备工作 | |

对表中内容进行整理，并相互交流。

## 技术理论

### 一、化工装置的吹扫和清洗

在新建或大修后的管道以及设备中往往存在着灰尘、铁屑等杂物，为了避免这些杂物在开车时堵塞管道、设备或者卡死阀门，影响正常的开车，在化工装置开工之前，必须用压缩空气、蒸汽、水或化学溶液对工艺管道和设备进行吹扫、清洗，消除施工安装过程中残留的各种杂质，防止开车试车时引起事故。因此，吹扫和清洗是保证装置顺利试车和长周期安全生产的一项重要工作。

#### （一）吹扫

吹扫的介质一般是空气和蒸汽。

#### 1. 空气吹扫

用空气吹扫时，对工艺管道吹扫的气源压力一般要求不大于 0.6MPa（吹扫质量较高的管道可适当提高压力），吹扫气流速度大于正常操作流速（或不低于 20m/s）。吹扫时，应将管道上安装的所有仪表与测量元件（如流量计、孔板等）拆除，防止吹扫时流动的脏物将仪表元件损坏；应

空气吹扫

将安全阀与管道连接处断开，并加盲板或挡板，以免脏物吹到阀底，使安全阀底部密封面磨损。吹扫前必须在换热器、塔器等设备入口侧加装盲板，只有待上游吹扫合格后才能进入设备。当管径大于 500mm 和有人孔的设备，吹扫前先要进行人工清扫，并拆除有碍吹扫的内件。

需要注意的是：吹扫时应按流程方向从前往后，从高处向低处吹扫，否则无法吹扫干净。设备的放空管、排污管、分析取样管和仪表管线都要依次吹扫干净，有的可以拆下进行吹扫。每吹扫好一段后，应立即装好法兰，加上盲板，并拆除该段上端的盲板。对于溶液储槽等大型设备，要进入设备内部进行人工吹扫。

---

**空气吹扫操作程序**

① 首先将压力源接到被吹扫的管道上，接入点应尽可能选取本系统的较高位置。

② 带有衬里的管道须用低流速空气吹扫，以免损伤管道的衬里。

③ 空气吹扫流速≥20m/s，吹扫压力不大于 0.6MPa，且不得超过管道的设计压力。

④ 吹扫时用锤（不锈钢管用木锤或塑料锤）轻敲管壁，对焊缝、死角和管底部位重点敲打，但不得损伤管子。

⑤ 空气吹扫时应尽可能连续吹扫，当管径较大，气源不能保证足够的吹扫流速时可以采取间断吹扫的方法进行系统吹扫（即向系统充入空气时先关闭排出口的阀门，待系统达到预定的压力时，快速打开排出阀门，使系统内的气体流速达到吹扫的要求。如此反复进行，直至吹扫合格）。

⑥ 当目测排气无烟尘时，应在排气口处用白布或用涂白漆的木板检验，5min 内白布上无明显可见的铁锈、尘土、水分及其他杂物为合格。

⑦ 吹扫空气排出口的周围，要采取防护措施，挂上明显的标志牌。排气口处的管道必须采取有效措施固定牢固。

### 2. 蒸汽吹扫

蒸汽吹扫是以蒸汽为介质的吹扫。蒸汽吹扫适用于蒸汽管道，特别是动力蒸汽管道。蒸汽吹扫的汽源由蒸汽发生装置提供。由于蒸汽吹扫具有很高的吹扫速度，因而具有很大的能量。采用间断的蒸汽吹扫方式，由于冷热使管道产生收缩和膨胀，有利于管线内壁附着物的剥离和吹除，从而达到较好的吹扫效果。动力蒸汽管道吹扫时，不但要彻底吹扫出管道中附着的脏物、杂物，而且要把金属表面的浮锈吹除，否则它们会被夹带在高速的蒸汽流中，对高速旋转的汽轮叶片、喷嘴等产生极大的危害。

动画扫一扫
蒸汽吹扫
操作要点

非蒸汽管道如用空气吹扫不能满足清扫要求时，也可用蒸汽吹扫，但应考虑其结构能否承受高温和热胀冷缩的影响并采取必要的措施来保证吹扫时人身和设备的安全。

---

#### 蒸汽吹扫操作程序

① 蒸汽吹扫要使用与系统运转时相同压力的蒸汽。

② 蒸汽吹扫要断续进行，在停止吹扫时，流量要能减到零，阀门的关闭要灵活，没有漏汽现象。

③ 出口的废汽要接临时管道引到室外，并注意排汽口不得朝向设备及人行道路。排汽管道要固定可靠。

④ 吹扫前应先进行暖管，及时排水，并应检查管道系统的热位移。待管道系统温度接近蒸汽温度且系统无异常情况时再开始进行吹扫。蒸汽吹扫按加热—冷却—再加热的顺序，循环进行。

⑤ 吹扫时所有主要管道，一定要断续吹扫，连续吹 10～20min 以后，应关闭控制阀，停止 10min 左右，然后接着再吹 10～20min，一般需要反复吹扫 3～4 次。

⑥ 应先吹扫主管，后吹支管。支管吹扫时要一根一根地进行，一般每根支管需连续吹扫 10～20min，以排出汽体中无杂物为合格。

⑦ 蒸汽吹扫流速应≥30m/s。

⑧ 蒸汽管道的吹扫，不可敲打管壁。

⑨ 蒸汽吹扫可用刨光的木板检验，以木板上无铁锈、脏物时为合格。

⑩ 操作阀由指定专人操作，其他人不经指挥同意，不得随意动操作阀。

---

### （二）清洗

冲洗管道设备前，必须先编写好冲洗方案。冲洗应按分段连续冲洗的方式进行，排放口的截面积不应小于被冲洗管截面积的 60%，并要保证排放管道的畅通和安全。当管道与塔器相连时，必须在塔器入口侧加盲板。当管道上安装有孔板、仪表、阀门、疏水器、过滤器等装置

动画扫一扫
管道清洗
操作要点

时，冲洗时必须拆下或加装临时短路设施，只有等前一段管线冲洗干净后再将它们装上，才能进行下一段管线的清洗。

## 二、设备和管道的酸洗与钝化

不锈钢设备在焊接完成后，如果表面钝化膜不完整或有缺陷，不锈钢就会被腐蚀，降低

钢的抗全面腐蚀性能。酸洗可使不锈钢管内表面形成致密的氧化膜，起到防止腐蚀的目的。

---

### 化工设备清洗技术

化工设备清洗包含在线清洗和离线清洗两种。

**1. 在线清洗**

利用循环水系统中的凉水塔作为加药箱，往系统里面加药，进行自然循环。在线清洗的优点是设备不用停机，不影响正常生产使用；缺点则是清洗效果不如离线清洗，而且清洗时间较长。

**2. 离线清洗**

离线清洗又可以分为物理清洗和化学清洗。物理清洗是利用高压清洗设备产生高压流水对设备进行清洗，化学清洗是指将循环水的进出口管路连接到清洗车上，进行循环。

化学清洗有酸洗和碱洗两种形式。碱洗是为了清除设备内部的有机物、微生物、油污等附着物，还可以起到松化、松动、乳化及分散无机盐类的作用，常用清洗剂有氢氧化钠、碳酸钠、磷酸三钠等。酸洗是为了清除无机盐类的沉积，如碳酸盐、硫酸盐、硅垢等，常用清洗剂有盐酸、硫酸、氢氟酸等无机酸，柠檬酸、氨基磺酸等有机酸。

---

## 三、系统的水压试验和气密性试验

### 1. 水压试验

为了检查设备、管道焊缝的致密性和机械强度以及法兰连接处的致密性，在使用前要进行水压试验。水压试验一般按设备的设计图纸要求进行，若无特殊要求，系统压力在 0.5MPa 以下时，水压试验压力为操作压力的 1.5 倍；若系统压力在 0.5MPa 以上时，水压试验压力则为操作压力的 1.25 倍；当操作压力不足 0.2MPa 时，水压试验压力就选用操作压力。

系统水压
试验方法

动画扫一扫

（1）水压试验注意点

① 不允许用硬物或铁器类的东西敲打设备或管道。

② 在 1h 内允许压力下降的范围为：容积在 1m³ 以下的容器，允许压力下降 1%；容积在 1m³ 以上的容器，允许压力下降 0.2%。

③ 水压试验时，一定要用常温的清水，并要从设备的最低点注入，使设备内的气体从放空阀排净。

④ 水压试验时，升压要缓慢，当试验压力较高时，要逐渐加压，以便能及时发现泄漏处和设备的其他缺陷。在规定时间内保持恒压操作，决不能反复进行降压或升压操作，以免影响设备和管道的强度。试验结束后，要将系统内的水排净。

（2）水压试验方法　水压试验前，容器和管道系统上的安全装置、压力表、液面计等附件及全部内构件均应装配齐全并经检查合格。同时应将不参与水压试验的系统、设备、仪表和管道等加盲板隔离，对于加盲板的部位应有明显的标记和记录。

水压试验时，首先打开放空阀，关闭所有的放料阀和放净阀，然后从设备的最低处向容器内注水，当放空阀有水溢出时，关闭放空阀。再用泵逐步增压到试验压力，检验容器的机械强度和致密性。关闭直通阀保持压力 30min，在此期间容器上方的压力表读数应该保持不变。然后降至工作压力并保持足够长的时间，对所有的焊缝和连接部位进行检查。在试验过程中，用干抹布将观察的表面擦拭干净，观察容器表面，此时若发现焊缝处有水滴出现或潮湿，说明焊缝有渗漏（渗漏量大时，压力表读数下降，但渗漏微量时，不易观察到压力表的变化），应作好标记，卸除压力后修补，千万不能带压修补。修复后重新试验，直至试验合格为止。

水压试验用泵必须是手摇试压泵，不允许直接使用工艺过程中的离心泵进行水压试验，因为用工艺离心泵进行水压试验时容易造成离心泵的汽蚀现象的发生，一方面使离心泵试压不稳，另一方面造成离心泵的损坏。

2．气密性试验

为了保证开车时气体不从设备焊缝和法兰处泄漏，使设备操作稳定，必须进行系统的气密性试验。此外，不能用水压试验的设备，也可以考虑用气密性试验。

（1）气密性试验注意点

① 化工设备的气密性试验必须用惰性气体，检修后的设备更应该如此。

② 试验用的压力表刻度要小，一般要选用 $0.2 \times 101.3 \text{kPa}$ 以下刻度的压力表。

③ 气密性试验的压力一般为操作压力的 $1.05 \sim 1.1$ 倍。

④ 系统试压时，应保压 24h，单体设备试压时应保压 8h。

⑤ 在气密性试验过程中，为了保证试验的准确性和安全性，最好采用双表对照试验。

（2）气密性试验步骤　气密性试验的方法最好分段进行，用压缩机向系统送入气体，逐渐提高试验压力到操作压力的 1.05 倍，并保压 30min，如压力不下降说明系统没有泄漏，气密性试验合格；若压力下降，则表明气密性试验不合格，需将所有的设备、管道的焊缝和法兰连接处逐一抹上肥皂水进行查漏，发现漏处，做好标记，待卸压后进行修复处理，千万不能带压处理。

试验时压力应缓慢上升，当升至规定压力的 10% 且不满 0.05MPa 时，保持压力 5min，对容器的全部焊缝和连接部位进行初步检查，合格后再继续升压到试验压力的 50%。随后每次按试验压力的 10% 的级差进行升压，逐级升到试验压力，并保持压力 10min，最后将压力降至设计压力。在实际生产中设计压力就是操作压力，或略高于操作压力。在此压力下至少保持 30min，然后进行全面检查，无渗漏为合格。若有渗漏，经泄压返修后重新试验，直至实验合格为止。

气压试验所用的气体应为干燥洁净的空气、氮气或其他惰性气体，所谓惰性气体不是通常意义上的化学惰性气体，而是不影响或不参与该过程反应的气体。对于碳素钢或低合金钢制容器，试验气体温度不低于 15℃，其他钢种的容器则按图样规定进行。

---

## 气压试验和气密性试验的不同

1．性质不同

气压试验属于校核强度的试验，气密性试验属于致密性试验。

2．目的不同

气压试验是为了检验设备的强度和密封性，侧重于设备的整体强度；气密性试验主要为了检验设备的严密性，更侧重于设备是否有微小泄漏。

**3. 使用介质不同**

气压试验操作时一般采用空气，气密性试验除空气外，如果介质毒性较高，不允许有泄漏或渗透，可采用氨、卤素或氦气。

**4. 安全附件不同**

气压试验时，不需要在设备上安装安全附件；气密性试验一般需要在安装安全附件下才能进行。

**5. 试验顺序不同**

气密性试验需要在气压或水压试验完成后进行。

**6. 使用场合不同**

一般优先采用液压试验，如果设备结构或支撑原因不能使用液压试验，或设备容积较大时一般采用气压试验与气密性试验。

**7. 试验压力不同**

气压试验压力为 1.15 倍的设计压力，内压设备还需乘以温度修正系数；气密性试验时，介质为空气时压力为设计压力，是其他介质时，应根据介质的具体情况来调整。

**8. 安全性不同**

由于气压试验的安全防护要求高，除了要有必要的保护措施外，还要有试验单位的安全部门人员在现场监督。

📖 案例学习

## 甲醇装置原始开车前的准备工作

甲醇生产装置原始开车前的准备工作一般包括以下几个方面。

1. 开车前的检查

首先检查确认系统内所有的设备、管道、阀门、电器、仪表及分析取样点等处于完好状态。确认照明与通信设备、消防器材等完备好用。在仪表工的帮助下确认所有一次仪表和二次仪表处于完好状态。在机械设备维修人员的帮助下确认工序中所有工艺阀门完好可用。阀门开关处于工艺开车要求状态。

2. 运转设备的单体试车

在不带物料和无负荷的情况下对转动设备进行单体试车，确认转动和待转动设备合格好用。

3. 系统的吹净和清洗

清除在新建或大修后遗留在设备、管道和阀门中的灰尘和杂质。

4. 系统试漏和气密性试验

目的是检查法兰和焊接处是否存在漏点以及管道、设备能否承受操作压力。在检查中要注意以下事项：

① 系统充压前，为了防止高压气体窜入低压系统，必须把与低压系统连接的阀门关闭。

② 控制升压速度不得大于 0.4MPa/min。

③ 气密性试验合格后，卸压至 0.5MPa，做好催化剂的升温还原准备。

④ 在合成系统进行置换、气密性试验的同时，水洗塔、甲醇膨胀槽也要同时进行置换试压。

### 5. 惰性气体的置换

打开各工序或工艺设备的放空阀，用低压氮气按照工艺管路顺序由近及远分段对设备及管道进行置换。

### 6. 工艺气体置换

惰性气体置换结束后，再按照惰性气体置换的方法，用新鲜的原料气置换工艺系统。置换时应注意合成塔内气体不得倒流；当合成塔中的催化剂没有更换也未对催化剂钝化时，置换放空的气体不能进入合成塔。

### 7. 合成催化剂升温还原

参照催化剂制造企业提供的还原方案进行催化剂的升温还原操作。

 拓展阅读

## 催化剂的装填

装填催化剂时，必须要熟悉催化剂性质，制定周密的装填操作步骤和要求，规范进行装填。用于不同反应中的催化剂的装填还要根据工艺的特性和反应器的形式规定装填步骤和要求。

### 1. 装填前的干燥操作

催化剂虽然种类繁多，但一般不允许有水分。因此，在往反应器里装填催化剂之前必须要先除掉反应系统内的水分和潮气。一般是在加热炉的干燥操作结束时，用压缩机使氮气等惰性气体在反应系统内循环，并通过加热炉加热到200℃左右，最后用分离罐除掉水分。

### 2. 装填操作

如果对催化剂处理不当则会劣化，运转时会增大压力损失，另外造成气体偏流等，所以必须慎重对待。装填操作的注意事项如下：

① 使用桶装催化剂时，装卸中防止剧烈冲撞，而且禁止放倒后滚动。

② 在往反应器中装填催化剂之前，催化剂桶不能开封。

③ 防止催化剂与大气中的杂质（如硫化氢、二氧化硫、氯气）及其他粉尘等接触。从事装填操作的人员最好更换上干净的工作服、工作鞋。

④ 在装填之前一般用30目左右的筛子筛选催化剂，并根据需要进行鼓风，除掉灰尘和碎片。

⑤ 装填催化剂用的帆布溜槽末端到催化剂层表面的自由落下距离应在60cm以下。随着装填量的增加要换适当长度的溜槽，或者割断溜槽，调节长度。

⑥ 在装填过程中应均匀装填，使反应器内部的催化剂层表面经常保持平坦。防止操作人员直接踏在催化剂的上面，在不得已的情况下应铺踏板。

⑦ 如果反应器是管式的，注意在装填中不能产生架桥现象。

⑧ 原则上在雨天或湿度大时应停止装填操作。

⑨ 装填操作中要有相应的安全措施。有些大型反应器，操作人员有时必须进入其内部，这种情况下禁止非指定负责人员进入内部，而且还要确认呼吸用空气的供给方式和紧急用通话设备等。原则上要让操作人员戴上安全面具、系上安全带。

# 任务二　化工装置的原始开车

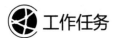

## 工作任务

查一查合成氨生产工艺，了解合成氨的原始开车操作，并完成下表。

| 工艺过程 | 操作步骤 |
| --- | --- |
| 合成氨冷态开车 | |

对表中内容进行整理，并相互交流。

## 技术理论

化工装置在完成开车前各项准备工作后，就可以转入原始开车阶段。化工装置的原始开车一般要经过系统干燥操作、烘炉操作、催化剂的升温和还原操作、公用工程启动、投料试生产五个阶段。

### 一、系统和装置的干燥

化工设备及管路在安装、试压及吹扫过程中会造成水分残留，这些残留的水分在低温操作时可能会冻结，使设备和管道堵塞，从而危及生产安全。因此，必须对设备及管路进行干燥。干燥的主要目的是脱除设备和管道内部的水分，以防催化剂或干燥剂在潮湿的条件下发生溶胀现象而遭到破坏。干燥方法主要有火焰干燥、热空气干燥、惰性气体干燥等。

根据被干燥系统对干燥露点的要求，选择确定供给系统干燥作业的低露点空气连续气源，是完成系统干燥操作的首要任务。干燥操作应先关闭所有的控制阀和旁路阀，打开前后阀，装设盲板，使干燥操作在一个密闭的空间中进行。干燥采用系统冲压、排放的方法进行，要缓慢地将空气引入系统，待冲压至规定要求后，再关闭气源进口阀，然后打开系统排放阀，如此反复操作，直至各规定取样点分析露点合格后，干燥操作才视为完成。

### 二、催化剂的活化

制得的催化剂虽经成形干燥，但通常还只是以活性组分的母体或前体的形式存在，一般来说，还不具备对反应起催化作用所需要的物理结构和化学状态。只有将催化剂进一步焙烧或再进一步还原、氧化、硫化等处理，使之具有一定性质和数量的活性中心后，催化剂才具有活性作用。

1. 焙烧

焙烧是指催化剂在不低于其使用温度下在空气或惰性气气流下进行热处理，是催化剂活化的常用方法，可分为高温焙烧（高于 600℃）和中温焙烧（低于 600℃）。催化剂的焙烧过程既有物理变化，也有化学变化。

2. 还原

高价金属氧化物和一些金属盐可以作为催化剂的前体，用还原性气体将这些前体物转化为活性金属或低价氧化物的过程，叫做还原活化。还原操作正确与否，对催化剂性能影响很大。因此，催化剂生产厂家应向用户提供详细的还原操作步骤和条件。

## 催化剂活性的下降

催化剂在使用过程中活性逐渐降低，其中有化学原因也有物理原因，大致有下列几种情况：

1. 催化剂中毒和碳沉积

随反应物带进的某些物质会导致催化剂的活性降低，这种现象称为催化剂中毒，这些物质称为催化剂的毒物。

催化剂中毒的一种形式是毒物将催化剂活性物质转变成钝性的表面化合物，使其活性迅速下降。如果毒物牢固地形成化学吸附，即为永久性中毒。如果是松弛地吸附，即为暂时性中毒，可用再生方法恢复其活性。另一种形式是一些重金属化合物沉积在催化剂上，使催化剂的选择性下降。毒物还可能降低催化剂结构的稳定性。如以硅或氧化铝凝胶作为载体的一些催化剂的水蒸气中毒，使催化剂表面积逐渐减小。有时某些毒物阻塞了孔隙，使反应物不能到达催化剂的活性表面。各种常见的催化剂毒物见表3-1。

表 3-1　常见的催化剂毒物

| 催化剂 | 反应 | 催化剂毒物 |
|---|---|---|
| Ni、Pt | 脱水 | S、Te、Se、As、Sb、锌化合物、卤化物 |
| Cu、Pd | 加氢 | Hg、Pb、$O_2$、$NH_3$、CO（小于453K） |
| Ru、Rh | 氧化 | $C_2H_2$、$PH_3$、$H_2S$、银化合物、砷化合物 |
| CO | 加氢裂化 | $NH_3$、S、Se、Te、磷化合物 |
| Ag、I | 氧化 | $CH_4$、$C_2H_6$ |
| $V_2O_5$、$V_2O_3$ | 氧化 | 砷化合物 |
|  | 合成氨 | 硫化物、$PH_3$、$O_2$、CO、$H_2O$、$C_2H_2$ |
| Te | 加氢 | Bi、Te、Se、磷化合物、水 |
|  | 费歇法合成汽油 | 硫化物 |
|  | 氧化 | Bi |
| 硅胶、铝胶 | 裂化 | 有机碱、烃类、水、碳、重金属 |

碳沉积指的是一些有机反应物在进行主反应的同时，因深度裂解而生成碳或由于聚合反应生成聚合物、焦油等物质覆盖了催化剂表面，使催化剂失去活性。

2. 催化剂结构的改变

在反应条件下催化剂的结构逐渐改变（如再结晶、熔结、分散、松弛等），如果反应条件控制不好，温度过高或局部过热时更容易引起化学结构的改变。

3. 催化剂组分的流失或改变

由于氧化还原反应的发生、催化剂某些组分挥发或被反应物带走等原因，都会导致催化剂化学组成的变化，从而使其活性降低。

### 三、公用工程启动

任何化工装置的生产运行都会涉及供水、供电、供汽、供风、污水处理、原料储运及燃料供应等公用工程中几个或多个系统的参与。公用工程系统的启动和运行必须先于化工生产的主装置，只有公用工程系统能满足化工生产需要且已平稳运行，化工装置的开车和正常生产才能顺利进行。

1. 供电系统

化工厂的供电系统因生产规模不同有多种结构。大型化工厂通常采用高压供电，高压供电的电压可能是 35000V、110000V、220000V 或更高，经过工厂的变电所降压后送到配电室供生产使用。通常化工厂用电电压分为 24 个电压等级，一般大功率电动机的供电电压为6000V，小型电动机和照明的供电电压为 380V/220V。对于中小型化工厂，则由城市供电系统供电，电压分为 6000V 和 380V/220V 两个等级。有些化工厂不允许出现停电现象，则需要设备多电源供电，以增加供电的可靠性。

根据生产装置在生产过程中的重要性及对供电可靠性、连续性的要求不同，可将用电负荷分为 0 级负荷（保安负荷）、1 级负荷（重要连续生产负荷）、2 级负荷（一般连续生产负荷）及 3 级负荷（一般负荷）。

2. 供水系统

水在化工生产中广泛应用。化工企业中，根据水的用途可分为冷却用水、工艺用水、锅炉用水、消防用水、洗涤用水、生活用水和施工及其他用水。不同工艺中对水质的要求差别很大。

供水系统由水的输送和水的处理两部分组成。水的输送包括原水到水处理装置及从水处理装置向各用户的输送，需要有水泵、输水管线、储水设施及相应的回水系统。水处理的主要目的就是除去水中的杂质及对水质进行调整。

天然水中由于含有悬浮性固体和溶解性固体杂质，因此不能直接使用。天然水的处理首先是降低水的浊度（也称为预处理），为进一步深度处理作准备。预处理方法包括混凝、沉淀和过滤等。

硬度较高的水往往不能直接用于生产（如锅炉用水、某些工艺用水及循环冷却水）中，需要进一步作软化、除盐等处理。原水经离子交换树脂处理后硬度大大降低，碱度基本不变，含盐量稍有增加。而经过氢氧型树脂处理后硬度、碱度、含盐量都会大大降低，但水质呈酸性。因此，对于高硬度、高碱度的水质，通常采用氢-钠树脂联合处理的方法，这样就可以实现既降低硬度又降低碱度的目标。

3. 供汽系统

蒸汽在化工厂中被广泛用于加热、伴热、驱动设备、吹扫等。供汽系统由蒸汽发生部分（汽源）和蒸汽输送管网两部分组成。化工厂蒸汽系统的供汽压力一般都低于 6MPa，供汽压力分为高、中、低三个等级，不同等级的蒸汽用途也不相同，见表 3-2。

表 3-2　典型供汽系统的压力等级

| 系统 | 供汽压力 | 排汽压力 | 用途 |
| --- | --- | --- | --- |
| 高压 | 4MPa,370℃ | 1MPa | 透平发电机、透平压缩机 |
| 中压 | 1MPa | 300kPa | 动力、工艺加热及杂用 |
| 低压 | 300kPa | | 低温加热及暖气用 |
| 冷凝水 | 30～70kPa | | 回锅炉房,作为生产用水或排入下水道 |

#### 4. 供风系统

化工厂中的大中型装置往往需要大量的压缩空气，压缩空气由专门的供风系统（空气压缩机组）提供。压缩空气一般分为净化的压缩空气和非净化压缩空气，净化的压缩空气多用于仪表控制系统（又称仪表风）及物料的输送等，严格要求空气中含湿量（露点温度应小于 $-40℃$）、含油量和含尘量，否则会导致仪表调节和控制系统失灵；非净化压缩空气也称为压缩风，多用于一些辅助需要。仪表风质量控制指标见表 3-3。

表 3-3　仪表风质量控制指标

| 露点温度 | 含油量 | 尘埃粒径 | 压力 | 温度 |
|---|---|---|---|---|
| $\leqslant -40℃$ | $<1mg/m^3$ | $<1\mu m$ | 约 0.7MPa | 常温 |

为了满足低露点的要求，仪表空气的干燥多采用吸附剂（干燥剂）吸附水分的干燥方法。

#### 5. 废水处理系统

废水处理就是运用特定的设施和工艺技术，将水中的有毒有害物转化为无毒无害物，或分离为有用物质，使水质得到净化，并使资源得到充分利用的过程。工业废水进入地面水域的水质要求，必须符合《污水综合排放标准》（GB 8978—1996）规定，经处理后的污染物的排放浓度必须达到最高允许排放浓度要求。

### 四、化工生产装置的原始开车

化工装置原始开车的标准程序一般包括单机试车、工程中间交接、装置联动试车、投料试车和生产（装置）考核 5 个阶段。每个阶段必须符合规定的条件、程序和标准要求，方可进入下一个阶段。化工装置安全试车工作应做到安全稳妥，力求一次成功。化工装置原始开车的工作流程如图 3-1 所示。

#### 1. 单机试车

单机试车又名单机试运或单体试车，是指现场安装的驱动装置空负荷运转，或单台机器、机组以水、空气等为介质进行的负荷试车，以检验其除受工艺介质影响外的机械性能和制造、安装质量。单机试车阶段的划分一般是从配电所第一次送电开始直到最后一台动设备试车完毕。一般情况下，要求每台动设备连续正常运转 4～24h（各行业均有条例规定），经各方联合确认合格后即可视为通过。

单机试车的目的是针对动设备（各种泵、风机、压缩机、搅拌机、干燥机）及与其相关的电气、仪表、计算机等的检测、控制、联锁、报警系统等，在接近或达到额定转速的情况下检验其运行情况，及时发现存在的各种缺陷并加以消除，以便为下一步联动试运和化工投料打好基础。

单机试车多数情况下是采取分区域、分阶段组织，进行单机试车应具备以下条件：

① 机组安装完毕，质量评定合格。

② 系统管道耐压试验和冷换设备气密试验合格。

③ 工艺和蒸汽管道吹扫或清洗合格。

④ 动设备润滑油、密封油、控制油系统清洗合格。

⑤ 安全阀调试合格并已铅封。

⑥ 同试车相关的电气、仪表、计算机等调试联校合格。

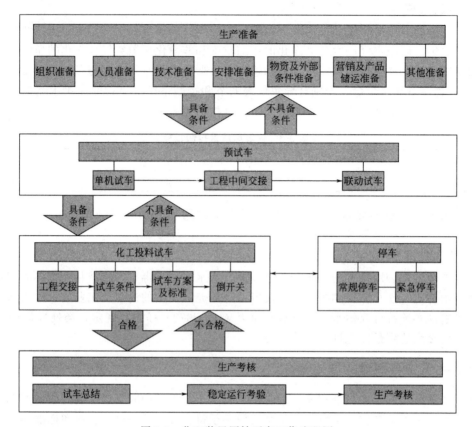

图 3-1　化工装置原始开车工作流程图

⑦ 试车所需要的动力、仪表风、循环水、脱盐水及其他介质都已到位。

⑧ 试车方案已批准，指挥、操作等人员到位；测试仪表、工具、防护用品、记录表格准备齐全。

⑨ 试车设备与其相连系统已隔离开，具备自己的独立系统。

⑩ 施工单位已经整理完试车需要的工程安装资料，并且能为试车人员借阅这些资料提供方便。

按照建设部门和化工部门等各有关方面编造的工程建设施工以及验收规范规定，单机试车阶段的工作属于安装施工工作内容的一个组成部分，其实施应以施工单位（常称为乙方）为主，但由于该工作涉及供电、供水、供汽和通风等内容，特别是与后续的联动试车、化工投料阶段有着很密切的关联，因此，通常还需生产建设单位（常称为甲方）给予积极的协助和配合。

2. 工程中间交接

工程中间交接是指单项工程或部分装置按设计文件所规定的范围全部施工安装完成，并经管道系统和设备的内部处理、电气和仪表调试及单机试车合格后，施工单位和建设单位相互间办理的交接工作。工程中间交接是在单机试车和系统吹扫、清洗完成后进行。工程中间交接应由建设单位组织，施工、设计单位参加，分别在工程中间交接协议书及其附件上签字。中间交接签字后，该装置将由建设单位接手管理和操作，联动试车正式开始，施工单位转入配合角色。

工程中间交接应具备以下条件：

① 工程按设计内容施工完成。

② 工程质量初评合格。

③ 工艺、动力管道的耐压试验完成，系统清洗、吹扫完成，保温基本完成，工业炉煮炉完成。

④ 静设备强度试验、无损检验、清扫完成，安全附件（安全阀、防爆门等）已调试合格。

⑤ 动设备单机试车合格（需实物料或特殊介质而未试车者除外）。

⑥ 大机组用空气、氮气或其他介质负荷试车完成，机组保护性联锁和报警等自控系统调试联校合格。

⑦ 装置电气、仪表、计算机、防火、防爆、防毒等系统调试联校合格。

⑧ 装置区施工临时设施已拆除，料净、场地清，竖向工程施工完成。

⑨ 对联动试车有影响的"三查四定"（三查为查设计漏项、查工程质量及隐患、查未完工程量；四定为定任务、定人员、定时间、定措施）、项目及设计变更处理完成，其他未完施工尾项责任、完成时间已明确。

⑩ 现场满足安全、环境与健康管理规定的试车要求。

### 3. 装置联动试车

联动试车是指对规定范围内的机器、管道、设备、电气、自动控制系统等，在各自达到试车标准后，以水、空气为介质或与生产物料相类似的其他介质代替生产物料所进行的模拟试运行，是在尽量接近正式生产状态下对全系统所有设备进行联合试运转的过程。

联动试车的目的是检验装置的设备、管道、阀门、电气仪表、计算机等的性能和制造、安装质量是否符合设计与规范的要求。验证系统的安全性、完整性，并对试车指挥和操作人员进行培训等。

联动试车阶段的工作一般包括系统的置换、气密、干燥、填料和"三剂"（催化剂、干燥剂和化学试剂）充填、加热炉烘炉、循环水系统预膜、仪表系统调试、以假物料（通常是空气和水、油等）进行单机或大型机组系统试运及系统水试运、油联运及实物或代用物料进行的"倒开车"等，一般应先从单系统开始，然后扩大到几个系统或全装置的联运。

联动试车应具备的条件如下：

① 装置中间交接完毕。

② 设备位号、管道介质名称及流向标志完毕，公用工程已平稳运行。

③ 岗位责任制已建立并公布。

④ 技术人员、班组长、岗位操作人员已经确定，经考试合格并取得上岗证。

⑤ 试车方案和有关操作规程已印发到个人。

⑥ 试车工艺指标经生产部门批准并公布。

⑦ 联锁值、报警值经生产部门批准并公布。

⑧ 生产记录报表已印制齐全发到岗位。

⑨ 机、电、仪修设施和化验室已交付使用。

⑩ 通信系统已畅通。

⑪ 安全卫生、消防设施、消防器材和温感、烟感、有毒有害可燃气体报警、电视监视、

防护设施已处于完好状态。

⑫ 岗位尘毒、噪声监测点已确定。

### 4. 化工投料试生产

在化工装置完成了土建安装、单体运行、中间交接和联动试运后，按设计文件规定的介质打通生产流程，进行各装置间首尾衔接的试运行，来检验除经济指标外的全部性能，并生产出合格产品。通常将第一次投入原料的日期称为投料日，将第一次产出合格产品的日期称为投产日。

一旦化工装置投料，反应物料就会在装置中发生一系列的物理和化学变化，压力、温度、流量及物位等主要工艺参数均将接近或达到设计值，所有的设备均将受到实载负荷的考验。试生产中如果出现操作不当或外部条件的剧烈波动，就可能引发各种生产事故。从经济角度来看，投料后如不能尽快生产出合格产品，必然会造成严重的经济损失。因此，化工投料前，必须严格按照标准检查确认是否具备以下试生产条件：

① 依法取得试生产方案备案手续。

② 单机试车及工程中间竞争机制完成。

③ 联动试车完成。

④ 人员培训已完成。

⑤ 各项生产管理制度已建立和落实。

⑥ 经批准的化工投料试车方案已组织相关人员学习。

⑦ 保运工作已落实。

⑧ 供排水系统已正常运行。

⑨ 供电系统已平稳运行。

⑩ 蒸汽系统已平稳供给。

⑪ 供氮、供风等系统已运行正常。

⑫ 化工原材料、润滑油（脂）准备齐全。

⑬ 备品配件齐全。

⑭ 通信联络系统运行可靠。

⑮ 物料储存系统已处于良好的待用状态。

⑯ 物流运输系统已处于随时备用状态。

⑰ 安全、消防、急救系统已完善。

⑱ 生产调度系统已正常运行。

⑲ 环保工作"三同时"。

⑳ 化验分析工作已准备就绪。

㉑ 现场保卫已落实。

㉒ 生活后勤服务已落实。

㉓ 开车队伍和技术人员已到现场。

### 5. 正常开车

正常开车分为短期停车后的开车和长期停车后的开车。短期停车后的开车，称之为热态开车，即装置处于保温状态，完全满足立即起动的要求；长期停车后的开车，称之为冷态开车，即装置处于原始状态，有可能按照原始状态的开车程序进行。因此，开车前操作人员必须熟知装置所处的状态，确定生产装置是热态还是冷态，并以适当的步骤来进行开车。生产装置已经正式投产后，所有的开车与原始开车都或多或少有所不同，例如，可能是固定床催化剂已经活化情况下的开车；鼓泡塔式反应器中氧化液已经符合要求的开车；精馏装置的釜液液位已经在 1/3～2/3 位置的开车；吸收剂已经符合要求；压缩机一直处于空载运转等。

对于釜式反应器，由于其是批量间歇生产的反应釜，所以每一次停车后釜内基本清空，其正常开车程序同原始开车程序基本相同。

长期停车后的正常开车同原始开车程序相同。如还原性的催化剂已经氧化失去活性，此时反应装置的开车就应该严格按照原始开车程序进行催化剂还原。又如压缩机处于静止状态，起动压缩机也应该严格按照压缩机的启动程序进行。

## 📖 案例学习
### 釜式反应装置和固定床反应装置原始开车

#### 一、釜式反应装置系统的原始开车

釜式反应器（boiler reactor）是化工生产中最常用的一种反应装置，既适用于液液相均相反应，也适用于气液相、液固相非均相反应。对于不同的反应系统，釜式反应器的开停车技术也不尽相同。

1. 液液相反应

（1）检查　经过联动试车，釜式反应器虽然已符合要求，但如果不是马上投料生产，安全起见，在投料生产之前，必须重新进行水、电、汽、管道、阀门、仪表等检查或进行置换。

（2）进料　大多数液液相反应是其中一种量多的物料先投入反应釜中，而另一种物料在反应温度达到要求后慢慢地加入反应釜中使其参加反应。进料可以采用泵送、压送、抽吸等操作方式，对于体积较小的釜也可以用料桶进行人工加料操作。在进料的同时，有的也可以将催化剂等随料液一起加入。

（3）搅拌　开动搅拌器进行搅拌，使反应物料与催化剂溶液混合均匀。对于带有回流冷凝装置的应打开上水阀。

（4）加热升温　无论是吸热反应还是放热反应，都必须加热到一定的温度时才能发生化学反应。开始准备加热时，蒸汽阀门开启要缓慢，以防振动破坏连接的管道；加热时，升温过程要缓慢，应严格遵守操作规程进行升温操作。尤其是对于放热反应，随着反应温度的升高，从未发生反应到开始反应并逐渐加速，反应放出的热量也从无到有逐渐增多，此时有可能造成加热和放热两种效应叠加，使反应速率进一步加快。如果升温速度过快，引起反应的"飞温"，此时即使切换成通入冷却介质也无法控制反应温度，结果就会造成冲料，甚至发生爆炸。因此，通过调节、停止、切换加热或冷却方式，使放热速率与移热速率相等来实现反应温度的稳定，是釜式反应器开车的关键。

（5）维持反应温度的稳定　在维持反应温度的稳定过程中，加入另一种反应物料，要严格控制加料速率，保证移热速率与放热速率的相等，才能维持反应温度的稳定。加完反应物料后，一定要按工艺要求维持反应时间。釜式反应器的反应时间指的是维持在稳定的反应温度下的时间，其升温和降温所需的时间不能算为反应时间。

### 2. 气液相反应

（1）检查　同"1. 液液相反应"。

（2）进料　同"1. 液液相反应"。

（3）搅拌　气液相反应可以带有机械搅拌，也可以不带机械搅拌，不带搅拌时，靠气相物料自身的搅拌作用。

（4）加热升温　对于放热反应，当反应发生时，应停止加热，而改为冷却；对于吸热反应则应根据反应情况调整加热强度。

（5）维持反应温度的稳定　对于釜式反应器，如何维持气液相反应温度的稳定，是一个关键的操作技术。操作者要根据工艺要求的不同，采用不同的操作方式，以防"飞温"。

## 二、固定床式反应装置系统的原始开车

固定床式反应装置经联动试车后，便进入原始开车准备阶段，一般按以下程序开车：

① 检查。除了检查仪表、阀门、附属管线之外，重点是检查催化剂的支撑装置。

② 吹扫、洗净。吹除管道和设备中泥土、灰尘，洗去油污和铁锈等。

③ 试压、试漏。

④ 烘干，除去湿分。

注：对于新建装置而言，上述步骤一般在联动试车之前完成。

⑤ 置换。一般用氮气置换，以保证更换催化剂过程中的安全。

⑥ 催化剂装填。

⑦ 再置换。以确保催化剂活化和投料的安全。

⑧ 催化剂活化。根据要求，对催化剂进行活化。

⑨ 暖炉。即反应器预热、升温。固定床反应器大体有两类：一类是绝热式反应器，另一类是等温换热式反应器。对于绝热式反应器的预热、升温，一般是采用热的惰性气体进行预热、升温到反应温度，所选择的惰性气体不参与化学反应，不破坏催化剂的结构特性；而等温换热式反应器的预热、升温，一般是采用高、中、低压蒸汽或其他热源进行预热，选择什么样的热介质预热主要是根据反应温度确定。当反应器预热到反应温度要求时，即可通入原料气进行反应。

⑩ 投料。通气进行反应。

拓展阅读 ·········································································································

### 开车安全操作事项

① 正常开车应严格执行岗位操作法。

② 较大系统的开车必须要编制开车方案，并严格按照开车方案执行。

③ 开车前应严格检查确认水、电、气符合开车要求，各种原料、材料、辅助材料的供应齐备；检查阀门开闭状态及盲板抽堵情况，保障装置流程畅通；检查各种机电设备及电器仪表等均处于完好状态；保温、保压及清洗的设备要符合开车要求；确保安全、消防设施完好，通信联络畅通，并通知消防、医疗卫生等有关部门。各项检查合格后，按规定办理开车操作票。投料前必须进行分析验证。

④ 危险性较大的生产装置开车时，相关部门人员应到现场，消防车、救护车处于准备

状态。

⑤ 开车过程中应严格按开车方案中的步骤进行，严格遵守升降温、升降压和加减负荷的幅度或速率要求。

⑥ 开车过程中要密切注意工艺参数的变化和设备的运行，发现异常现象要及时处理，情况紧急时应终止开车，严禁强行开车。

⑦ 开车过程中应保持与有关岗位和部门之间的联络。

⑧ 无关人员不准进入开车现场。

# 任务三　化工装置的运行控制

 工作任务

查一查苯烷基化生产乙苯的生产工艺，了解乙苯生产中的工艺控制点，并完成下表。

| 类别 | 测量仪表 | 工艺位置 | 控制范围 | 控制方法 |
|---|---|---|---|---|
| 温度 | | | | |
| 压力 | | | | |
| 压差 | | | | |
| 流量 | | * | | |
| 液位 | | | | |

对表中内容进行整理，并相互交流。

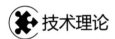 技术理论

## 一、化工生产工艺条件控制与调节

对于化工装置来说，当工艺过程、生产方法确定后，其工艺条件也就基本确定了。对于化工生产一线从事生产的操作员来说，就是要严格遵守生产操作规程，严格控制和调节各类工艺参数，实现安全、平稳、经济生产的目标。

### （一）主要控制点和控制范围

一个产品生产的工艺流程中，都要明确规定主要控制点及主要工艺参数的控制范围。其中主要工艺控制点包括：①温度、压力、压差、流量、液面等；②所用测量仪表的型号、精度，一次仪表在现场的工艺位置，二次仪表在仪表盘上的位置；③测量指示、测量记录、自动控制、控制阀的位置、仪表自控、自调装置的位置及操作。

工艺操作规程主要是保证产品质量的有关设备操作及设备参数的控制与调整，内容包括：

①装置概况。生产规模、生产能力，建成的时间和历年改造情况。

② 原理与流程。生产装置的生产原理与工艺流程的描述。

③ 工艺指标。包括主要操作条件，原料消耗、公用工程和能耗指标等。

④ 生产流程图。包括工艺流程图、工艺管线和仪表控制图、工艺流程图说明等。

⑤ 装置的平面布置图。必须标出危险点、报警器、灭火器位置等。

⑥ 设备、仪表明细及主要设计性能参数。

## （二）工艺操作控制与调节

化工生产操作人员根据生产工艺操作规程所规定的控制点以及温度、压力、流量和液位等工艺参数的操作控制来实现合格产品的生产。操作人员的操作控制一般分为三个方面：①检测、观察仪表所显示的工艺参数；②把观察到的工艺参数值与工艺操作规程所规定的范围进行对比，并进行判断是否需要更换操作条件；③根据对比判断结果，进行实际操作，如通过加热或冷却、开大或关小阀门、提高或降低液位等来实现对工艺过程的控制。

巡视与观测是化工生产控制过程中必不可少的环节。巡视与观测可以看成是对工艺过程控制系统是否正确运行的校验或验证。在化工生产中，特别是连续化生产中，由于大量仪表和自控装置的运用，使操作人员远离生产现场的设备，但是在实际的操作控制过程中，除了操作人员因主观因素引起操作失误而影响生产的正常运行外，还会因一些客观的因素如仪表失灵、渗漏、阀门堵塞、大风损坏设备和冬季冻坏管路设备等影响正常的生产，甚至引发事故。因此，在严格操作控制条件的同时，必须严格执行巡回检查和观测的制度，不仅要明确规定巡回检查的间隔时间，而且要规定巡回检查的路线和观测点，以便及时发现问题，预防质量事故及安全事故的发生。

化工生产操作控制中监测也是发挥工艺过程控制中的校验功能，监测内容包括工艺参数和取样分析测试。操作控制、巡回检查和监测的情况，要详细地做好原始记录。原始操作记录是技术管理的重要依据，是总结经验、改进工艺的依据，也是查清质量问题、安全事故的依据，所以原始记录应该是操作控制中很重要的组成部分。

## （三）反应条件的控制

一个化工合格产品的生产是通过生产经理、化工工程师和操作人员及分析人员，对化工生产装置的工艺过程参数的控制和质量指标控制及相关管理来实现的，其中最为重要的是反应工艺过程的控制。化工生产过程的操作控制，重在对反应过程的控制，因此，反应器的选型完成后，必须正确选择反应器的主要工艺参数，才能使反应器的操作达到理想的技术经济指标。反应器的主要工艺参数包括反应压力、反应温度、反应物进口组成和空速。这些参数的确定和优化组合，通常需经过系统的工艺试验探索出来，或利用反应动力学模型作多种方案计算，再在工艺试验中加以检验。

### 1. 反应温度的控制

温度是化工生产中非常普遍和十分重要的操作参数。在许多反应中，对反应温度的平稳控制是保证反应过程稳定与安全进行的重要手段。反应温度能否控制在稳定的工艺指标下，主要受进料的温度、物料流量、加热介质或移热介质的流量和温度、反应器结构形式等因素的影响。

### 2. 反应压力的控制

压力也是生产过程中的需要控制的重要工艺参数。对于常压反应，在反应器或连通产物冷却器的最高点均设有放空阀，放空阀在正常反应过程中是打开的。负压操作下的反应系统，真空度的大小主要由真空机械前的缓冲罐罐顶的放空阀来控制。加压操作下反应压力的大小由压缩机回流管线上的回流阀或者缓冲罐罐顶的放空阀来调节。

3. 原料配比的控制

对于间歇反应过程，若参加反应的液相物料，一般用离心泵将料罐中的料液打入高位计量槽，然后通过现场液位计或远程显示液位计对其进行计量后放入反应器中。对于连续反应过程，则可以采用计量泵进行计量。

对于气体物料来说，则一般采用气动阀或电动阀自动调节。开车时，将气动阀或电动阀的前后截止阀打开，旁通阀关闭，首先将调节阀进行手动调节，当流量数值接近于目标值时，再调至自动调节。

4. 原料纯度的控制

原料纯度是根据化学反应对原料的要求进行控制的。进入装置的原料必须符合生产工艺要求。

5. 空速的控制

空速的控制一般用孔板流量计、文丘里流量计。实际空速的控制还要考虑反应温度、产物的组成、反应的压力降及催化剂的使用时间等因素。

## DCS 控制系统

DCS（Distributed Control System）是分布式控制系统的英文缩写，在国内自控领域又称为集散控制系统。

DCS 的主要特点归结为一句话就是"分散控制，集中管理"。DCS 通常采用若干个控制器（过程站）对一个生产过程中的众多控制点进行控制，各控制器间通过网络连接并可进行数据交换。生产控制操作采用计算机操作站，通过网络与控制器连接，收集生产数据，传达操作指令。

从结构上划分，DCS 包括过程级、操作级和管理级。

过程级主要由过程控制站、I/O 单元和现场仪表组成，是系统控制功能的主要实施部分。操作级包括操作员站和工程师站，完成系统的操作监控和组态维护。管理级主要是指工厂管理信息系统（MIS 或 ERP 系统），作为 DCS 更高层次的应用。

## 二、产品质量控制与产品检测

合格产品需要有产品生产全过程的质量控制，传统的质量控制就是指非生产线上的线外检验，也就是中间分析，其中包括定时取样分析和随机抽样分析，中间分析一般由车间化验室承担。

定时取样分析是指在工艺操作规程中，明确规定中间控制分析项目，其中包括分析内容、工艺取样点以及取样时间。由于中间分析项目一般都是从中间储罐中取样，而中间储罐中的物料是一段时间内的平均值，因此取样时必须放掉管路中积存的原有物料，直接取出储罐中的物料，分析结果才能代表要求的这一段时间内的结果。但用这样的结果来指导生产，作为修正操作控制的依据，往往要落后实际生产很长时间，所以，从储罐进口的管路中取的样品代表的就是瞬时的分析结果，如果这个取样时间又是随机的，用这个分析结果来指导生产，修正控制操作，这样就会大大提高质量控制的准确度。

在线分析是随着现代自动快速分析技术，特别是计算机控制分析技术出现以后才出现的一种检测技术。在线分析与传统的质量控制方法，它差不多与生产操作控制同步进行，其检测精密度和有效性也有更好的保证。由于在线分析强调的是强化生产过程的监测和控制，所以在线分析必须设置报警装置。

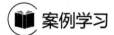 案例学习

<h1 style="text-align:center">化学反应器的运行控制</h1>

化学反应是化工生产中一个比较复杂的单元，由于反应种类繁多，反应物料的特性相差甚远，反应的条件也各不相同，因此不同的反应选用的反应器也不相同，生产中对反应器的控制方法也不相同。

## 一、工艺参数控制

反应的转化率或产品的成分是控制化学反应进行的首选指标，但由于缺少反应灵敏、分析可靠的分析手段，因此，在大多数情况下都采用反应温度作为间接被控变量。因为控制住了反应温度，不但控制了反应速率，而且能保持反应的热平衡，还可以避免催化剂因高温发生老化或烧坏。故反应温度一般是反应器最重要的控制变量。

1. 釜式反应器的温度控制

图 3-2 是釜式反应器单回路的温度调节系统，通过调节冷却介质的流量变化控制反应的温度。由于冷却介质流量相对较小，釜温与冷却介质温度较大，会导致反应釜内部温度的不均匀，容易造成反应的局部过热或者局部过冷。

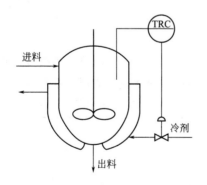

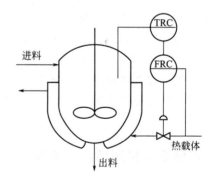

图 3-2　釜式反应器单回路的温度调节系统　　　　图 3-3　釜式反应器的串级调节系统

为了克服单回路温度调节系统滞后时间长、不易实现温度的稳定控制的缺点，可采用图3-3 所示的串级调节系统。

2. 固定床反应器的温度控制

根据固定床各段对反应温度的不同要求，采用分段控制的方案，如图 3-4 所示。通过对冷却剂量的调节来实现对温度的分段控制。

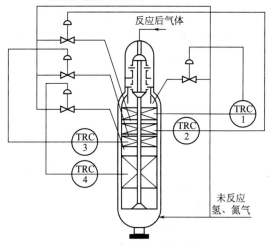

图 3-4　固定床反应器温度的分段控制

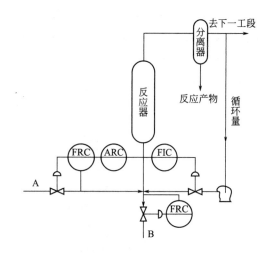

图 3-5　有循环物料时的物料平衡控制

## 二、物料平衡的控制

为了使反应器的操作能够正常进行，必须使反应系统在运行过程中保持物料平衡。反应器的进料一般设流量控制，这样除了能保持反应器的物料平衡外，还能使反应器的负荷保持稳定。有时为了使反应保持在最佳的条件下进行，还需对反应物的流量进行比值控制，同时对采出的物料量也要加以控制。

当反应转化率较低，反应物料必须循环时，由于循环物料的存在，使进入反应器的总混合物中的各组分比值并不等于新鲜物料的比值。此时要维持进入反应器的总物料量恒定可通过控制循环物料的量来实现。如图 3-5 所示，物料采用自身流量稳定调节，反应器进口物料的配比由分析器分析组分 A 的含量后，可通过调节 A 的流量来实现，这样既能控制总的进料量，又能保证反应器进口处 A 和 B 的比例。

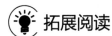 拓展阅读 ................................................................

### 压力容器的安全附件

安全附件是压力容器不可缺少的组成部分，是保证压力容器安全运行的重要装置。在化工生产中，安全附件可有效提高压力容器的可靠性和安全性。常用的安全附件有安全阀、防爆片、压力表、液位计等。

1. 安全阀

安全阀是一种通过阀门的自动开启来排放气体从而实现降低容器内压力的泄压装置。安全阀由阀座、阀瓣和加载机构三个部分构成。阀座和容器相连，阀瓣（常带有阀杆）紧扣在阀座上，并利用在它上面的加载机构的压力来保持密封。当压力容器中的介质施加于阀瓣上的作用力小于加载机构施加在阀瓣上的作用力时，就会使阀瓣紧压阀座，容器内的介质就无法排出。反之，当压力容器内的介质施加在阀瓣上作用力大于加载机构施加在阀瓣作用力时，阀瓣就会离开阀座使安全阀开启，容器内介质排出。待压力下降后，阀瓣又压紧阀座，容器又保持密封状态。

安全阀可分为弹簧式和杠杆式两种，其中弹簧式安全阀是化工厂中最常用的安全阀，弹簧式安全阀的加载机构是一个螺旋圈形弹簧，利用压缩弹簧的弹力来平衡作用在阀瓣上的力。通过调节弹簧压紧螺母，可以增加或降低弹簧的弹力，实现对压力的调节。弹簧式安全阀的外观及结构如图 3-6 所示。

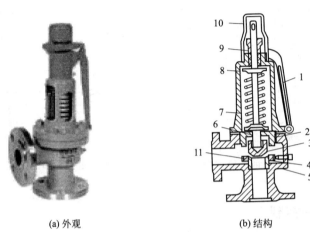

(a) 外观                    (b) 结构

图 3-6　弹簧式安全阀

1—阀帽；2—销子；3—调整螺钉；4—弹簧压盖；5—手柄；6—弹簧；
7—阀杆；8—阀盖；9—阀芯；10—阀座；11—阀体

弹簧式安全阀结构紧凑、体积小、动作灵敏，对震动不太敏感，可以装在移动式容器上，缺点是阀内弹簧受高温影响时，弹性有所降低。

杠杆式安全阀则是靠移动重锤的位置或改变重锤的质量来调节安全阀的开启压力。杠杆式安全阀的优点是结构简单、调节方便，能用于较高温度的压力容器。缺点是结构比较笨重，不能用于高压容器。

应根据容器的工艺条件及工作介质的特性等来选用安全阀，所选安全阀的排放量必须不小于容器的安全泄放量；安全阀在安装前应由专业人员进行水压试验和气密性试验，经试验合格后再进行校正。

安全阀应与压力容器直接连接，垂直安装于容器的最高位置。使用中要保持排液管的通畅，防止积液或雨水等对安全阀的腐蚀。安全阀要定期检验，安全阀检验合格后应加上铅封，防止安全阀开启压力的改变。

2. 防爆片

防爆片也称为防爆膜、防爆板、爆破片，是一种断裂型的安全泄压装置。防爆片的主零件是一块很薄的金属板，根据防爆片失效时的受力状态和基本结构形式，防爆片可分为剪切型、拉伸型、弯曲型和压缩型 4 种。

压力容器在正常工作压力下运行时，防爆片保持严密不漏。当压力容器内的压力超过正常工作压力时，防爆片即断裂，压力容器内的介质即通过破裂孔泄放，压力很快下降，容器得到保护。防爆片的设计压力一般为工作压力的 1.25 倍左右，防爆片的爆破压力应小于容器的设计压力。

与安全阀相比，防爆片具有密封性好、泄压快、不易受介质中黏稠污物妨碍的优点。缺点是由于防爆片是通过膜片的断裂来卸压，所以卸压后不能继续使用，压力容器的正常运行就要受到影响。因此，防爆片一般用在不宜安装安全阀的压力容器上。

防爆片的选用一定经过专门的理论计算和试验测试。使用中要经常检查防爆片连接处有无泄漏，防爆片有无变形以及是否是全开状态；正常生产中应每年更换一次防爆片，发生超压而防爆片未爆也应该立即更换。

### 3. 压力表

压力表又叫压力计，是测量压力容器中流体压力的一种计量仪表。根据作用原理和结构的不同，压力表可分为弹性元件式、液柱式、活塞式和电量式四大类。压力容器大多使用弹性元件式的管压力表。

应根据被测压力容器压力的大小、安装位置的高低、介质的性质（如温度、腐蚀性等）来选择压力表；所用压力表的表盘刻度极限值应为压力容器最高工作压力的 $1.5 \sim 3$ 倍；压力表安装前应进行校验，在刻度盘上应画出指示最高工作压力的红线，注明下次校验日期，校验后应加铅封；压力表应安装在便于观察和清洗之处，且应避免受到辐射热、冻结或震动等不利影响；压力表要定期维护和校验，一般每6个月校验一次。

### 4. 液位计

液位计也叫液面计，是显示容器内液面变化的装置。按显示方式不同，可将液位计分为直观式和间接式两种。直观式液位计是通过肉眼来直接读取液位，要求液位计的透明度要高，因此所选用的材料通常为玻璃。间接液位计是应用机械、电子和流体力学原理制成的一种显示液位的辅助装置，如浮标式液位计、自动化液面指示仪等。

应根据压力容器内的介质、最高工作压力和温度来选用液位计。液位计应安装在便于观察的位置并标注出最高和最低安全液位。安装前要进行液压试验，使用中要定期冲洗维护和检修。

## 阻火器

阻火器又名防火器，如图 3-7 所示，是用来阻止易燃气体和易燃液体蒸汽的火焰蔓延的安全装置。在石油工业中，阻火器被广泛应用在石油及石油产品的储罐上。当储存轻质石油产品的油罐遇到明火或雷击时，就可能引起火灾。为了防止这种危险的产生而使用阻火器。阻火器也常用在输送易燃气体的管道上。假若易燃气体被引燃，气体火焰就会传播到整个管网，为了防止这种危险的发生，也要采用阻火器。阻火器也可以使用在有明火设备的管线上，以防止回火事故。但它不能阻止敞口燃烧的易燃气体和液体的明火燃烧。

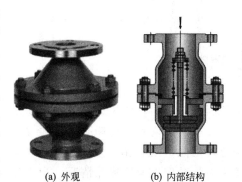

(a) 外观　　　　(b) 内部结构

图 3-7　阻火器

阻火器的工作原理，主要有两种观点：一是基于传热作用；一是基于器壁效应。

1. 传热作用

燃烧所需要的必要条件之一就是要达到一定的温度，即着火点。低于着火点，燃烧就会停止。依照这一原理，只要将燃烧物质的温度降到其着火点以下，就可以阻止火焰的蔓延。当火焰通过阻火元件的许多细小通道之后将变成若干细小的火焰。设计阻火器内部的阻火元件时，则尽可能扩大细小火焰和通道壁的接触面积，强化传热，使火焰温度降到着火点以下，从而阻止火焰蔓延。

2. 器壁效应

燃烧与爆炸并不是分子间直接反应，而是受外来能量的激发，分子键遭到破坏，产生活化分子，活化分子又分裂为寿命短但却很活泼的自由基，自由基与其他分子相撞，生成新的产物，同时也产生新的自由基再继续与其他分子发生反应。当燃烧的可燃气通过阻火元件的狭窄通道时，自由基与通道壁的碰撞概率增大，参加反应的自由基减少。当阻火器的通道窄到一定程度时，自由基与通道壁的碰撞占主导地位，由于自由基数量急剧减少，反应不能继续进行，也即燃烧反应不能通过阻火器继续传播。

# 任务四　化工生产装置的停车与检修

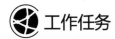 工作任务

查一查低压法合成甲醇工艺，了解装置的停车操作，完成下表。

| 工艺过程 | 操作步骤 |
| --- | --- |
| 正常停车 | |

对表中内容进行整理，并相互交流。

## 技术理论

化工装置在长周期运行中，由于外部负荷、内部应力和磨损、腐蚀、疲劳以及自然侵蚀等因素的影响，使生产装置中个别部件或整件原有尺寸、形状、机械性能和机械强度下降，造成缺陷和安全隐患，威胁着生产安全。为了确保生产装置安全、平稳运行，必须停车检修，以消除安全隐患。此外，化工装置在运行过程中，也可能突然出现设备故障和人员操作失误等特殊情况，当无法维持装置的正常运行时，也需要被动地进行停车处理。

无论是因何种原因导致的停车，在执行停车操作时，都必须要有条不紊地按照事先编制的停车操作规程进行。若装置发生较大的操作波动或异常情况时，应按照事故处理预案首先退守到设备、工艺和人员稳定的状态，以防止发生生产事故。退守到稳定状态后，由车间组

织对装置出现操作异常情况的原因进行分析，初步确定是否具备恢复生产的条件，并报上级主管部门。具备恢复条件则按开工的操作规程进行恢复运行，否则要按停工规程做进一步的处理。

## 一、停车类型

在化工生产中停车的方法与停车前的状态有关，不同的状态，停车的方法及停车后处理方法也就不同。一般有以下几种方式：

1. 正常停车

正常停车是指生产进行到一段时间后，设备需要进行检查或检修的有计划的停车。正常停车是逐步减少物料的加入，直至完全停止加入，待所有物料反应完毕后，开始处理设备内剩余的物料，处理完毕后，停止供汽、供水，降温降压，最后停止转动设备的运转，使生产完全停止。

停车后，对需要进行检修的设备，要用盲板切断该设备上的物料管线，避免因可燃气体、液体物料泄漏而造成事故。检修设备动火或进入设备内部检查，要把其中的物料彻底清洗干净，并经过安全分析合格后才能进行。

2. 紧急停车

在生产过程中，遇到一些想象不到的特殊情况，如某些装置或设备损坏、某些电气设备的电源发生故障、某一个或多个仪表失灵而不能正确地显示要测定的工艺参数（如温度、压力、液位、流量等），无法维持装置的正常运行而造成的非计划性被动停车，称为紧急停车。紧急停车与正常停车不同，它会影响生产任务的完成，在恢复开车以后必须采取措施，才能将停车的损失降到最低限度。

紧急停车可以分为局部紧急停车和全面紧急停车。

（1）局部紧急停车　生产过程中，在一些想象不到的特殊情况下的停车，称为局部紧急停车。如某个设备损坏、电源故障、仪表失灵等，都会造成生产装置的局部紧急停车。

当这种情况发生时，应马上通知前段工序采取紧急处理措施。将物料暂时储存或向事故排放部分（如火炬、放空等）排放，并立即停止进料，转入停车待生产的状态（绝对不允许再向局部停车部分输送物料，以免造成重大事故）。同时，应立即通知后段工序，停止生产或处于待开车状态。并迅速组织抢修，排除故障。待停车原因消除后，再按化工开车的规定程序恢复生产。

（2）全面紧急停车　当生产过程中突然发生停电、停水、停汽或发生重大事故时，则要全面紧急停车。这种停车事前是不知道的，操作人员要尽力保护好设备，防止事故的发生和扩大。对有危险的设备（如高压设备）应通过手动操作来排出物料；对有凝固危险的物料要进行人工搅拌（如聚合釜的搅拌器可以人工推动，并使本岗位的阀门处于正常停车状态）。

对于自动化程度较高的生产装置，在车间内备有紧急停车按钮，并和关键阀门锁在一起。当发生紧急停车时，操作人员要以最快的速度去按这个按钮。

## 二、停车操作

在装置停车的过程中，为了避免发生差错，应结合停车的特点和要求，制定停车方案来指导停车操作。除了按照停车方案的时间、步骤、工艺条件变化幅度来进行停车外，还应注意以下几个问题：

① 降温、降量的速度不宜过快，尤其在高温条件下，要防止因设备温度变化剧烈导致设备泄漏，造成安全事故，如易燃、易爆介质漏出后遇到空气会造成火灾或爆炸事故，有毒物料泄出容易造成中毒事故等。

② 阀门开关操作要缓慢，尤其在开阀门时，先稍开阀门使少量物料通过，观察物料通畅情况，然后再逐渐开大直至达到要求为止。打开水蒸气阀门时，应先打开排凝阀，将设备与管道内的冷凝水排净后，关闭排凝阀，再由小到大逐渐把蒸汽阀打开。

③ 装置停车时，设备管道内的液体物料应尽可能排空。可燃、有毒气体物料应排到火炬烧掉。残存的物料排放时，不得就地排放或排放到地下水管道中，装置周围应杜绝一切火源。

④ 高温真空设备停车时，必须先恢复到常压，待设备内介质温度降到自燃点以下时方可与大气相通，以防设备内发生燃爆。

⑤ 加热炉停炉操作时，应先按停车方案规定的降温曲线逐渐减少烧嘴数量。烧嘴未熄灭或炉膛温度较高时，不得进行排空和低点排凝，以免可燃气体进入炉膛，引发事故。

### 三、装置停车后处理

装置停车后处理的步骤主要包括隔绝、置换、吹扫与清洗，以及检修前生产部门与检修部门应严格办理检修交接手续等。

1. 隔绝

由于生产装置或设备中往往含有有毒、易燃、易爆、有腐蚀性、令人窒息或高温的介质，如果不进行隔绝处理，进入设备进行检修会造成重大事故，因此，设备检修必须要采取可靠的隔绝措施。

拆除管线或抽插盲板是最安全可靠的两种隔绝方法。拆除管线是将可拆卸的部分（如与检修设备相连接的管路、管路上的阀门和伸缩接头等）拆下，然后在管路侧的法兰上装上盲板。若无可拆卸部分或拆卸部件十分困难时，则应关闭阀门，在与检修设备相连的管道法兰连接处插入盲板。与拆除管线方法相比，抽插盲板的方法操作方便、安全可靠，因此广泛应用于生产作业中。由于抽插盲板属于危险作业，隔绝作业时应办理"抽插盲板作业许可证"，并同时落实如下安全措施：

① 绘制抽插盲板作业图，按图进行作业，并做好记录。加入盲板的部位要有明显的挂牌标志。加盲板的位置一般在来料阀后部法兰处，盲板两侧应加垫片并用螺栓紧固，确保不发生泄漏。

② 盲板必须符合安全要求并进行编号。盲板尺寸应与阀门或管道的口径一致；盲板的厚度要通过计算确定，原则上不低于管壁的厚度。要根据介质的特性、温度、压力来选定盲板及垫片的材质。

③ 在禁火区抽插盲板时应使用防爆工具和防爆灯具，作业中应有专人巡回检查；在室内抽插盲板时要开窗或采用符合安全要求的设备强制通风；抽插有毒介质的盲板时，作业人员应佩戴合适的防护用品，防止中毒。要注意防火防爆。

# 盲板

　　盲板也叫法兰盖，如图 3-8 所示，有时也称盲法兰或者管堵，它是中间不带孔的法兰，用于封堵管道口，所起到的功能和封头及管帽是一样的，只不过盲板密封是一种可拆卸的密封装置，而封头的密封是不准备再打开的。密封面的形式种类较多，有平面、凸面、凹凸面、榫槽面和环连接面。材质有碳钢、不锈钢、合金钢、铜、铝、PVC 及 PPR 等。

图 3-8　盲板

　　① 光滑面盲板，与光滑密封面法兰配合使用，其适用压力范围为 1.0～2.5MPa。

　　② 凸面盲板，其本身一面带凸面，另一面带凹面，与凹凸密封面法兰配合使用。使用压力 4.0MPa，规格范围为 DN（公称直径）25～400mm。

　　③ 梯形槽面盲板，与梯形槽密封面法兰配合使用，使用压力范围为 6.4～16.0MPa。规格范围为 DN25～300mm。

　　④ "8" 字盲板，分为光滑面、凹凸面和梯形槽面三种，使用压力与以上三种盲板相同，"8" 字盲板所不同的是，它把两种用途结合在一个部件上，即把盲板和垫圈相连接固定在一起。法兰内垫入盲板时，外面露出的垫圈作为管道是否切断的直观标志。

　　"8" 字盲板的制造材料有多种，根据输送的介质温度和压力来选择。一般低压管道，温度不超过 450℃时，所用的材质有 Q235A、20 号钢和 25 号钢；温度为 450～550℃时，所用的材料有 15CrMo、1Cr5Mo。当压力在 4.0～16.0MPa，温度大于 550℃时，要用不锈钢。

## 2. 置换

　　为了保证装置停车后检修动火和进入设备内作业的安全，必须对检修范围内的所有设备和管线中的易燃、易爆、有毒气体进行置换。置换介质一般采用蒸汽和氮气等惰性气体；也可以用注水的方法来排出上述气体。经置换后的设备，还必须再用新鲜空气来置换惰性气体，并经气体分析氧含量合格后方可进入，否则检修人员进入设备内部作业时会发生缺氧窒息。

　　置换作业时应注意如下几点：

　　① 置换前应先制定置换方案，绘制置换流程图，合理选择置换介质的入口、被置换气体的出口及取样的部位。若置换介质的密度大于被置换气体的密度时，应由设备或管道最低点送入置换介质，由最高点排出被置换的气体。反之，应从设备最高点送入置换介质，由最低点排出被置换介质，取样点宜放在设备的底部位置和可能成为死角的位置，确保置换作业彻底。

　　② 被置换的设备、管道等必须与系统进行可靠隔绝。

　　③ 用水作置换介质时，一定要保证设备内注满水，且在设备顶部最高处溢流口有水溢出，并持续一段时间。用惰性气体作置换介质时，一定要保证惰性气体用量达到被置换介质容积的 3 倍以上。置换作业排出的气体应引入安全场所。

### 3. 吹扫

一般用蒸汽或惰性气体进行吹扫的方法来除去设备和管道内没有排净的易燃、有毒液体。吹扫作业应注意如下事项：

① 吹扫作业应该根据停车方案中规定的吹扫流程图，按管段号和设备位号逐一进行。

② 吹扫结束时应先关闭物料阀，再停气，防止管路系统介质倒流。

③ 用水蒸气吹扫时，设备管道内会积存蒸汽冷凝水，尤其在冬天冷凝水更多。积存在设备底部或管线低点部位的冷凝水如不及时除掉，会冻坏设备。因此，用水蒸气吹扫过后，还要用压缩空气吹扫，把积水扫净。对有些露天设备的死角，如无法将水除净，则必须要将设备解体。

④ 吹扫结束经取样分析合格后及时与运行系统隔绝。

⑤ 丁二烯生产系统停车后不宜用氮气吹扫，是由于氮气中的氧易生成丁二烯过氧化自聚物。丁二烯过氧化自聚物遇明火会和氧反应，受热、受撞击可迅速分解并发生爆炸。因此，检修此类设备时，必须认真检查是否存在丁二烯过氧化自聚物，如有，必须采取特殊措施来破坏丁二烯过氧化自聚物。

### 4. 蒸煮和化学清洗

对于用置换和吹扫都无法清除的黏结在设备内壁上的沉积物或污垢，还需要用清洗和铲除的办法进行处理。避免沉积物或污垢在动火时遇高温发生分解或挥发，使空气中由于可燃物质或有毒物质浓度增加而导致燃烧、爆炸或中毒事故的发生。清洗有蒸煮和化学清洗两种。

（1）蒸煮　蒸煮是指较大的设备和容器在清除物料后，用蒸汽、高压热水喷扫或用碱液通入低压饱和蒸汽煮沸来除去沉积物或污垢的方法。被喷扫设备应有静电接地，防止由静电引起燃烧、爆炸及碱液灼伤事故。

（2）化学清洗　化学清洗是采用碱液或酸液对设备或装置进行清洗来除去沉积物或油污等的方法。不同组成的沉积物采用的化学清洗方法也不一样，如表 3-4 所示。清洗后的废液应进行处理后才能排放。

表 3-4　不同组成的沉积物的洗涤方法表

| 沉积物的组分 | 洗涤方法 |
| --- | --- |
| 氧化铁 | 碱液和酸液交替进行洗涤 |
| 油污、氧化铁 | 先用碱液洗，再依次用清水洗、酸液洗 |
| 氧化铁、铜和氧化铜 | 氨水洗除铜，再用酸液洗 |

### 5. 其他要求

① 检修现场应根据国家标准《安全标志及其使用导则》（GB 2894—2008）的规定，设立相应的安全标志，并且检修现场应有专人负责监护。

② 影响检修安全的坑、井、洼、沟、陡坡等均应填平或铺设盖板，或设围栏和危险标志，夜间设危险信号灯。

③ 切断待检设备的电源，并经启动复查确认无电后，在电源开关处应挂上"禁止启动"的安全标志并加锁。

④ 在设备内检修、动火时，氧化量应为 $19\%\sim21\%$，易燃、易爆物质浓度应低于安全值，有毒物质浓度应低于最高允许浓度。空气中氧含量及对应的人体症状见表 3-5。

表 3-5    空气中氧含量及对应的人体症状

| 空气中氧气含量 | 症状 |
| --- | --- |
| $19\%\sim21\%$ | 表现正常 |
| $13\%\sim16\%$ | 突然晕倒 |
| $<13\%$ | 死亡 |

⑤ 设备外壁检修、动火时，设备内部的可燃气体含量应低于安全值。

## 四、化工装置的检修

化工检修的目的是为了检查或检测装置中存在的设备问题，用尽可能短的时间恢复装置的完好运行状态。

### (一) 化工检修的分类

化工检修可分为计划检修与计划外检修。

计划检修是指企业根据设备管理、使用的经验和生产规律，对设备进行有组织、有准备、有安排的检修。根据检修内容、周期和要求的不同，计划检修可分为小修、中修和大修。

计划外检修是指在生产过程中设备突然发生故障或事故，必须进行的不停车或临时停车检修。计划外检修事先难以预料，无法安排计划，而且要求检修时间短、检修质量高，检修的环境及工况复杂，所以难度较大，也是化工企业不可避免的检修作业。

### (二) 化工检修阶段

化工检修一般包括以下几个阶段。

1. 立项阶段

立项是装置大修是否有效的关键，立项正确则可以通过一次停车检修集中处理存在的问题，最大程度减少生产瓶颈，提高设备运行的可靠性，降低检修费用。相反，如立项不准，则不能彻底解决装置问题，该修的没有修，不该修的干了许多，既消耗材料又浪费了宝贵的检修时间，给企业带来巨大损失。

大修的立项的蓝本首先由基层工艺人员最先提出，因为基层的操作人员最清楚哪台设备有问题、哪个仪表不准确。在此基础上，车间组织操作工、技术人员对立项蓝本进行多次讨论，拿出准确的检修项目表。

2. 准备阶段

为了确保大修顺利、安全、高质量完成，必须要做好物资、技术、人员和安全的准备。

(1) 物资准备    在大修开始前，各种检修物资必须完成到货清点、质量验收、新旧核对、运到现场。

(2) 技术准备    各项检修项目都必须编写详细的检修方案，并交检修人员反复学习，必要时还要进行现场演练，使每一个检修人员都烂熟自己所要从事检修项目的全过程。

(3) 人员准备    大修项目在检修开始之前，明确项目负责人和作业小组，作业人员不但要学习检修方案，还要对自己所从事项目的工器具、材料备件、消耗品进行检查清点。

（4）安全准备 安全检修不但要体现在工艺交出方案和检修方案中，更要组织深入学习，停车交出后认真确认，保证每一个检修工都清楚自己将要进行的检修项目的安全交出条件和安全检修注意事项。

### 3. 检修阶段

准备充分，就能使大修顺利及时展开。大修阶段一般分为检修展开阶段和检修收尾阶段。如果这个阶段处理不好，就会拖延检修进度，影响检修项目的顺利完成。

### 4. 质量验收

质量验收的目的是对检修质量实现过程控制，防止用错材质、用错备件、检修方法不对、安装数据错误等检修事故出现。

每一种材料和备件都有相应的入厂质量验收单，规定验收内容和验收标准，由生产车间和专人进行验收方能入库，确保库存材料备件的质量合格；每项检修工作都有相应的检修质量确认单对该项检修工作的技术要求进行逐一检查，由检修负责人、工艺车间设备技术员等签字，重要项目还必须分管副总确认。对原设计材料进行更改必须填写材质更改审批单，经车间、部门、公司三级审批方可使用。

### 5. 三方确认

大修结束后，每一项检修项目要反复确认是否彻底完成了项目规定的所有内容。这个工作需要检修人员、区域负责人、工艺技术员三方面的人员，独立地从三个不同角度进行确认验收。

（1）负责项目检修的检修人员 一个作业小组可能在一次大修中干好几项检修工作，检修负责人必须以自己手中的检修任务书为依据逐项确认自己所干的活确实没有漏项，没有未完成项，没有多余项。

（2）工艺车间的区域负责人 是该区域所有检修项目的任务下达者，必须对自己区域的所有项目进行确认。

（3）工艺车间各工段工艺技术员 在装置开车之前必须以开车确认单为依据认真确认即将投用的每台设备、每个阀门、每条管线已完成检修，气密合格，处于备用状态。

### 6. 资料存档

每项检修都要建立检修资料，检修资料在检修过程中形成，检修资料包括检修任务书、检修方案、检修质量确认单、检修前后的影像、设备的损坏或劣化分析等。下一年度的大修立项就从资料的分析研究开始了。

### （三）检修前停车的安全技术处理

停车方案一经确定，应严格按照停车方案确定的停车时间、步骤、工艺变化幅度，以及确认的停车操作顺序表，有组织、有秩序地进行。装置停车阶段进行得是否顺利，一方面影响到生产是否安全，另一方面将影响装置检修作业能否如期安全进行及安全检修的质量。

装置停车的主要安全技术要求如下：

（1）严格按照预定的停车方案停车 按照检修计划并与上下工序及有关工段（如锅炉房、配电间等）保持密切联系，严格按照停车方案规定的程序停止设备的运转。

（2）泄压要缓慢适中 泄压操作应缓慢进行，在压力未泄尽之前，不得拆动设备。

（3）装置内物料务必排空、处理　设备或管道中的残留物料应向指定的安全地点或储罐中排放，不能使有毒、有腐蚀性、易燃、易爆的物料排到地面上或排入下水道，以免发生事故或造成污染。此外，设备、管道内的物料应尽可能排空、抽净，排出的可燃、有毒气体如无法收集利用应排至火炬烧掉或进行其他处理。

（4）降温、降量速度要适宜　降温、降量的速度应按工艺要求进行，如高温设备不能用冷水等直接降温，而应在切断热源之后，以适量通风或自然降温为宜。降温、降量速度不宜过快，特别在高温条件下，温度、物料量急剧变化会造成设备和管道的变形、破裂，引起易燃易爆、有毒介质泄漏，甚至导致火灾、爆炸或中毒事故发生。

（5）阀门开启速度不宜过快　稍微开启阀门后要停片刻，使物料少量通过，观察物料的畅通情况，然后再逐渐开大阀门，直至达到要求为止。开启蒸气阀门时要注意管线的预热、排凝和防水击等。

（6）高温真空设备须先消除真空状态　高温真空设备的停车，必须先消除真空状态，待设备内介质的温度降到自燃点以下时，才可与大气相通，以防空气进入引发燃烧、燃爆事故。

（7）停炉作业严格按照工艺规程规定　停炉操作应严格按照工艺规程规定的降温曲线进行，火嘴未全部熄灭或炉膛温度较高时，不得进行排空和低点排凝，以免可燃气体进入炉膛引发事故。

此外，装置停车时，由于操作人员需要在较短的时间内开关很多阀门和仪表，为了避免出现差错，必须密切注意各部位温度、压力、液位、流量等参数的变化。

（8）切断设备的介质来源　由于设备长时间使用，许多与该设备连接的管道阀门（尤其是气体阀门）开关不到位，会出现内漏现象。停产后，在进入单体设备内部作业前，必须要确保所有介质不能发生内漏，对一些易燃、易爆、易中毒、高温、高压介质的管道要在阀后（近塔端）加盲板。如果对管道检查不仔细，检修人员进入设备作业后，一旦发生漏气、漏液现象，特别是煤气、氨气、酸气、高压气、粗苯等易燃、易爆、高温、高压物质发生内漏，将造成着火、爆炸、中毒等严重事故。

（9）置换设备内有毒、有害气体　用于有毒、有害、易燃、易爆气体的设备进行置换的气体有氮气、蒸汽，要优先考虑用氮气置换。因为蒸汽温度较高，置换完毕后，还需要凉塔，使设备内温度降至常温。对于装有高温液体的设备，首先应考虑放空，再采用加冷料或加冷水的方式将设备降至常温。有压力的设备要通过泄压使设备内气体压力降至常压。

（10）正确拆卸人孔　在经过介质隔断、置换、降温、降压等工序后，在确保安全的情况再拆卸人孔。在拆卸盛有液体的设备人孔时，要拆对角螺栓，尤其要缓慢拆卸最后四条对角螺栓，并尽量避开人孔侧面，防止液体喷出伤人。对于装有易燃、易爆物质的设备，禁止用气焊割螺栓。对于锈蚀严重的螺栓要用手锯切割。

在易燃、易爆的设备内作业时，应穿防静电工作服，要穿着整齐，扣子要扣紧，防止起静电火花或有腐蚀性物质接触皮肤，工作服的兜内不能携带尖角或金属工具，角度尺等一些小工具应装入专用的工具袋。

（11）正确穿戴安全防护用品　安全帽必须保证帽子与头配戴合适，由于在设备内部作业施工空间不足，很可能出现碰头现象，还要保证帽芯与帽壳间留有一定缝隙，防止坠物打击帽子后帽芯不能将帽壳与头隔开，帽壳直接压在头上造成伤害。

正确穿戴劳保手套，在一些酸、碱等腐蚀性较强的设备内作业时要穿戴防酸、碱等防腐手套，手套坏了要及时更换，尤其是夏季作业手出汗多，会降低手套的绝缘性能和出现打滑现象，所以应多备几副手套。

劳保鞋要采用抗静电和防砸专用鞋。所穿的大头皮鞋，鞋底应采用缝制，不要用钉制，同时要考虑防滑性能，鞋带要系紧，保证行走方便。

在有条件的塔内工作时，尽量在作业范围的塔底铺设一些石棉板或胶皮，这样即防滑又隔断了人与设备的直接接触。

### （四）化工检修注意事项

① 装置检修须建立大检修指挥部，并有专人负责，制订详细的检修方案，方案中应包括具体的职业安全卫生防范保障措施内容。

② 对检修的装置要进行危害识别、风险评价和实施必要的控制措施。对重大项目，须制订相应的安全措施、吹扫方案、盲板位置、工作进度等，并应做到"五定"，即定施工方案、定作业人员、定安全措施、定工程质量、定工作进度。

③ 参加装置检修的外来工程施工单位，必须具备相关资质，遵守化工企业的各项规章制度。

④ 参加装置检修的有关人员，须进行同作业内容相关的安全教育。二人以上作业时，须指定一人负责安全。

⑤ 项目负责人应在施工前向全体工作人员进行安全技术交底。项目交底时，须交代清楚安全措施和注意事项。作业前，要对安全措施落实情况进行检查确认。

⑥ 检修项目作业，须严格执行有关规定，办理相关手续（包括开停设备、加拆盲板和施工、检修、动火、高处作业、进入受限空间等）票证制度和相应的安全技术规范。

⑦ 装置检修前，设备、容器和管道须吹扫、清洗、置换合格。

⑧ 盲板的加、拆管理必须指定专人负责，统一管理。加、拆盲板要编号登记，防止漏堵漏拆。对塔、罐、管线等设备容器内存留易燃、易爆、有毒、有害介质的，其出入口或与设备连接处应加装盲板，并挂上警示牌。

⑨ 凡需检修的设备、容器、管道，必须达到动火条件，以保证施工安全。动火管理实行动火作业许可证制度，动火作业必须持有效的动火作业许可证。

⑩ 检修期间各级安全负责人、安全人员必须到装置现场进行安全检查监督。对各个作业环节进行现场检查确认，使之处于安全受控状态。

⑪ 动火、用电、高处作业、进入受限空间等各类作业监护人，必须履行安全职责，认真监护，对作业和完工现场进行全面检查。

⑫ 进入装置现场人员，必须严格执行有关劳动保护规定，穿戴好劳动保护用品，严禁携带烟火。

⑬ 须对施工作业所用工机具、防护用品（脚手架、跳板、绳索、安全行灯、行灯变压器、电焊机、绝缘鞋、绝缘手套、验电笔、防毒面具、防尘用品、安全帽、安全带、消防器材等）安全可靠性进行检查、确认。

⑭ 检修期间，对装置现场固定式报警仪探头，要进行妥善保护。

⑮ 对存有易燃、易爆物料容器、设备、管线等施工作业时，须使用防爆工具，严禁用铁器敲击、碰撞。

⑯ 打开设备人孔时，应使其内部温度、压力降到安全条件以下，并从上而下依次打开。在打开底部人孔时，应先打开最底部放料排渣阀门，待确认内部没有残存物料时方可进行作业，警惕有堵塞现象。人孔盖在松动之前，严禁把螺丝全部拆开。

⑰ 对损坏、拆除的栏杆、平台处，须加临时防护措施，施工完后应恢复原样。

⑱ 要保证漏电开关、电缆、用电器具完好。临时用电的配电器必须加装漏电保护器，其漏电保护的动作电流和动作时间必须满足上下级配合要求。移动工具、手持式电动工具应一机一闸一保护。

⑲ 行灯电压不得超过 36V，在特别潮湿的场所或塔、罐等金属设备内作业的临时照明灯电压不得超过 12V。

⑳ 高处作业人员应系用与作业内容相适应的安全带，安全带应系挂在施工作业上方的牢固构件上，安全带应高挂（系）低用。

㉑ 禁止高空抛物件、工具和杂物，工机具、材料和工业垃圾等物品要按指定地点摆放。

设备是化工生产的基础，精确、高效的装置大修是保证装置长周期运行的重要手段。总之，化工检修要遵循"三快一慢"的原则，目的是尽可能缩短停车时间。一般情况下，下一年度的大修项目在上一年度大修完毕开车后就要开始考虑，所以立项要慢，立项一旦完成，进入停车检修状态了，材料、备件、人员进入现场要快，检修作业要快、检修完毕收工要快。

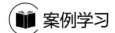 案例学习

## 固定床反应器的停车

1. 正常停车

① 逐渐关小反应物的进料量，同时打开固定床反应器的保温蒸汽，保持固定床温度恒定。

② 物料关闭后，将固定床压力泄至常压。

③ 用惰性气体置换干净固定床反应器内的物料。

④ 置换合格后，将固定床保持压力为 0.2MPa。

⑤ 逐渐关小固定床保温蒸汽，使固定床降温并处于平稳状态。

⑥ 待固定床温度降至要求后，关闭保温蒸汽。

2. 紧急停车

① 逐渐关小反应物料，并将固定床反应器的保温蒸汽打开，以保证固定床温度恒定。

② 对设备进行保压。

③ 排除故障后再进行开车。

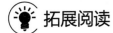 拓展阅读 ·····························

## 化工设备的布置

1. 车间设备布置的原则

车间设备布置就是确定各个设备在车间中的位置，生产仪表管线、采暖通风管线的走向和位置，确定场地与建筑物的尺寸。设备布置应遵循经济合理，节约投资，操作、维修方

便，设备排列紧凑、美观的原则。车间设备一般采用流程式的设备布置，保证工艺流程在水平和垂直方向的连续性。在不影响工艺流程路径的前提下，将同类型的设备或操作性质相似的设备集中布置。要充分利用位能，尽可能使物料自动流送，一般可将计量设备、高位槽布置在最高层，反应器等主要设备布置在中层，储槽、传动设备等布置在车间的底层。设备的间距取决于设备管道的安装、检修、安全生产及节约投资等方面因素。

2. 车间设备布置的安全技术要求

设备布置时应尽量做到工人背光操作。为了不影响窗户的开关、通风与采光，高大设备应避免靠近窗户；在爆炸危险的设备应露天或半露天布置；危险等级相同的设备或厂房应集中在一个区域，这样可减少防爆电器的数量，减小防火防爆建筑的面积；有爆炸危险的车间应布置在单层厂房或多层厂房的顶层或厂房的边缘；产生有毒气体的设备应布置在下风向；易燃易爆车间要采取防静电和防火的措施；压缩机、离心机、真空泵等笨重设备应尽可能放置在厂房的底层，以减小厂房的载荷与振动。剧烈振动的设备，其操作台和基础不得与建筑物的柱、墙连在一起，以免影响建筑物的安全。

---

## 思考题

1. 试压和试漏的目的是否相同？ 工厂里，哪些设备既需要试压又需要试漏，哪些设备只需要试漏？
2. 通过哪些途径可以提高化学反应的效果？
3. 化工生产中的主要控制点有哪些？
4. 简述化工试车在整个化工装置生产中的作用。
5. 什么是公用工程？
6. 温度对化学反应速率的影响有何规律？
7. 简述化工装置停车的目的和原则。
8. 什么是紧急停车？ 在什么情况下要紧急停车？
9. 在什么情况下要对系统进行干燥？ 系统干燥一般选用什么作干燥介质？
10. 空气吹扫的注意事项是什么？
11. 何谓化工投料试车？ 化工投料试车有哪些要求？
12. 化工装置总体试车标准程序包括哪几个阶段？ 各阶段的主要目的、内容是什么？
13. 化工检修的目的是什么？
14. 化工检修可以分为哪几个阶段？
15. 如何理解化工检修要遵循"三快一慢"的原则？

## 课外项目

图 3-9 是脲醛树脂生产工艺流程图。请制定脲醛树脂生产工艺原始开车方案、正常开停车方案与紧急开停车方案。

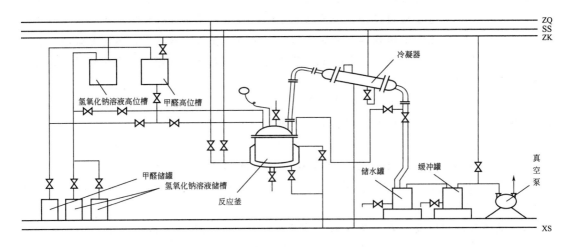

图 3-9　脲醛树脂生产工艺流程图

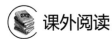 课外阅读 ··········································································

## 消防设施与器材

由于化工原料、成品、半成品大多具有易燃、易爆、易腐蚀、有毒害等特点，在生产、运输、储存和使用过程中，极易发生泄漏、燃烧或爆炸事故。一旦发生火灾，极易形成立体火灾，并造成重大人员伤亡和财产损失。因此，化工企业必须要提高防火意识、完善消防设施建设、完备各种消防器材。

### 一、消防站

消防站是消除火灾的专业性机构，拥有相当数量的灭火设备和经过严格训练的消防队员。大中型化工厂及石油化工联合企业均应设置消防站。消防站的规模应综合考虑发生火灾时消防用水量、采用灭火设施的类型、灭火剂用量、消防供水的方式及消防协作条件等因素。消防站的服务范围按行车距离计不得大于 2.5km，且应保证有火警后，消防车到达火场的时间不超过 5min。超过服务范围的场所，应建立消防分站或设置其他消防设施，如泡沫发生站、手提灭火器等。

一般石油化工企业消防车以配备大型泡沫消防车为主，并配备干粉或干粉-泡沫联用车；大型石油化工企业还要配备高喷车和通信指挥车。

消防站必须配备受警录音电话，设自动报警和手动报警，并设置警报。

### 二、消防给水设施

专门为消防灭火而设置的给水设施，主要有消防给水通道和消防栓两种。

#### 1. 消防给水通道

消防给水通道即消防通道，是一种能保证消防所需用水量的给水管道，一般可与生活用水或生产用水管道合并。化工厂的消防给水管道可采用高压、临时高压或低压系统。

室外消防管道应布置成环状，输水管道不少于两条，当其中一条发生故障时，另一条仍能正常供水。环状管道应用阀门分为若干独立管段，每段内消防栓数量不少于5个。地下水管为闭合系统，水可以在室内朝各个方向流动，如管网的任何一端损毁，不会导致断水。室内消防管道应有通向室外的支管，支管上应带有消防速合螺母，以备万一发生故障时，可与移动式消防水泵的水龙带连接。

消防水系统要有储存设备，可建造独立的储水池，也可储存在全厂的清水池或高位水池内，消防给水不能与生产循环水、污水管网兼用。

### 2. 消火栓

消火栓是消防供水的基本设备。消火栓可供消防车吸水，也可直接连接水带放水灭火，消火栓按其装置地点可分为室外和室内两类。室外消火栓又可分为地上式和地下式两种。

工艺装置区的消防栓应在装置区四周布置，消防栓的间距不宜超过60m。当装置内设有消防通道时，亦应在通道边设置消防栓。工艺装置内加热炉、甲类气体压缩机、介质温度超过自燃点的热油泵及热油换热设备、长度小于30m的油泵房附近和管廊下部宜设箱式消防栓，其保护半径宜为30m。箱式消防栓可由1人操作，对于控制局部小火和扑灭初期火灾很有效。

### 3. 化工生产装置区消防给水设施

（1）消防供水竖管　设置于框架式结构的露天生产装置区内，竖管沿梯子一侧装设。每层平台上设有接口，并就近设有消防水带箱，便于冷却和灭火使用。

（2）冷却喷淋设备　对于高度超过30m的炼制塔、蒸馏塔或容器，应设置固定喷淋冷却设备。

（3）消防水幕　消防水幕可对设备或建筑物进行分隔保护，以阻止火势蔓延。

（4）固定式带架水枪　在火灾危险性较大且高度较高的设备周围，应设置固定式带架水枪，并备移动式带架水枪，来保护重点部位金属设备免受火灾热辐射的威胁。

## 三、灭火器材

化工企业需要拥有一定的机动消防能力，生产车间和库区除应根据所处理物质的危险性质设置灭火设施外，还要配置手提灭火器和其他简易的小型灭火器材。灭火器是小型的灭火器材，是扑救初起火灾常用有效的灭火设备。

目前常用的灭火器主要有二氧化碳灭火器、干粉灭火器、泡沫灭火器、1211灭火器。由于各种灭火器的性能不同，在灭火使用时应该有所选择。常见灭火器的性能及用途见表3-6。

表3-6　常见灭火器的性能及用途

| 灭火器类型 | 二氧化碳灭火器 | 干粉灭火器 | 泡沫灭火器 | 1211灭火器 |
| --- | --- | --- | --- | --- |
| 规格 | <2kg；2～3kg；5～7kg | 8kg；50kg | 10L；65～130L | 1kg；2kg；3kg |
| 药剂 | 筒内装压缩成液态的二氧化碳 | 钢筒内装有钾盐或钠盐干粉，有的型号需备有盛装压缩气体(高压二氧化碳或压缩氮气)的小钢瓶 | 胆内装硫酸铝溶液，筒内装碳酸氢钠与泡沫稳定剂的混合液 | 钢筒内装有二氟一氯一溴甲烷，并充填压缩氮气 |

| 灭火器类型 | 二氧化碳灭火器 | 干粉灭火器 | 泡沫灭火器 | 1211灭火器 |
|---|---|---|---|---|
| 用途 | 适用于扑救贵重仪器和设备、图书、档案、油类和酸类火灾,不能扑救钾、钠、镁、铝等轻金属火灾 | 适用于扑救石油、石油化工产品及涂料、有机溶剂、天然气火灾和电气设备火灾 | 适用于扑救油类、石油产品和一般固体物质的初起火灾,不能扑救忌水和带电物质火灾 | 适用于扑救油类、电气设备、化工化纤原料的初期火灾 |
| 性能 | 接近着火地保持3m距离 | 8kg喷射时间14~18s,射程4.5m;50kg喷射时间50~55s,射程6~8m | 10L喷射时间60s,射程8m;65L喷射时间170s,射程13.5m | 1kg喷射时间6~8s,射程2~3m |

　　灭火器应分类放置在明显、取用方便、又不易被损坏的地方。干粉灭火器还要防止受潮和日晒;灭火器要有专人检查和调换,使灭火器始终处于良好的状态。

# 项目四
# 反应产物的后处理及"三废"治理

## 学习指南

从反应器出来的产物大多是混合物，需经过进一步的处理才能成为有价值的化工商品出售，因此，反应产物的后处理在整个化工生产过程中是非常重要的。此外，随着社会对环境保护要求的日益提高，化工"三废"的治理已经成为化工企业首要考虑的问题。通过本项目的学习和工作任务的训练，了解产品的包装及商品化相关知识，熟悉"三废"治理的方法，理解化工产品分离和精制的原理。

    知识目标    1. 了解化工产品的包装和储运方法。

                    2. 了解化工"三废"的来源及"三废"的治理方法。

                    3. 理解产物常用的分离和精制原理。

    能力目标    1. 能够对化工"三废"进行合理利用。

                    2. 能根据产物组成和性质选择拟定分离方案，选择合适的分离方法。

                    3. 能进行典型的分离与精制单元操作。

## 任务一　产物的分离与精制

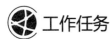

### 工作任务

查一查苯乙烯的生产工艺，了解苯乙烯的分离与精制相关知识，完成下表。

| 粗苯乙烯的组成 | |
| --- | --- |
| 粗苯乙烯分离与精制方法 | |

对表中内容进行整理，并相互交流。

### 技术理论

产物是指从反应器中出来的物料。从反应器中出来的产物大多是混合物，混合物中包括未反应的原料和反应产物、副产物。化工生产中通常把没有经过分离或精制的混合物称为粗品，有些粗品如果不分离根本没有工业使用价值，所以反应后得到的粗品必须经过进一步的分离与精制，才能得到具有使用价值和商品价值的最终商品。产物的分离和提纯不仅可从混合物中分离出最终产品，还可以使生产过程中没能反应的物料得以循环利用。

在化工生产中，不同的反应过程得到产物形态和组成不同，采用的分离方法也就不同。物料的分离方法存在多种不同类型，是因为有多种多样的化工生产物料，而在选择分离方法的过程中，往往是按照物料被分离中各种组分的化学与物理的不同性质来确定选择。

## 一、分离方法的选用

### 1. 需对产品的精细化程度与产品价值进行考虑

对于附加价值高的产品，可选用一些高效分离方法；对于一些产量很大而价值相对较低的产品，则需要对分离成本进行考虑，可以选用那些分离步骤较少或相对简便的分离方法。

### 2. 尽量避免含有固体的物流在生产过程中出现

由于含有固体的物流在输送中能量的消耗较大，而且固体容易堵塞管道，因此，应尽可能预先除尽物流中的固体。

### 3. 在进行多种不同物质混合的物料分离时，应考虑其分离顺序

为避免工艺过程受到影响，应尽量先分离易产生有害与副反应的物质，同时对需要高压才可以分离的物质，也应考虑进行先分离。另外，首先被分离出来的是最容易分离的组分，而留到最后分离的是最难分离的组分。

### 4. 还要从经济上的合理性与技术上的可靠性进行考虑

分离方法的选用一定要有针对性地进行，要在清楚把握被分离出物料的化学、物理性质及分离要求的基础上，综合考虑分离技术的可靠性和分离方法的经济性，才能进行最佳的选择。

精馏与萃取都是分离液体混合物的方法，就技术成熟的程度而言，精馏在萃取之上，因此生产中能够采取精馏分离的物料，应尽可能避免采用萃取。如果混合物的组分沸点相差较大时，利用蒸馏就可以进行分离，就不需要采用精馏，这样不仅能减少投资费用，还能节省操作费用。

## 二、不同产物的分离与精制

### （一）气体产物的分离与精制

化工生产中，反应后得到的气体大多是高温混合物，必须进行冷却或冷凝后才能进一步分离。气体混合物的分离过程是一个复杂的过程，除了考虑产物、副产物及杂质相对量和物理性质外，还要考虑对产物纯度的要求。高温气体混合物的处理通常包括以下三个基本过程：

### 1. 能量回收

能量回收就是通过热交换设备（大多采用列管式换热器）将高温气体冷却，并回收热量进行利用。工业生产中最常见的是将高温的反应气体与原料气进行换热，这样不仅能降低反应气体的温度，而且原料得到了预热，减少了能量的消耗。

### 2. 除去杂质

气体中含有的杂质往往对设备有腐蚀，也有的会影响产品的使用，因此必须选用合适的

分离方法将气体产品中的杂质去除。

工业生产中大多采用冷凝、吸收和吸附三种方法来除去气体产品中的杂质。冷凝是将压缩气体或饱和蒸汽冷却降温，使气体或蒸汽转变为液体，通过控制一定的温度和压力，将气体中的某些组分转化为液体从而从气相中分离出来。吸收是用适当的液体与气体产物相接触，使气体进入液体成为溶液的过程。选择不同的吸收剂和不同的操作，可使气体产物中某组分被吸收而进入溶液，从而使气体产物中不同组分分离。吸附是某些分子在多孔性固体吸附剂表面上富集的过程。选择适当的吸附剂就可以进行选择性的吸附，从而使气体产物得以分离。

3. 产品精制

气体产品精制大多数采用吸收与精馏操作，在实际生产中具体是采用单纯的吸收方案，或是采用吸收、解吸和精馏联合分离与精制的方案，还是采用单纯的加压精馏方案，需要综合考虑产品的具体要求来确定精制分离方案。如甲醇氧化生产甲醛生产过程中，采用水吸收甲醛的方法来生产福尔马林溶液；乙烯环氧化生产环氧乙烷，则采用吸收、解吸和精馏联合分离与精制的方法来分离、精制环氧乙烷；氯乙烯的分离通常直接采用加压精馏的分离方法。

**（二）液体产物的分离和精制**

液体产物中往往会含有两种以上的液体组分，有时还含有少量的固体杂质。根据液体组分的聚集状态不同，又可分为均相体系（溶液和乳液）和非均相体系。

1. 液体产物中固体颗粒的除去

如果液体产物中的固体颗粒是有用的晶体，回收固体颗粒可以提高经济效益；若固体颗粒的存在会对后续的产物运输、处理等带来不便或危害，则必须将其除去，回收和除去液体产物中的结晶或固体杂质的方法包括过滤、澄清和重结晶等。

2. 将溶液中的不同组分进行分离

对于某些非均相的液体混合物的分离，首先要考虑冷却、静置、分层操作，然后再考虑采用其他单元操作，如乳液和悬浮反应过程等。均相液体混合物的分离与精制过程，首先要考虑溶液的类型，如理想溶液要采用普通精馏，非理想溶液要采用特殊精馏，特殊精馏又分为恒沸精馏和萃取精馏。加入第三组分后能形成恒沸物的采用恒沸精馏，加入第三组分对原液体混合物中某一组分的溶解度较大或者说无限溶解，则可考虑萃取精馏。除此之外还要考虑闪蒸、简单蒸馏和水蒸气蒸馏等。

萃取操作是溶液分离常用的方法，萃取是利用不同物质在溶液中具有不同溶解度，使液体产物中的不同组分分离的方法。

对于不同组分在相同温度下具有不同挥发度的溶液，则可采用溶液蒸发，使汽液平衡，再将蒸汽冷凝，使溶液中的组分分离的精馏方法。例如工业生产中的粗乙酸除了含有 $90\%\sim95\%$ 乙酸外，还有水、乙醛、甲酸、甲酯、高沸点的物质和催化剂锰盐等组分。乙酸粗品的分离和精制方案有以下三种：

方案 1　蒸发——高沸塔——低沸塔——产品乙酸

方案 2　蒸发——低沸塔——高沸塔——产品乙酸

方案 3　蒸发——低沸塔——蒸发——产品乙酸

工业生产中究竟采用何种分离和精制方案更为合适，需要考虑因素包括对产品质量的要求、投资和操作费用。方案 1 与方案 2 相比，方案 2 得到的产品的质量比方案 1 得到的产品的质量好，因为方案 2 的产品乙酸是塔顶馏出物，而方案 1 的产品乙酸是塔釜液，塔釜液作为产品的组成显然要较塔顶馏出物的组成更复杂。如果对乙酸产品要求不太高也可以采用方案 3 进行分离和精制。就设备投资而言，方案 1 与方案 2 的设备投资相同，而方案 3 的设备投资则相对较小，如果对产品乙酸的质量要求不高，那么应优先考虑方案 3，方案 1 应该弃之。在确保产品质量的前提下，设备投资和操作费用不同的两个方案，应该选用设备投资与操作费用之和最小的方案。如甲醇精馏有三塔精馏和两塔精馏两种流程，三塔和两塔都是从塔顶得到产品甲醇，都能保证产品质量。三塔精馏的设备投资比两塔精馏的设备投资费用要高近 1/3，但三塔精馏的能量消耗要比两塔精馏低得多。因此，量比较大的甲醇精馏宜采用三塔精馏方式，而对于量较小的甲醇精馏则宜采用两塔精馏方式。

3. 溶液的浓缩

当溶液较稀时，可用蒸发的方法蒸除部分溶剂来提高溶液的浓度，如工业酒精浓缩见图 4-1。

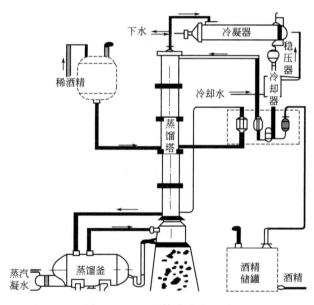

图 4-1　工业酒精浓缩流程图

### （三）固体产物的分离和精制

过滤和干燥是化学工业生产中最常见的两种得到固体产物的方法，重结晶则是工业上最常用的固体精制的方法。常用的固体产物分离和精制方法如下：

1. 溶解

溶解就是将粗品固体溶解在适当的溶剂中形成稀溶液，过滤去除粗品中不溶的固体杂质，以制取纯度较高的符合产品质量要求的晶体的操作。有时候也可用适当的化学试剂与可溶解的杂质生成不溶性的固体，来除去粗品中可溶解的杂质。

2. 重结晶

重结晶是纯化固体化合物的重要方法之一。把固体化合物溶解在热溶液中成近饱和溶液，该溶液冷却后成过饱和溶液并析出结晶，而杂质不溶被过滤或溶解度大而溶在溶剂中被除去，这一操作过程称为重结晶。

固体有机物在溶剂中的溶解度与温度有密切关系，一般是温度升高时溶解度增大，温度降低时溶解度减小。利用这一性质，使固体有机物在较高温度下溶解，在低温下结晶析出，而杂质全部或大部分仍留在溶液中（若杂质在溶剂中的溶解度极小，可通过过滤除去），从而达到提纯的目的。

使用重结晶法纯化固体有机物，一般只适用于杂质含量在5%以下的固体化合物，杂质太多会影响结晶速率，甚至妨碍结晶的生成。所以在结晶之前应视实际情况，决定是否需要先用其他方法（如萃取、水蒸气蒸馏、减压蒸馏等）进行初步提纯，然后再用重结晶提纯。必要时还可以进行第二次或多次重结晶，直到获得纯品。

合适的溶剂是重结晶操作成败的关键。适宜的溶剂应符合下列条件：

① 不与被提纯物质起化学反应；

② 被提纯物质在溶剂中温度高时溶解度大，而在室温或更低温度时，溶解度小；

③ 低温时对杂质的溶解度要大，冷却后不会随样品结晶出来，或者杂质在热溶剂中也不溶解（可在热过滤时除去）；

④ 溶剂的沸点要低，易与结晶分离，便于蒸馏回收；

⑤ 溶剂的沸点一般应低于样品的熔点，否则当溶剂沸腾时，样品会熔化为油状，给纯化带来困难；

⑥ 被提纯物质在溶剂中能形成良好的结晶；

⑦ 溶剂纯度高、价格低、易获取、毒性小、使用安全。

一般化合物在重结晶时用哪一种溶剂最合适和化合物在该溶剂中的溶解情况，可以查阅手册或词典中的溶解度一栏，找到有关适宜溶剂的资料。未知化合物选择溶剂时，应遵循"相似相溶"这一基本规律，即溶质往往易溶于与其结构近似的溶剂中。

### 三、产品的后加工

产品后加工是产品成为成品的最后一道工序，是质量保证体系的终端环节，因此要以保证成品的质量标准为中心，设计后加工方案。产品后加工一般以两条标准为指导，一条标准是商品的标准，产品最终作为商品投放市场，同一产品的后加工处理可能出现不同的牌号。另一条标准是使用标准，用户对产品提出特殊要求，或者用户是本企业集团的另一个分厂或者是下一个工段，为方便下一个工序的工作，产品生产出来后，可能要作后加工处理。当然，对于使用来说，上一工序产品的后加工处理，接近于或略等于下一工序的原料准备。

通常作为产品的质量要求是纯度指标、杂质种类和杂质含量的极限值，产品的形态，使用要求，包装方法、储存运输的要求等。

每一批产品都必须检验，出具检验合格证书，制定合格标识，并有质量监控指标、质量标准要点和主要指标，注明产品生产日期、出厂日期、保质期限、储存运输和使用注意事项等。

产品计量和包装形式要保证产品质量，符合商标法和国家有关规定，要方便运输，产品的储存运输的事项在产品的标准中必须有规定，在执行产品标准时，注意产品的储存要求、储存环境、储存条件和保质期。

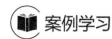案例学习

## 典型产品的产物分离

### 1. 甲醇生产中气体混合物的分离

甲醇生产中气体混合物分离过程如图 4-2 所示，270℃左右高温气体混合物离开反应器后首先与原料气换热，将原料气预热到 210℃，同时高温气体混合物被冷却。初冷后的混合气体与锅炉给水进一步换热，将锅炉给水预热而本身被进一步冷却，最后与冷却水换热，最终被冷却到 40℃以下。经冷却后，混合气体中的甲醇及较甲醇沸点高的物质被冷凝成液体，经气液分离器进行气液分离。分离出来的液体混合物进入闪蒸罐经闪蒸操作后除去溶解于甲醇中的轻组分，再进入轻组分塔进行预精馏进一步脱除轻组分，脱除轻组分的液体再进入萃取精馏塔进行精馏，塔顶得到产品甲醇，侧线得到重组分油类，底部得到工艺水。未被冷凝的主要含有合成气、二氧化碳和惰性气体的混合气体，一路经循环压缩机增压后与新鲜原料气混合返回反应器继续进行反应，另一路进入变压吸附系统富集氢气后用于调节氢碳比。

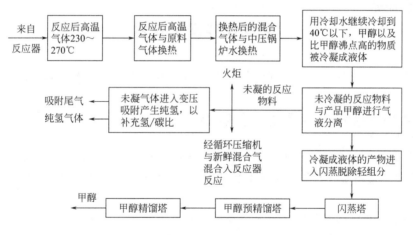

图 4-2　甲醇生产中气体混合物分离过程图

### 2. 以石脑油为裂解原料的烃类裂解气的分离

裂解气分离过程如图 4-3 所示，石脑油和水蒸气为原料经管式裂解炉裂解后，高温裂解气进入急冷器急冷，急冷后的裂解气经油洗塔洗去焦或炭，再加入液氨中和裂解气中的酸性气体。除去酸性气体的裂解气进入水洗塔水洗后经机前冷却冷凝分离水分后进入多级压缩。多级压缩后的裂解气经碱吸收脱除酸性硫化物，干燥脱除水分后再次进行多级压缩；压缩后的气体进入前脱乙烷塔，塔顶得到的轻组分进入脱甲烷塔。脱甲烷塔顶得到甲烷和氢气；塔底得到含有乙烯、乙炔、乙烷等的混合气体，经后加氢脱除乙炔处理后，进入乙烯精馏塔进行精馏，塔顶得到乙烯，塔底得到乙烷。前脱乙烷塔底的物料可以经后加氢进入脱丙烷塔，脱丙烷塔顶的物料进入丙烯精馏塔精馏得到丙烯，塔底得丙烷。脱丙烷塔底的物料进入碳四馏分塔，塔顶得到碳四馏分，塔釜得到碳五及碳五以上的馏分。

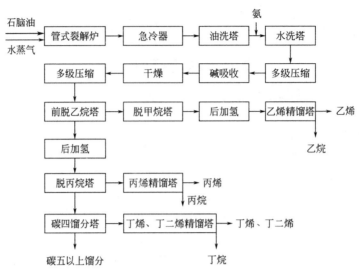

图 4-3　裂解气分离过程图

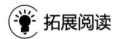拓展阅读

## 蒸馏操作安全技术

生产中的蒸馏操作需要注意以下安全事项：

① 在蒸馏易燃液体时应该采有水蒸气或过热水蒸气作为加热源，而不能采用明火作为蒸馏易燃液体的热源。

② 蒸馏腐蚀性液体时，应防止因塔壁、塔盘腐蚀导致易燃液体或蒸气逸出遇到明火或高温炉壁产生燃烧。

③ 对于高温蒸馏系统，应防止冷却水突然进入塔内，因为冷水进入塔内后会迅速汽化，使塔内压力突然增高而将物料冲出或发生爆炸。在蒸馏过程中，冷凝系统的冷却水或冷冻盐水不能中断。

④ 启动前，应将塔和蒸汽管道内的冷凝水放空再使用。在常压蒸馏中，应注意防止管道、阀门被凝固点较高的物质凝结堵塞，导致塔内压力升高而引起爆炸。

⑤ 蒸馏操作中应防止物料蒸干而使残渣焦化结垢，导致局部过热而引起爆炸。油焦和残渣要经常清除。

⑥ 对于沸点较高、高温下蒸馏易分解、爆炸或聚合的物质，采用真空蒸馏比较合适。

# 任务二　产品的包装与储运

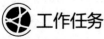工作任务

查一查化工产品的包装形式，了解化工产品包装相关知识，并完成下表。

| 包装形式 | 化工产品举例 |
| --- | --- |
| 瓶装 |  |
| 袋装 |  |
| 桶装 |  |
| 其他形式 |  |

对表中内容进行整理，并相互交流。

## 技术理论

产品包装是实现产品商品化的重要一环。包装总的要求是安全、经济、环保、实用，最终将产品安全地送到用户手中。

### 一、化工产品的包装

#### 1. 包装的功能

包装与人类生活密不可分。从农耕时代开始，人类有了剩余物资，并且出现了商品交换。因此，剩余物资的储存、交换商品时物资的运输，均对物品的包装提出了需求。

原始的包装仅仅要求对商品进行容装、捆扎或裹包，以便于携带、便于储存。随着商品化社会的发展，人们对包装提出了越来越高的要求，确定了包装具有保护、方便和促销"三大功能"。随着包装概念的发展以及包装法规的完善，人们又提出了包装的第四大功能，即信息功能。为了实现包装的功能，必须选用适当的材料、设计合理的结构、采取相应的制造工艺来制造出有效的包装容器。

#### 2. 化工产品的包装形式

由于化学物品一般都有一定的（有时还具有强烈的）腐蚀性，因此对包装有较严格的防腐蚀以及防逸散要求。化工产品的包装按状态分为液态产品包装、固体产品包装和气体产品包装。

如图 4-4 所示，液体产品的包装主要有瓶装、桶装、罐装和槽车装等。瓶装主要适用于溶剂、试剂、精细化工产品等，一般为 500mL/瓶；桶装适用于醇、酯、酸类等重要的工业原料和重要的精细有机合成产品等，规格分为 25kg/桶、50kg/桶、100kg/桶和 200kg/桶；槽车适用于装大宗的化学工业原料，如工业甲醇、工业酒精、工业苯、液氨、硫酸等，可以分为汽车槽车（罐）和火车槽车。

图 4-4　液体化工产品的包装形式

如图 4-5 所示，固体产品的包装有袋装、桶装等。袋装有标准袋装为 25kg/袋，较其更小的包装有 5kg/袋、10kg/袋、15kg/袋；较其更大的包装有 50kg/袋、25kg/桶、50kg/铁桶，通常内衬塑料薄膜或牛皮纸袋。对于袋装的产品还可以进行二次分装，以满足用户的需求。例如，实验室购买的实验用原料，往往是经销商从厂家购买的袋装原料，然后进行分装成小包装来满足实验需求量较小的要求。各种高分子聚合物原料的自然状态常为颗粒、粉末或絮状，且基本无化学腐蚀性，因此常常采用塑料编织袋或牛皮纸袋进行包装。

图 4-5　固体化工产品的包装形式

气体产品包装主要是用气体钢瓶，不同的气体钢瓶外部漆上不同的颜色以示区别不同的气体物质，钢瓶每隔一段时间必须按照规定对钢瓶进行压力检验，以确保气体钢瓶的使用安全，没有经过气压检验或检验后不合格的钢瓶不得投入使用。气体钢瓶瓶身颜色及标字颜色见表 4-1。

表 4-1　气体钢瓶瓶身颜色及标字颜色

| 气体类别 | 瓶身颜色 | 标字颜色 | 字样 |
| --- | --- | --- | --- |
| 氮气 | 黑 | 黄 | 氮 |
| 氧气 | 天蓝 | 黑 | 氧 |
| 氢气 | 深蓝 | 红 | 氢 |
| 压缩空气 | 黑 | 白 | 压缩空气 |
| 二氧化碳 | 黑 | 黄 | 二氧化碳 |
| 氨 | 棕 | 白 | 氨 |
| 液氨 | 黄 | 黑 | 氨 |
| 氯 | 草绿 | 白 | 氯 |
| 乙炔 | 白 | 红 | 乙炔 |
| 氟氯烷 | 铝白 | 黑 | 氟氯烷 |
| 石油气体 | 灰 | 红 | 石油气 |
| 粗氩气体 | 黑 | 白 | 粗氩 |
| 纯氩气体 | 灰 | 绿 | 纯氩 |

### 3. 包装材料

用于化学品包装的材料可以分为非金属材料和金属材料两类。

（1）非金属类包装　材料有塑料、纸质等。塑料有低压高密度聚乙烯、高压低密度聚乙烯、聚丙烯塑料编织袋和非金属耐酸碱腐蚀的塑料桶之分，如 25kg/袋包装的三聚氰胺采用的就是内衬薄膜塑料袋；因福尔马林溶液中有甲酸，易于对金属腐蚀，所以福尔马林溶液选用塑料作包装材料，如采用塑料桶（200L/桶）。当然非金属桶强度较低，塑料易于老化、变形，所以在使用中要注意安全。

（2）金属类包装　主要是桶装，常见的金属桶有100kg/桶和200kg/桶。金属桶装的原料或产品一般是无腐蚀性的，但有挥发性、易燃易爆性的有机化工原料或产品，如正丁醇采用200L/桶的包装。

4. 包装物外观印刷要求

对于化工产品包装物外观的一般印刷包含的内容有：有毒物质的袋装或桶装外观除要有骷髅人头标志外，还要标明毒物或剧毒物商标、商品名、化学名称（纯物质要注明分子式或结构式，分子量；混合物要注明主要物质和主要添加物的名称）及其含量、产品的主要性能、产品的适用范围，有的要注明用法与用量，袋或桶毛重、净重以及误差，厂址、联系方式与生产日期等。

## 二、化工产品的储运

包装好的产品要根据不同的类别按照化工产品储存要求分门别类进行储存。固体产品的袋装，一般要求室内储存，并注意防火、防潮，液体产品的桶装，一般是露天放置。

袋装的产品装车时一般用皮带输送机输送，有的甚至是人扛装车；桶装一般是用手推车一桶一桶装车。火车的槽罐车、汽车的槽罐车装车时，一般是压送或泵送装车，要求装好以后即刻运走。用塑料编织袋或牛皮纸袋进行包装的化工产品，运输时没有特殊的要求。由于强酸、强碱、易燃易爆物品、具有较强辐射的化工产品对环境和人、畜都有极大的危害，因此规定只能利用公路运输。

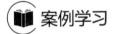 **案例学习**

### 液氯的储存和包装

由于氯是一种剧毒物质，因此液氯的储存和包装必须考虑安全因素。就储存而言，若存量过多，一旦发生意外则后果不堪设想。若储存过少又会影响正常生产的进行。目前国内储存液氯大多数采用小容量的卧式储槽，最大储量不超过100t。

液氯包装基本上采用干燥压缩空气包装，或气化氯包装两种形式。其中采用干燥压缩空气包装时，需要有空气压缩机、空气干燥装置及再生系统。该包装形式工艺流程长，操作费用高。而气化氯包装工艺虽然流程简单方便，但安全可靠性较差，是由于液氯汽化之后残留的三氯化氮含量会大大升高，达到一定浓度后会引起爆炸，因此，液氯汽化之后必须及时进行排污，将三氯化氮和部分液氯一起排入处理装置，以保证液氯生产的安全。而用屏蔽泵或液下泵压送液氯进行包装，可以克服这两种包装工艺的缺点。

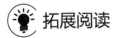 **拓展阅读**

### 化学品安全技术说明书

化学品安全技术说明书国际上称作化学品安全信息卡，简称MSDS或CSDS。化学品安全技术说明书是一份关于化学品燃爆、毒性和环境危害以及安全使用、泄漏应急处理、主要理化参数、法律法规等方面信息的综合性文件。化学品安全技术说明书是化学品生产、安全流通、安全使用的指导性文件，也是应急作业人员进行应急作业时的技术指南。它包括十六部分的内容。

（1）化学品及企业标识　主要标明化学品名称、生产企业及其地址、邮编、电话、应急电话等信息。

（2）成分/组成信息　标明该化学品是纯化学品还是混合物。

（3）危险性概述　简述本化学品最重要的危害和效应，包括危险类别、侵入途径、健康危害、环境危害、燃爆危险等信息。

（4）急救措施　主要是指作业人员受到意外伤害时，所需采取的现场自救或互救的简要的处理方法。

（5）消防措施　主要说明化学品的物理和化学特殊危险性，合适灭火介质，不合适的灭火介质以及消防人员个体防护等方面的信息。

（6）泄漏应急处理　指化学品泄漏后现场可采用的简单有效的应急措施和消除方法、注意事项。

（7）操作处理与存储　主要是指化学品操作处理和安全储存方面的信息资料。

（8）接触控制/个体防护　主要指为保护作业人员免受化学品危害而采用的防护方法手段。

（9）理化特性　主要描述化学品的外观及主要理化性质。

（10）稳定性和反应性　主要叙述化学品的稳定性和反应活性方面的信息

（11）生态学资料　主要叙述化学品的环境生态效应、行为和转归。

（12）毒理学资料　主要是指化学品的毒性、刺激性、致癌性等信息。

（13）废弃处理　包括危险化学品的安全处理方法和注意事项。

（14）运输信息　主要是指国内、国际化学品包装、运输的要求及规定的分类和编号。

（15）法规信息　主要指化学品管理方面的法律条款和标准。

（16）其他信息　主要提供其他对安全有重要意义的信息，如填表时间、数据审核单位等。

# 任务三　化工"三废"的产生与治理

 工作任务

查一查丙烯氨氧化法生成丙烯腈的生产工艺，了解丙烯氨氧化法生成丙烯腈生产中"三废"的来源与治理方法，并完成下表。

| 丙烯氨氧化法生成丙烯腈 | | 治理方法 |
|---|---|---|
| 废水来源 | | |
| 废气来源 | | |

对表内内容进行整理，并相互交流。

## ✳ 技术理论

### 一、化工"三废"的产生

化学工业是对环境中的各种资源进行化学处理和转化加工的生产部门，其产品和废弃物从化学组成上讲都是多样化的，而且数量相当大。化工生产中的废弃物简称化工"三废"，一般随废水、废气排出，或以废渣的形式排放。化工生产中产生的"三废"如未达到规定的排放标准而直接排放到环境中，就会对环境产生污染，污染物还可能在环境中发生物理的或化学的变化后又产生新的物质。其中很多物质都是对人的健康有危害的。这些物质会通过不同的途径（呼吸道、消化道、皮肤）进入人的体内，有的直接产生危害，有的还有蓄积作用，会更加严重地危害人的健康。

虽然产生化工污染的原因和污染物进入环境的途径多种多样，但概括地讲，化工污染物的主要来源可分为以下几个方面。

1. 化工生产的原料、溶剂等

化工生产的原料有时本身纯度不够，其中含有杂质，这些杂质因不需要参加反应，在原料净化过程中或反应之后，最终要排放掉。此外，由于反应不完全，未反应的原料，因回收不完全或不可回收而被排放。排放后的原料会对环境造成污染。

化工生产过程中，有时还需加入溶剂、催化剂等一些不参加反应的物质，这些物质随着废弃物排放，也会造成污染。

2. 化工生产过程中产生的废弃物

（1）副反应中产生的废弃物　化工生产中，主反应进行的同时，往往还伴随着副反应的进行，虽然有的副反应产物经过回收后可以成为有用的物质，但是由于副产物的数量一般不大，成分也比较复杂，给回收利用带来许多困难，另外由于回收成本也较高，因此，生产中经分离后的副产物往往作为废料排放，从而引起环境污染。

（2）化工生产过程中的跑、冒、滴、漏　由于生产设备、管道等封闭不严密，或者由于操作和管理的不善，物料在储存、运输以及生产过程中，往往会造成泄漏，生产中的跑、冒、滴、漏不仅会造成经济损失，而且也会造成环境污染。

（3）燃料的燃烧　化工供热和化工炉灶在燃烧过程中，不可避免要有大量的烟气排出，烟气中除含有粉尘外，还含有其他有害物质，对环境危害极大。

（4）冷却水　由于化工生产的需要，化工生产过程中常常需要大量的冷却水，而当采用直接冷却时，冷却水直接与被冷却物料接触，很容易使水中含有化工物质而成为污染物质。另外，在冷却水中往往要加入防腐剂、杀藻剂等化学物质。大量热废水排入水体中，会导致水体温度上升，产生热污染。

（5）分离过程中产生的废弃物　分离过程是化工生产中几乎必不可少的过程，不仅分离掉副产物、未反应的原料和杂质，有时由于分离效率的限制，原料和产品也会出现在分离的废弃物中，如精馏塔的下脚料、过滤器的残渣、旋风分离器的尾气中。

### 二、化工"三废"的治理及处理方法

化学工业产生的"三废"如果不经处理就排放，会造成环境污染，使农作物减产，甚至

使植物枯死，对人类的生存和健康造成很大的危害。因此，加强对化工"三废"的防治已日益受到了人类的重视。如"三废"排放对环境的影响常是地区工业布局和厂址选择需考虑的重要因素。一些污染较大的工业如冶金、化工、造纸要远离城市中心，大工业企业与生活区间要有适当的隔离带以减少环境污染的影响等。通过对工业污染的监控，有效地控制污染物的排放量，减少对环境的污染。

"三废"治理的总原则是大力采用无污染或少污染的新工艺、新技术、新产品，开展"三废"综合治理，将"三废"资源化。在进行工艺设计和工程设计时，要求把"三废"治理作为重要环节，实行"三同时"制度，即同时设计、同时施工、同时投产。对于已经投产的企业，如果"三废"不加治理时，可以指令限期治理，否则责令停产。

对于产生的"三废"，应根据"三废"组分的特性，实施使之无害化的处理原则。

1. 废气的净化处理

许多化工产品的生产过程中都会产生废气，如硫酸工业尾气中含有一定量的二氧化硫和三氧化硫；丙烯腈生产中的副产物虽经处理，但仍有少量的乙腈、氢氰酸、乙醛等有毒物质排放。而二氧化硫、硫化氢、氨、一氧化碳、氯气、氮氧化合物等物质在大气污染中危害最大。图 4-6 为废气的净化处理图。工业上处理有害废气的方法主要有化学法、吸收控制法、吸附控制法以及稀释控制法等。例如，二氧化硫常采用石灰乳或是苛性钠与纯碱的混合物反应除去，氮氧化合物可采用碱溶液吸收除去；二氧化碳和氯化氢可用乙醇胺或水吸收。而碳氢化合物的蒸气、硫化氢、有害的臭气等可采用活性炭、活性氧化铝、硅胶等吸附剂将其吸附除去。碳氢化合物也常可用热燃烧、催化燃烧和火炬控制法除去。某些污染源大气污染物排放限值见表 4-2。

图 4-6　废气的净化处理图

**表 4-2　某些污染源大气污染物排放限值**

| 污染物 | 最高允许排放浓度/(mg/m³) | 说明 |
| --- | --- | --- |
| 二氧化硫 | 1200 | 硫、二氧化硫、硫酸和其他含硫化合物生产 |
| | 700 | 硫、二氧化硫、硫酸和其他含硫化合物使用 |

续表

| 污染物 | 最高允许排放浓度/(mg/m³) | 说明 |
|---|---|---|
| 氮氧化物 | 1700 | 硝酸、氮肥和火炸药生产 |
| | 420 | 硝酸使用和其他 |
| 颗粒物 | 22 | 炭黑尘、染料 |
| | 80 | 玻璃棉尘、石英粉尘、矿渣棉尘 |
| | 150 | 其他 |
| 氟化物 | 90 | 普钙工业 |
| | 9.0 | 其他 |
| 铅及其化合物 | 0.7 | |

### 2. 废水的净化处理

水在化工生产中的应用非常普遍，用量和废水的排放量都比较大。废水不经处理而直接排放，不仅污染环境，而且会造成水资源的浪费。因此，对化工生产废水进行处理，提高水的利用效率，具有十分重要的意义。图 4-7 是工业废水处理池。

图 4-7　工业废水处理池

不同的生产过程，其废水的性质和排放量也是不同的。由于废水成分复杂，尤以废水中含有的各种有机物和汞、镉、铬等重金属危害最大。废水的处理应根据排放废水的性质，采用不同的处理方法。常见的污水处理方法及相应去除污染物种类见表 4-3。

表 4-3　常见的污水处理方法及相应去除污染物种类

| 类别 | 处理方法 | 主要去除污染物 |
|---|---|---|
| 一级处理 | 筛滤截留法 | 粗粒悬浮物 |
| | 沉淀法 | 固体悬浮杂质 |
| | 中和 | 调整酸碱度 |
| | 油水分离 | 浮油、粗分散油 |
| | 浮上法或凝结 | 细分散油及微细的悬浮物 |
| 二级处理 | 活性污泥法 | 微生物、可降解的有机物 |
| | 生物膜法 | 微生物、可降解的有机物 |
| | 氧化沟 | 微生物、可降解的有机物 |
| | 氧化塘 | 微生物、可降解的有机物 |

续表

| 类别 | 处理方法 | 主要去除污染物 |
|------|----------|----------------|
| 三级处理 | 吸附法 | 嗅、味、细分散油、溶解油 |
| | 电渗析 | 盐类、重金属 |
| | 离子交换 | 盐类、重金属 |
| | 反渗透 | 盐类、有机物、细菌 |
| | 蒸发 | 盐类、有机物、细菌 |
| | 臭氧氧化 | 难降解有机物、溶解油 |

（1）一级处理  一级处理主要采用筛滤、重力沉降等物理方法，目的是除去粒径在0.1mm以上的大颗粒悬浮固体、胶体或悬浮油类，减轻废水的腐化程度。经过一级处理后的废水，一般达不到排放标准，还要进行二级处理。

（2）二级处理  二级处理主要采用化学、生物法或生化法来分解、氧化降解有机物，二级处理是污水处理的主体部分。经过二级处理的污水，其中有机污染物大幅度降低，一般可达到向水体排放的标准。

（3）三级处理  三级处理属于深度处理过程，常采用化学沉淀法、氧化还原法、生物脱氮、膜分离以及离子交换等方法进一步除去二级处理中未能除去的污染物，如微生物未能降解的有机物、磷、氮等营养性物质及可溶的无机物。

3. 废渣的净化处理

化工废渣主要指炉灰渣、无机酸渣、含油或含碳及其他可燃性物质、报废的催化剂、活性炭及其他添加剂等。废渣不仅占用大量的土地，而且会对地表水、土壤和大气环境造成污染，必须净化处理。

废渣的处理方法主要有化学法、生物法、焚烧法和填埋法。

（1）化学法  化学处理法是通过化学反应使废渣转变成安全和稳定的物质，尽可能降低废渣的危害性。化学法通常用于有毒、有害的固体废渣处理。

① 中和法  呈强酸性或强碱性的废渣除了能酸化、碱化土壤外，还能与其他废弃物反应产生有害物质，对土壤或大气造成污染。因此，处理前应该先将废渣中和至中性。为降低处理成本，中和剂应优先考虑废酸或废碱。

② 氧化法  氧化法既可以单独使用，也可以和其他方法联合使用。当废渣的处理不宜或者不能用生物处理法和焚烧法时，通常采用氧化法处理，其中最为常用的是湿式氧化法，该法目前已广泛用于橡胶、冶金、石油化工产品、药物生产过程中的废渣处理。

③ 还原法  还原法通常用于含铬浓度较高的固体废物处理，如在二氧化碳或亚硫酸介质中，可使毒性较大的六价铬还原成毒性极小的三价铬。

④ 水解法  常用于含农药的固体废弃物和某些杀菌剂的有效解毒，以及含氢氰酸废物的处理。

⑤ 化学固定法  采用化学和物理方法，使有害废物"束缚"在固定剂中，从而防止了废渣的溶解扩散性。化学固定法只是废物的预处理，但它可以提高最终处置的安全和稳定性。化学固定后的物质一般可以直接进行掩埋，甚至可代替建筑材料。

（2）生物法  生物处理法是利用微生物对废渣中的有机物的分解作用使其无害化。许多危险废物通过生物降解解除毒性，解除毒性后的废物可以被土壤和水体所接受。生物处理法主要有活性污泥法、堆肥法、氧化塘法、沼气化法等。

（3）焚烧法　焚烧处理法是将可燃废渣置于高温炉内，有机物经高温氧化为二氧化碳和水蒸气，并产生灰分的一种处理方法。图4-8为焚烧装置工艺流程图焚烧处理法适用于处理有机废渣。焚烧处理法的优点是效果好，解毒较彻底，占地少、对环境影响小；缺点是设备结构复杂，能耗高，操作费用大，焚烧过程产生的废气和废渣有时需进一步处理，否则易造成二次污染。

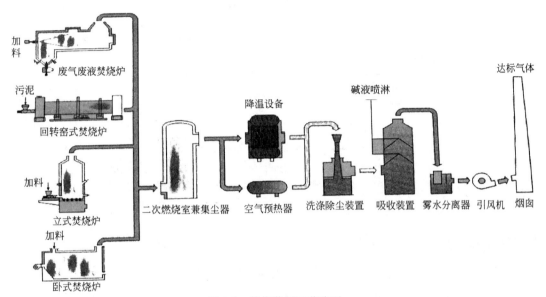

图 4-8　焚烧装置工艺流程

（4）填埋法　填埋法是将残渣埋入地下，通过微生物长期的分解作用，使之分解为无害的化合物的一种处理方法。化工废渣采用填埋法处置是化工废渣处理迫不得已的一种选择。填埋场选址应远离居民区，场区应有良好的水文地质条件，填埋场要设计可靠的浸出液、雨水收集和控制系统，为防止废渣浸出液对地下水和地表水产生污染，堆埋场应设计不渗透或低渗透衬层。对两种或两种以上废渣混合堆埋时，要考虑废渣的相容性，防止不同废渣间发生反应、燃烧、爆炸或产生有害气体。

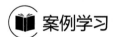 案例学习

## 尾气中的二氧化硫的治理

化石燃料中通常含有硫元素，燃烧时燃料中的硫就会氧化生成硫氧化物（主要是二氧化硫）。将含硫的氧化物从废气烟尘中处理掉的技术称为排烟脱硫。图4-9为活性炭吸附脱除二氧化硫的工艺流程图。

由锅炉来的含二氧化硫气体的烟气经喷管和复式挡板脱水器进行除尘和脱水。含尘水由澄清池澄清后再循环使用。除尘后的烟气则由风机抽入含有活性炭的吸附塔进行吸附净化，净化后的气体由放空管排入大气。当活性炭吸附二氧化硫达到一定程度后，便要进行再生处理。再生时将进气阀关闭，打开水洗阀门，对活性炭进行喷水洗涤，洗涤生产的稀酸进入中间酸箱，由酸洗泵打入塔顶循环洗涤，当酸浓度达到$15\% \sim 20\%$时，压入半成品酸箱。然后用热风或蒸汽吹扫活性炭，使其恢复活性后，再进行下一个吸附循环。

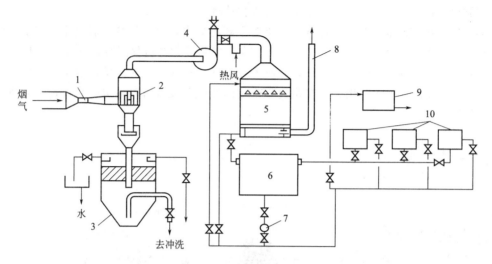

图 4-9　活性炭吸附脱除二氧化硫工艺流程图
1—喷管；2—复式挡板脱水器；3—澄清池；4—风机；5—吸附塔；6—中间酸箱；
7—酸洗泵；8—放空管；9—半成品酸箱；10—酸槽

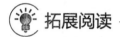 拓展阅读 ..............................................................................................................

# 职业病危害

职业病危害是指在生产劳动过程中，受到劳动条件中危害人体健康的因素影响，使劳动者发生的职业性损伤。根据《中华人民共和国职业病防治法》职业病危害因素分为粉尘类、放射性物质类、化学物质类、物理因素、生物因素等。

## 一、化工生产的职业病危害因素

化工生产中的职业病危害因素包括职业活动中存在的各种有害的化学、物理、生物因素以及在作业过程中生产的其他职业有害的因素。化工企业生产环境中的主要有害因素可分为化学性有害因素和物理性有害因素两大类。

1. 化学性有害因素

化学性有害因素主要包括生产性毒物和生产性粉尘。

（1）生产性毒物　化工企业生产中最常见的有害因素是毒物，如染料生产中接触到的苯胺、硝基苯、萘等化合物；氮肥生产中接触到的一氧化碳、硫化氢、氨等；涂料生产中接触到的苯、甲苯、溶剂油等；农药生产中的磷、三氯化磷、有机磷、光气、氨基甲酸酯等，种类繁多。

（2）生产性粉尘　生产性粉尘指在化工生产中接触到的矽尘、滑石尘、炭黑尘、有机粉尘等，长期吸入这些粉尘的工人可以引起肺尘埃沉着病。

2. 物理性有害因素

物理性有害因素包括高温和低温、噪声等。

（1）高温和低温　在高温环境中作业容易发生中暑，低温环境中作业容易冻伤。化工生产过程中的高温作业和低温较为普遍，如冷冻房、制冷机房的作业属于低温作业。合成氨厂的转化炉和造气炉、焦化厂的炼焦炉、橡胶厂的硫化、农药厂的黄磷电炉等岗位作业环境都属于高温作业。

（2）噪声　长时间在高噪声环境中劳动会引起听力损伤，严重者发生噪声性耳聋。如电动机、鼓风机、压缩机、机床、球磨机、碎石机、编织机、泵房等场所，都有不同强度的噪声。

## 二、防止职业毒害的技术措施

预防为主、防治结合应是开展防止职业毒害工作的基本原则。防毒措施主要包括防毒技术措施、防毒管理教育措施、个体防护措施三个方面。其中防毒技术措施包括预防措施和净化回收措施两方面。

### 1. 预防措施

预防措施是指尽量减少与工业毒物直接接触而采取的措施，通常包括以下几个方面：

（1）用无毒或低毒物质代替有毒或高毒物质　化工生产中，用无毒物质代替有毒物质，以低毒物质代替高毒或剧毒物质是从根本上消除有毒物质危害的最有效的措施。例如，采用无汞仪表或热电偶温度计来代替水银温度计可以防止汞中毒；在防腐喷漆中，以云母氧化铁防锈底漆代替了大量含铅的红丹防锈底漆，可以有效消除铅害。

（2）选用安全的工艺路线　选用危害性小的工艺路线以代替危害性较大的工艺路线，也是防止毒物危害的有效措施。这种通过改变工艺路线，使原料路线改变和工艺方法改变，从而可以消除有毒原料和有毒副产物所带来的危害。例如，过去氯碱厂电解食盐时，用水银作为阴极，由于水银电解产生的汞蒸气、含汞盐泥、含汞废水等，都会不同程度地损害工人的身体健康，而改用离子膜电解工艺路线后，有效地避免了由于采用汞而可能导致的职业危害。

（3）采用安全的工艺操作方式　采用较安全的工艺条件（温度、压力）及生产条件对预防有毒物质的危害也具有十分重要的意义。如降低生产系统或操作环境的温度会降低有毒物质的蒸发量；降低系统压力或形成负压能降低有毒物质的扩散、逃逸能力，进而减少物质的散发量。

以密闭、隔离操作代替敞开式操作。反应过程在密闭设备中进行，投料、出料、物料输送、粉碎、包装等过程都采用封闭式操作，均可有效防止有害物质的扩散。将工人操作的地点与生产设备隔离开来，即生产设备放在隔离室，采用排风装置使隔离室内保持负压状态，能有效防止有害气体的扩散。

（4）以机械化、自动化、连续化代替手工间歇操作　以机械化、自动化、连续化生产代替间歇生产不仅可以降低工人的劳动强度，而且可以减少工人与有毒物质的接触机会。间歇生产需要经常的配料、加料，频繁地进行调节、分离干燥、粉碎和包装等，反应设备无法一直保持密闭，使操作人员接触毒物的机会增多。以机械化、自动化、连续化操作代替间歇操作可以避免出现上述问题，可以有效减少工人与有害物质的接触机会。

### 2. 净化回收措施

净化回收措施是指由于受生产条件的限制，仍然存在有毒物质散逸的情况下，采用通风排毒的方法将有毒物质收集起来，再用各种净化法消除其危害而采取的措施。

（1）通风排毒　对于有毒气体、蒸汽或气溶胶的生产场所，可采用局部排风或全面通风措施来进行排毒。局部排风是采用排风罩、风机及净化装置等，把有毒物质从发生源直接抽出去；全面通风则是用新鲜空气将作业场所中的有毒气体稀释到符合国家卫生标准。由于全面通风存在所需风量大、无法集中、气体不能回收净化、容易污染环境的缺点，因此采用通风排毒措施时应尽可能采用局部排风的方法，全面通风常作为局部排风的辅助措施。

（2）净化回收　对于浓度较高且具有回收价值的有害物质进行分离、回收并综合利用，变害为利，也是常用的防止毒物危害的措施。

此外，设备严格按计划检修，加强设备维护管理，杜绝跑、冒、滴、漏，也是减少毒物危害十分重要的技术管理措施。

## 思考题

1. 气体混合物的处理包括哪几个过程？　每个过程处理的主要目的是什么？
2. 如何除去液体产物中的固体？
3. 什么是重结晶？　如何进行重结晶操作？　什么样的固体适合采用重结晶方法提纯？
4. 化工产品有哪几种包装形式？　选用的包装材料与什么有关？
5. 结合实际产品谈谈对化工产品包装物的外观印刷有什么要求？
6. 化工过程中的"三废"主要指什么？
7. 化学生产中的废水来源是如何？　如何对废水进行处理？
8. 化学生产中的废气来源是如何？　如何对废气进行处理？
9. 化学生产中的废渣来源是如何？　如何对废渣进行处理？

## 课外项目

画出工业甲醇生产中精甲醇的分离方案、"三废"处理的方案。甲醇工业存在什么职业危害？

## 课外阅读

### 化工新材料

化工新材料是相对于传统的化工材料而言，指在传统化工材料的基础上发展起来、性能优于传统材料的一类材料。化工新材料是化学工业中一个很重要的组成部分，也是新材料领域的重要组成部分。目前，化工新材料尚未有一个统一划分标准。所谓的"新"，也是相对的概念，今天可能是新材料，若干年以后可能就不是新材料了。

从使用对象的角度来看，化工新材料又可分为：汽车用化工新材料、飞机用化工新材料、高铁用化工新材料、电子用化工新材料等。汽车、飞机、高铁等用的一些化工材料基本上可划分为：橡胶、塑料、黏合剂、涂料等。从材料功能的角度来看，化工新材料也可分为：磁性材料、导电材料、阻燃材料、催化材料、粘接材料、高吸水性材料、转光材料等。

我国化工材料工业开始于20世纪五六十年代，经过数十年发展取得了很大的成绩，初步建立起了比较完整的化工材料工业体系，开发出一大批不同时期的新材料产品。到目前为止，我国的化工新材料有3万多种产品，并且每年有数百种新材料、新产品研发问世。根据前几年的一个统计数据计算，化工材料工业的总产值约占当年化学工业总产值的35%～37%，即占化学工业总产值的1/3还多。这说明我国化工材料产业具有相当规模，在化学工业当中占有重要的地位。

应当看到，我国的化工新材料产业与国外一些先进国家相比差距还较大，主要表现在三个方面。

（1）产业还满足不了国民经济发展的需要　如合成橡胶自给率大概为60%，工程塑料的满足率更低。

（2）化工新材料产业的结构还不够合理　传统、通用的材料比例比较大；许多高性能的专用树脂，国内还不能生产；不少精细化工新材料产品，像膜材料、特种性能的高分子材料等目前主要还依赖进口。

（3）我国化工新材料的竞争力不具优势　总体来说，我国的化工新材料生产规模比较小，物耗、能耗比较高，生产成本比较高，生产技术比较落后，控制水平也比较低，而且具有自主知识产权的高水平产品比较少。

# 项目五
# 化工过程开发与流程组织、评价

 **学习指南**

化工过程的开发就是将实验室研究的成果变为工业生产现实的过程，化工过程开发不仅涉及多个工程领域、多门学科知识的综合性工程技术，也是企业获得可持续发展的源动力。 通过本项目的学习和工作任务的训练，了解化工过程开发的步骤和工业放大的原理，了解工艺流程的组成和掌握工艺流程的配置方法，能对典型的工艺流程进行解析、分析和评价。

知识目标　1. 了解工艺流程的组成。
　　　　　2. 了解化工产品开发的过程。
　　　　　3. 熟悉工艺流程分析和评价方法。
　　　　　4. 熟悉工艺技术规程、岗位操作法的标准内容。
　　　　　5. 掌握工艺流程配置的原则和方法。

能力目标　1. 能进行简单的工艺流程配置。
　　　　　2. 能根据产品工艺特点进行典型设备选择。
　　　　　3. 能根据产品工艺编写岗位操作法。

## 任务一　化工过程开发

 **工作任务**

查一查化工过程开发的相关知识，了解实验室与工业生产的异同，并完成下表。

| 阶段 | 目的和内容 |
| --- | --- |
| 实验室小试 | |
| 工业生产 | |

对表中内容进行整理，并相互交流。

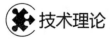 **技术理论**

化工领域的过程开发是指在实验室研究取得成果的基础上，将其过渡到第一套工业装置

的全部过程。由于化工过程开发涉及化学工业的化工工艺、化学工程、化工装置、设备材料、操作控制、技术经济等各个领域，包括了从实验研究到工程设计以及最终施工建厂、投入生产的所有过程，所以，它是一门综合性很强的专用技术。许多化工企业和工业研究部门为了使研究和开发紧密相连，都设立了研发部进行化工过程开发。化学工业研究与开发的主要任务是开发化工新产品和对老产品的工艺生产方法进行改造。化工过程的开发是十分复杂的，不仅要考虑经济因素，还要综合考虑技术、"三废"、安全和可靠性等一系列问题。

化工过程开发一般分为两个阶段，第一阶段主要在实验室进行，通过对多种方案作比较试验，筛选后确定一种比较有把握的方法，也可以在他人研究成果的基础上，或者根据文献报道的方法来开发，但应进行验证试验，证实其可靠性。第二阶段是过程开发，过程开发的目的是要把实验室研究结果的"设想"变为工业生产的"现实"。化工过程开发的主要内容（环节）包括：从实验室研究中获得必要的数据和资料，并用工程观点收集和整理与过程有关的技术资料；提出初步方案；对方案进行技术与经济评价；进行模型试验或中间试验；对试验结果进行分析、整理；进行工业装置的初步设计。

## 一、实验室研究

在化工生产中，很多化工过程开发的第一步是在实验室的小规模研究的基础上提出设想流程。实验室研究的目的就是要得到一种生产方法的设想，并证明该过程的可能性，为过程的开发提供必要的依据。

由于实验室研究能精确地测定系统中的操作参数，也能独立调节主要的操作参数。开展实验室研究前，首先要以工程的观点来收集与过程开发有关的信息资料，查找所需的物化数据、经验公式及与开发产品相关的市场信息，并对收集到的技术资料进行整理和分析评价。在此基础上，提出设想的流程，进行全过程的物料衡算、能量衡算，估算生产过程的原料消耗和进行评价，并作出是否继续开发的决定。

## 二、中间试验

中间试验是过程开发的第二步。中间试验是为了求取建造大型装置所需要的数据资料，以及对已掌握的数据资料进行验证。中间试验的主要任务包括：获取设计工业装置所必需的工艺数据和化学工程数据；研究和实施生产控制方法；考核杂质积累对过程的影响；确定设备的选型及材料的耐腐蚀性能；确定实际的原材料消耗等技术经济指标；提供一定数量的产品，考核产品的加工和使用性能；修正和检验教学模型。

一般地说，不经过中间试验而获得建造工业生产装置所需要的数据资料是很少的。即使是通过中间试验后，还必须有较大的安全系数才能放大到工业装置上。根据对过程技术的掌握程度和对中试的要求，可以选择采用全流程、部分流程、局部的过程步骤和关键设备来进行中试。但必须对试验作出科学的规划、合理的组织，以便用最小的代价来获取最有用又最可靠的数据和结论。

中间试验是一种小型装置，它是由准备要建立的过程或工业过程中的主要步骤组成。根据所要求的产量以及被试验设备的特性，规模可大可小。中试装置选用的仪表应尽可能与大型装置使用的仪表相一致，而且为了便于对过程的研究，经常还要使测量点数目及控制范围远超过工业装置的要求。同时，由于中试的物料量较小，还必须选用精密的测量仪表。总之，要通过中试装置的考核，才能得到大型装置可靠的测量仪表和自动控制方法。

## 小试和中试的区别

小试和中试的区别不仅仅在于投料量的多少与所用设备的大小上，还在于在不同时段完成不同的任务。小试主要从事探索、开发性的工作，解决的是课题的反应、分离过程及所涉及物料的分析认定，得到合格试样，且收率等经济技术指标达到预期要求，就可以告一段落，转入中试阶段。中试过程要解决的问题是如何采用工业的手段和装备来完成小试的全流程，并基本达到小试的各项经济技术指标。在小试转入中试的过程中也不乏创新的内容，如小试中将一种物料从一个容器移到另一个容器中是很容易实现的，但在中试中就要解决选用何种类型、何种规格、何种材质的泵，采用什么计量方式，另外还要考虑由此产生的安全、环保、防腐等一系列问题。中试不仅要注意小试中关注的物料衡算问题，也要关注在小试中不大注意的热量、动量的衡算问题，为进一步扩大规模，实现真正工业意义的经济规模的大生产提供可靠的流程手段和数据基础。

### 三、中试装置的放大

从实验室研究、中间试验过渡到工业生产规模的装置这一过程中，理想的是从实验室的小型反应器一步直接放大到工业规模，目前几乎是不可能的。甚至中间试验往往也是要分为几个大小不同的等级来逐级放大的。化学反应本身是复杂的，每一个反应之间各不相同，而工业规模生产上的化学反应过程，影响因素又更为错综复杂，不仅有化学动力学、热力学因素的影响，还有来自传热、传质等各方面因素的影响。其中有很多因素在实验室规模的试验，或是小型的中间试验中是不成问题的，然而放大时反应的效果等就大不一样了。此外，还存在放大后连续运转的生产过程中因为设备材质的腐蚀作用，微量杂质累积对生产过程的影响、设备和仪表长期运转的可靠性，以及产品质量、污染问题等。这些问题一般在小型实验中得不出结论，只能在逐级放大时进一步考证。

## 中试放大研究的内容

1. 工艺路线的复审

一般情况下，单元反应方法和生产工艺路线在实验室阶段就已基本确定。在中试放大阶段，只是确定适用工业化生产的具体工艺操作条件。当选定的工艺路线和工艺过程在中试放大过程中暴露出难以克服的问题时，就需要进一步复审实验室的工艺路线，修正工艺过程。

2. 设备材质与型式的选择

中试放大前应考虑所需的各种设备的材质和型式，并考查是否合适，特别要注意接触腐蚀性物料的设备材质的选择。

3. 搅拌器的型式与搅拌速度

在实验室中由于物料体积较小，搅拌效果好，传热、传质的问题表现不明显，但在中试放大时，由于搅拌效果的影响，传热、传质的问题就可能会突出地暴露出来，因此，中试放大时必须根据物料的性质和反应的特点来选择搅拌器的型式，考察搅拌速度对反应的影响，选择合乎要求的搅拌器型式和适宜的搅拌速度。

**4. 反应条件的进一步研究**

实验室阶段获得的最佳反应条件不一定能符合中试放大的要求，应该对其中的主要影响因素，如反应罐的传热面积、加料速度等因素进行进一步的深入研究，掌握它们在中试装置中的变化规律，从而获得更适宜的反应条件。

**5. 工艺流程与操作方法的确定**

由于处理物料量的增加，在中试阶段有必要考虑反应与后处理的操作方法应如何缩短工序、简化操作，以适应工业化生产的要求。

**6. 原材料和中间体的质量控制**

测定原材料、中间体的物理性质和化工参数，制定原材料和中间体的质量标准。

化工设备的规格放大，目前常用且比较有成效的放大原理有两种：

**1. 相似模拟放大**

不同的化工生产过程，只要是两个系统或两个大小不同的设备具有相同的准数，它们之间就存在相似关系。这样从一个系统或一个小的设备上得到的结果，就可以推广到另一个系统或大型的设备上。这就是相似模拟放大。相似模拟放大的好处在于由于少数几个准数就包含了许多物理量，因此，不必要求大量的各个物理量之间的相互关系。

**2. 数学模拟放大**

根据化学工程的原理和必要的试验，通过适当的简化和假定，用数学公式来描述化工过程的物理、化学规律，这就是数学模型。用数学试验的方法求出过程或装置在不同条件下的效果称为数学模拟法。如果模拟的结果与试验结果或实际生产过程情况一致，说明建立的该数学模型正确，可以用作放大设计。如果不符合，则应修改数学模型。数学模型放大的优点是可以减少中间试验的级数，增大放大倍数，有效地缩短化工过程开发的周期。相似放大方法属于半经验的放大方法，只适用于变量不多的简单物理过程，放大倍数一般为 10～100 倍。

## 四、化工过程的操作方式

化工生产过程的方式可以分为间歇操作过程、连续操作过程和半间歇（半连续）操作过程。不同的操作过程有不同的特点，适用于不同的工艺过程。

**1. 间歇操作过程**

间歇操作是指生产操作起始时将原料一次性投入系统，直到操作（或反应）结束之后，再将产物全部一次取出的过程。间歇操作属于稳态操作。

间歇操作的优点是生产过程比较简单，投资费用低；生产的灵活性较大，生产过程中变更工艺控制条件方便。缺点是有加料、出料和清洗等非生产过程，设备利用率不高；过程自动化的程度较低，工艺参数的控制没有连续化生产稳定，产品质量的波动较大；人工操作方式较多，劳动强度相对连续化生产过程较大。

间歇操作过程一般适用于小批量、多品种的化工产品的生产，尤其在精细化工产品的生产中广泛采用。有些化工产品在试验阶段，也常采用间歇操作规程寻找适宜的工艺条件。间歇操作在大规模的工业生产过程则用得较少。

### 2. 连续操作过程

连续操作是指物料连续不断地进入生产系统，产品也从生产系统中不断取出的过程。连续过程属于稳态操作。连续操作过程中生产系统与外界不断有物料地交换，连续进料，连续出料，且进料与出料的质量相等。

连续操作过程的优点是设备利用率高，生产能力大；工艺参数控制稳定，生产过程容易实现自动化操作，产品质量稳定。缺点是连续性生产投资较大，操作人员的技术水平要求较高。

连续操作过程适用于技术成熟、实现工业化生产的化工产品的大规模生产。对于一些技术成熟、过程自动化要求较高的小产品，也经常采用连续操作。

在化工生产中选择何种操作方式，应根据反应特点、生产能力、自动化要求、产品质量和产品特点来决定。大型的、要求生产能力大的以连续操作为主，小批量的通常以间歇操作为主，有些反应需要维持一定时间的，往往采用半连续的方式。但也不能死搬教条，也要结合实际情况进行选择。如若不能决定采用何种操作方式，则应进行进一步开发试验，对两种或两种以上的方案进行技术、经济和风险研究后，综合比较再确定。

## 📖 案例学习

### 工艺路线改造在药物合成中的应用

在化工产品的生产中，应随着技术进步对产品的工艺路线进行改造，才能在市场经济中一直保持产品的竞争优势。工艺路线改造具体有三方面内容：①选用价廉、安全、符合工艺条件的原料及选用更好的工艺条件；②修改合成路线，缩短反应步骤；③采用新技术。

#### 1. 更换原料

合成文献报道抗病毒药泛昔洛韦（Famcilovir）侧链中甲基三羧酸乙酯的合成采用乙醚作格氏反应的溶剂，由于乙醚易燃易爆，不易工业化生产。工艺改造后采用甲苯作溶剂，由于甲苯具有沸点高、安全性好的特点，因此可以克服原工艺路线中采用乙醚作溶剂存在的缺点。

$$C_2H_5OH + Mg + CH_2(COOC_2H_5)_2 \xrightarrow{\text{甲苯}} C_2H_5OMgCH(COOC_2H_5)_2$$

$$\xrightarrow[\text{②}H^+]{\text{①}ClCOOC_2H_5} CH(COOC_2H_5)_3$$

#### 2. 缩短反应步骤

缩短反应步骤，简化操作，可以降低原料成本，减少污染物的排放。

维生素 $B_6$ 原来以氯乙酸为起始原料，经酯化、甲氧化、缩合、氨解、环合、硝化、氯化、氢化、重氮化、水解等多步反应得到，路线长，工艺复杂，原料品种繁多。此外，还存在硝化反应操作不安全、高温酸性水解对设备的腐蚀严重、氰化反应存在"三废"防治等问题。旧工艺路线如下：

$$ClCH_2COOH \xrightarrow{CH_3OH} ClCH_2COOCH_3 \xrightarrow{CH_3ONa} CH_3OCH_2COOCH_3 \xrightarrow[CH_3ONa]{(CH_3)_2CO}$$

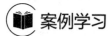

$$CH_3OCH_2COCH_2COCH_3 \xrightarrow[NH_4OH]{NCCH_2COOC_2H_5}$$  $$\xrightarrow[Ac_2O]{HNO_3}$$

$$CH_3-CHCOOH \xrightarrow[]{C_2H_5OH,\ HCl} CH_3-CHCOOC_2H_5 \xrightarrow[]{HCONH_2,} CH_3-CHCOOC_2H_5$$

改造后的新工艺则以丙氨酸为起始原料，分别经酯化、甲酰化、环合、双烯合成、酸化反应，最终得产品。新工艺路线如下：

$$CH_3-CHCOOH \xrightarrow[]{C_2H_5OH,\ HCl} CH_3-CHCOOC_2H_5 \xrightarrow[]{HCONH_2,} CH_3-CHCOOC_2H_5$$

dl-丙氨酸

与旧工艺相比，新工艺将原来的直线型反应改成汇聚型反应，避免了使用剧毒原料，具有路线短、收率高、成本低、操作安全、"三废"少等优点。在丙氨酸酯化反应中，反应液中分离出来的氯化铵固体，用 8%～10% 的氯化氢-乙醇液提出未反应的丙氨酸及其衍生物，再经循环利用，有效地提高了原料的利用率。

### 3. 采用新技术

"一锅煮"技术是指在一个反应瓶内连续进行多步串联反应，中间体无需分离纯化而合成复杂分子的技术，也是一类环境友好反应。在某些药厂生产中可使总收率明显提高，降低原料成本，减少了"三废"。

抗癌药 5-氟尿嘧啶早期采用金属钠、乙醇在低温下滴加甲酸乙酯和氟乙酸乙酯进行缩合，再环合水解得到。改造后的工艺采用甲醇钠代替金属钠，并把缩合和环合反应改为"一锅煮"。这样不仅简化了操作工艺，还降低了劳动强度，并将两步收率提高了 40%，在环合时，用硫酸二甲酯与尿素代替了硫脲，避免了反应时产生很臭的甲硫醇，有效地改善了操作环境。

 拓展阅读

### 项目建议书

项目建议书是企业陈述建设某个项目的内容与申请理由、要求批准立项的建议文书，是项目报请审批过程中不可缺少的文件材料。一个工程项目的基本建设，从计划到竣工投产要经过许多程序和步骤，而项目建议书的编制是全部程序中的首要工作，是项目可行性论证的前提和基础。项目建议书的内容包括项目建议的理由、政策依据、项目内容、实施方法等。同时应详细、全面地汇报项目的性质、任务、工作计划、方法步骤、预期目标及实施可能性等内容，以达到建议书审批的目的。

编制人员要深刻认识项目建议书在项目开发过程中的重要意义，对拟上项目有全面、系统、透彻的了解，并能熟练掌握项目建议书编制的内容、方法、要求、规律，认真调查研究，方能做好项目建议书的编制。

项目建议书的基本内容应包括：

① 项目名称，项目主办单位及负责人；

② 项目的内容、建设规模、申请理由、项目意义，如需引进技术和设备，还要说明国内外技术差距及进口的理由、对方情况介绍；

③ 工艺路线选择，重点介绍推荐的产品方案和生产工艺技术；

④ 主要原料、燃料、电力、水源、协作配套条件等情况；

⑤ 建厂条件、厂址选择；

⑥ 组织机构和劳动定员；

⑦ 投资估算和资金来源；

⑧ 产品市场需求预测分析；

⑨ 安全劳动卫生与环境保护、经济效益与社会效益评价分析。

在实际工作中，常常会遇到诸如技术引进项目、设备进口项目、合资合作项目、新产品开发项目、改造扩建项目、大型工业、交通建设项目等，在编写不同种项目建议书时，要根据以上编制内容的基本要求，结合具体情况，把握重点，灵活运用。

# 任务二　工艺流程的配置

 工作任务

查一查邻苯二甲酸二异辛酯的工艺流程，了解邻苯二甲酸二异辛酯的工段组成及设备，并完成下表。

| 工段名称 | 典型设备名称 |
| --- | --- |
|  |  |
|  |  |
|  |  |

对表中内容进行整理，并相互交流。

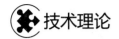技术理论

## 一、工艺流程的组成

化工生产从化工原料到制成化工产品，要经过一系列的物理和化学处理步骤。虽然化工产品种类繁多，但每个产品的生产过程基本包括原料的预处理、化学反应和产物的分离与精制三个步骤。以合成氨为例，要制得产品氨，必须包括下列步骤：制备合格的氢气和氮气；氢气和氮气进行化学反应合成氨；生成的产品氨从混合气中分离出来并将未反应的氢气和氮气循环利用。

化工生产的工艺流程反映了由若干个单元过程（反应过程、分离过程、动量和热量的传递过程等）按一定的顺序组合起来，完成从原料变成为目的产品的全过程。每一个化工产品都有其特有的工艺流程。对于同一个产品，由于选择的工艺路线不同，则工艺流程中各个单元的具体内容和相关联的方式也不一样。但是组成流程的各个单元具有的基本功能是具有一定规律性的。一般化工产品生产过程在现场的划分和它们在流程中所担负的作用如下：

（1）化工生产准备（原料工序）　包括反应所需的主要原料及各种原料的储存、净化、干燥及配制等。

（2）反应过程（反应工序）　反应工序是全流程的核心部分。除了反应过程外，还包括必要的冷却、加热、物料输送及反应控制等。

（3）分离过程（分离工序）　将反应生成的产物从反应系统中分离出来，进行精制、提纯，最终得到目的产品。并将未反应的原料、溶剂及副产物等分离出来，尽可能实现原料、溶剂等的循环使用。

（4）回收过程（回收工序）　生产中需要设置一系列的分离、提纯操作来回收利用反应中生成的一些副产物或不循环利用的未反应原料、溶剂及催化剂等。

此外，化工工艺流程中有时还包括催化剂的制备和余热回收、"三废"治理及产品储运等工序，化工生产流程各个工序通常的组合形式如图5-1所示。

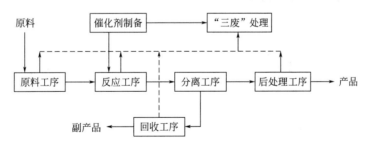

图 5-1　化工生产流程中各个工序通常的组合形式

## 二、工艺流程图

工艺流程图是用图示的方法来表达某一化工产品的生产过程。工艺流程图通常将各功能单元用框图或以设备示意图表示，各单元之间用带箭头的直线连接，箭头表示物料的流向和操作的顺序。工艺流程图可以简明地表示出由原料到产品的过程中各物料的流向和经过的加工步骤以及主要的工艺指标参数，从中可以了解各个操作单元设备的功能及相互间的关系、

能量传递和利用、主副产物和"三废"处理以及排放等情况。

工艺流程图一般可以分为工艺流程框图、工艺流程草图以及带有控制点的工艺流程图等。

### 1. 工艺流程框图

工艺流程框图是最简单的工艺流程图示法。工艺流程框图能够扼要地表达一个化学加工过程的轮廓，如一个化工过程或化工产品的生产大致需要经历几个反应过程，需要哪些单元操作来处理原料和分离成品，是否有副产物，如何处理，有无循环结构等。

工艺流程框图以细实线矩形框表示单元操作过程或设备，按顺序排列，方框之间用箭头表示物料流向，并注明原辅料的来源，产物、副产物、残渣、残液和尾气的去向。对于各种公用工程，如燃料、上下水、冷冻盐水、氮气、蒸汽、压缩空气等，通常不在方框图中作为一个独立的体系加以表达。图 5-2 为羰基合成法生产正丁醇工艺流程框图。

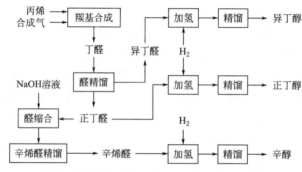

图 5-2　羰基合成法生产正丁醇工艺流程框图

### 2. 工艺流程草图

在工艺流程框图的基础上，将各个工序过程换成设备示意图，进一步修改、完善可得到工艺流程草图。工艺流程草图是对某生产方法工艺流程的一般说明，以设备现状或图示符号示意各个主要设备，不仅按流程顺序排列，还有高低位置的区别。用箭头表示物料以及载能介质的流向，并标出名称；按流程顺序标注各设备的位号，并在图下方注明各位号的设备名称。图 5-3 为生产硫酸铜的工艺流程草图。

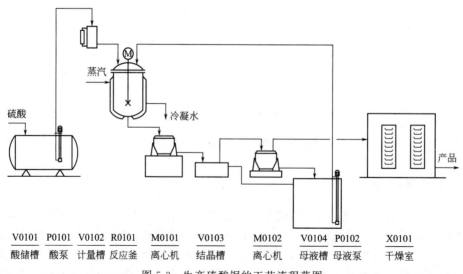

图 5-3　生产硫酸铜的工艺流程草图

### 3. 带有控制点的工艺流程图

带有控制点的工艺流程图也称为施工流程图，是组织、实施和指挥生产的技术性文件。带有控制点的工艺流程图的主要内容有设备图形、管线、控制点和必要的数据、图例、标题等。通过带控制点工艺流程图可以了解物料的工艺流程，设备的数量、名称和编号；管线的编号和规格；管件、阀门、控制点（测压点、测温点、分析点）的部位和名称。图5-4为乙酸酐残液蒸馏带控制点工艺流程图。

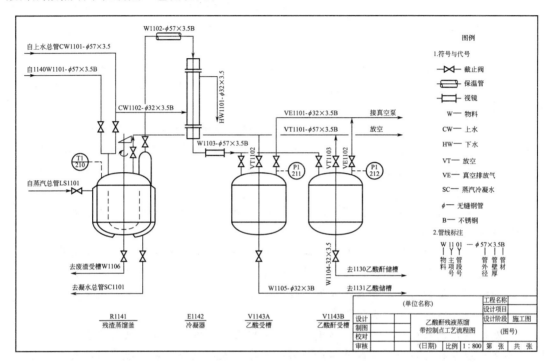

图 5-4　醋酐残液蒸馏带控制点工艺流程图

由于流程图能形象直观地用较小篇幅传递较多的信息，故无论在化工生产、管理过程中，或在化工过程开发和技改设计时，还是在查阅资料或参观工厂时，都要用到流程图。因此，对于从事化工生产学会阅读、配置和绘画制流程图具有重要的现实意义。

## 工艺流程图

　　流程图上的设备都标注设备位号和名称，设备位号一般标注在两个地方。第一是在图的上方或下方，要求排列整齐，并尽可能正对设备，在位号线的下方标注设备名称；第二是在设备内或其近旁，此处仅注位号，不注名称。当几个设备或机器为垂直排列时，它们的位号和名称可以由上而下按顺序标注，也可水平标注。

　　一、设备部分

　　工艺设备位号的编法是这样的：每个工艺设备均应编一个位号，在流程图、设备布置图和管道布置图上标注位号时，应在位号下方画一条粗实线。

　　主项代号一般用两位数字组成，前一位数字表示装置（或车间）代号。后一位数字表示主项代号，在一般工程设计中，只用主项代号即可。

二、管道部分

工艺管道用管道组合号标注，管道组合号由四部分组成，即管道号（或管段号，由三个单元组成）、管径、管道等级和隔热或隔声。共分为三组，用一短横线将组与组之间隔开，隔开两组间留适当的空隙，组合号一般标注在管道的上方。

第一组有三个单元，分别为物料代号、主项编号及管道顺序号。

第二组由第4、第5两个单元组成，其中第4单元为管道尺寸，一般标注公称直径，以mm为单位，但只注数字，不注单位；第5单元为管道等级，由三个部分组成。

其中，第一部分为管道的公称压力（MPa）等级代号，用大写英文字母表示。

第二部分为顺序号，用阿拉伯数字表示，由1开始；第三部分为管道材质类别，用大写英文字母表示。

当工艺流程简单，管道品种规格不多时，管道组合号中的第5、6两个单元可省略。第4单元的尺寸可直接填写管子的外径和壁厚，并标注工程规定的管道材料代号。

第三组由第6单元组成，为隔热或隔声代号。

三、仪表部分

工艺流程图中标注出了全部与工艺有关的检测仪表、调节控制系统、分析取样点和取样阀。

仪表控制点的符号图形一般用细实线绘制，符号图形、各种执行机构和调节阀的符号在图例中也可以找到。仪表图形符号和字母代号组合起来，可以表示工业仪表所处理的被测变量和功能，或表示仪表、设备、元件、管线的名称；字母代号和阿拉伯数字编号组合起来，就组成了仪表的位号。

在检测控制系统中，一个回路中的每一个仪表或元件都应标注仪表位号。仪表位号由字母组合和阿拉伯数字编号组成。第一个字母表示被测变量，后继字母表示仪表的功能。数字编号表示仪表的顺序号，数字编号可按车间或工段进行编制。

## 三、工艺流程的配置

工艺流程的配置是化工过程开发与设计的重要环节，它是按照产品生产的需要，经初步选择，确定各单元过程与单元操作的具体内容、设备顺序和组合方式，并以图解的形式表示出生产全貌的过程。

虽然化工产品众多，但对化工产品的工艺流程进行分析比较，就会发现组成整个流程的各个单元或工序在其作用上有共同之处，它们具有的基本功能具有一定的规律性。由于生产同一种产品会有多种原料和多种生产流程可供选择，这种单元过程和单元操作的选择与组合，要根据一定的原则和规律进行。在流程配置中，都是以化学反应所要求的条件（即热力学和动力学条件）为目标，配置原料的预处理单元，以产品的收率和纯化为目的配置产品的后处理单元，整个过程以产品的成本和经济效益为目标来配置辅助单元操作。

### （一）流程配置的一般原则

工业生产与实验室制备的最大区别在于：工业产品的价格必须能为用户所接受，产品才会有市场。工艺流程的配置就是要在技术上可行，安全上有保障的前提下，通过各个单元操作和单元过程的合理安排与组合，达到成本最低或利润最大的目的。工艺流程配置时，应遵循以下基本原则：

1. 要充分利用反应物料

在配置流程时，首先要尽量提高原料的转化率和主反应的选择性，这就要求采用先进的技术、合理的单元、有效的设备，选用最适宜的工艺条件和高效的催化剂。尽力构筑物料的闭路循环，对未转化的原料应采用分离、回收等措施，循环使用未反应物料，以提高总转化率。

2. 要合理、充分、有效地利用能量

由于许多化工过程都要在一定的温度条件下才能进行，因此，流程配置中要考虑充分、合理利用能量。要认真研究换热流程及换热方案，在流程配置中要对冷热物流合理匹配，充分利用自身热能和冷量，减少外部供热或供冷，以达到节能的目的。

3. 工艺流程的连续化和自动化

对于大批量生产的产品，工艺流程宜采用连续操作，尽量使设备大型化和控制智能化，来提高生产效率，降低生成成本。对于精细化工产品及小批量多品种产品的生产，工艺流程应具有一定的灵活性、多功能性，可以选用间歇操作，以便调整产量和更换产品品种，提高对市场的应变能力。

4. 合理的设备选型、适宜的操作方式

根据反应过程的需要，正确选择适宜的操作方式，确定每一个单元操作中的流程方案及所需设备的型式，合理配置各单元操作与设备的先后顺序。此外，还必须考虑到整个工艺流程的操作弹性和各个设备的利用率，并通过调查研究和生产实践来确定操作弹性的适应范围。

5. 安全与环保措施得当

存在潜在易燃、易爆等危险的单元过程或工序，在流程配置时要采取必要的安全措施，如在设备结构上或恰当的管路上设置安全防爆装置、增设防火器等；根据反应要求、工艺条件也要作相应的严格规定，还可以通过安装自动报警及联锁装置来确保安全生产。要减少废物的产生和排放，对生产过程中产生的"三废"要设法回收利用或进行综合治理，防止产生环境污染。

### （二）流程配置的方法

流程的配置就是要结合生产实践，借鉴前人的经验，运用推论分析的方法，将具有不同功能的单元进行逻辑组合，形成一个具有整体功能的系统。运用功能分析的方法来研究每个单元的基本功能和基本属性，组成几个可以比较的具有相同整体功能的流程方案进行选择；运用形态分析的方法对方案进行精确的技术经济分析和评价，确定最优方案。

1. 原料预处理系统

存在于自然界的原料多数是不纯的，如果原料不经处理直接进行反应器，就会使与反应无关的组分进入反应器时，轻则影响反应器的处理能力，使产物的组成复杂化；重则会损坏催化剂及腐蚀反应设备，使生产无法正常进行。因此，根据工艺要求对原料进行预处理是工业生产中十分重要的一环。原料的预处理就是将原料转化成反应状态下的反应物，包括反应所需的主要原料、催化剂、溶剂及水等各种原料的储存、制备、净化、干燥及配制等。例如，当原料中含有杂质和催化剂的毒物时，流程中就需要配制如旋风分离器、洗涤器等去除杂质和毒物的设备；当液态反应物进行气相反应时，流程中就要配置蒸发器；当反应在高温下进行时，配置的流程中要有换热器、加热器或加热炉等；高压反应时，气态反应物就需要有压缩机，液态反应物需要有高压泵。

### 2. 反应系统

反应器是发生化学反应的场所，也是工艺流程的核心设备。反应器的基本功能是实现将原料向目的产物的转化。如何有效地利用原料、提高反应的转化率，减轻分离装置负荷、降低生产成本及能方便进行操作控制是选用反应器需综合考虑的因素。

以反应器为核心，还要设置必要的加热、冷却、物料输送及工艺控制等设备。反应放热时，一般采用载热体移出反应热，需要配置载热体储槽、输送设备、冷却器及调温设备等；反应吸热时，则需要配置加热器、加热炉等供热设备。对于催化反应，需要配置催化剂的制备、回收、再生设备。使用流化床反应器则需要有补加新催化剂的设备。

通常情况下反应器为一台，当单台反应器生产能力低时，可采用多台并联。

### 3. 产物分离系统

离开反应系统的物料往往是多组分的混合物，其中除含有目标产物外，还有副产物及未反应的原料等，分离系统就是要将反应产物通过精制、提纯等方法从混合物中分离出来，并尽可能实现原料、溶剂等的回收利用。

根据产物组成的不同，产物分离系统流程的配置也不同。当反应产物中含有酸性杂质或其他腐蚀性杂质时，一般要配置中和设备，先将产物中的腐蚀性杂质去除，以降低产物对后续设备的腐蚀；对于气固相反应，则需要配置过滤分离设备。当气体产物化学性质稳定且温度较高时，应通过设置换热器或废热锅炉副产蒸汽来回收热量；对于化学性质不稳定且温度较高的气体产物，则应配置急冷器。经上述处理后的气相产物还要配置冷却、冷凝设备，才能得到液态产物。不冷凝的气体产物需进一步配置吸收和解吸设备进行回收。液态产物还需通过精馏、萃取等设备得到合格产品和副产品。当反应物转化率较低时，未反应的反应物需要经过输送设备返回反应系统循环利用，以提高原料利用率。生产过程中产生的"三废"要尽量回收，综合利用。

在整个产品的生产过程中，反应过程起主导作用，原料预处理和产物分离过程起从属作用。从化学反应条件和要求对原料实施预处理，根据化学反应的结果实施对反应产物的分离。按化工生产过程的工序来考虑，一般包括原料、催化剂、反应、分离、回收、后处理等工序。有的化工产品的生产过程比较简单，也可以将其中两个或两个以上的工序合并为一个工序。此外，为了实现能量的综合利用和安全生产、环境保护及产品储运等还需配置能量回收、缓冲、中间储存、"三废"处理及产品包装与储运等辅助过程。图5-5为化工工艺流程各工序一般组合形式。

总之，工艺流程的配置应从改善产品质量，合理利用资源，提高劳动生产率，降低物料和能量消耗，改善工作环境，确保安全生产，便于集中控制等方面来综合考虑。图5-6为化工工艺流程配置示意图。

### 4. 能量综合利用

由于化工企业耗能很大，因此，在考虑系统优化配置的基础上，还要注意节能问题。流程配置中一方面要尽可能采用交叉换热、逆流换热，注意换热顺序，提高传热效率等；另一方面要充分利用位能输送物料，如高压设备的物料可自动进入低压设备，减压设备可以利用负压自动吸入物料，高位塔和加压设备顶部通过设置平衡管来进料等。

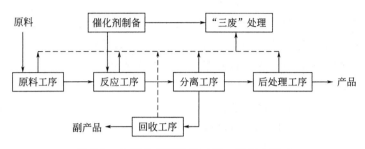

图 5-5　化工工艺流程各工序一般组合形式

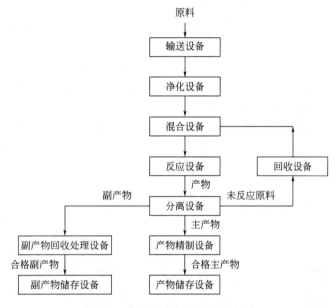

图 5-6　化工工艺流程配置示意图

## 四、化工生产的主要设备及选择

由于化工产品的多样品，使用的生产设备种类、型式多样，要实现同一工艺要求，不但可以选用不同的操作方式，也可选用不同类型的设备。设备选择和设计的目标是在确保生产任务完成的前提下，应尽可能减少设备的容积（如反应器）或面积（如换热器），还要满足先进、价廉、便于实现自动化、安全可靠等生产要求。

当操作方式确定后，应根据物料量和确定的工艺条件，选择符合工艺要求且效率高的设备。由于定型设备（如泵、压缩机、部分换热器等）加工比较方便，设备采购容易，零部件更换方便，在工艺过程中，应尽可能选用定型设备。非定型设备（如反应器、塔器、储槽等）则由于结构差异大，此类设备的选择则要根据生产要求和工艺要求通过计算来确定其主要工艺尺寸和结构特性。一般在特定的场合下使用。

1. 设备选用的一般原则

（1）确定设备的类型　根据物料的性质和工艺要求，选择和设计合适的设备类型。设备的分类、性能、技术特性及使用条件一般可以在有关书籍和手册中查到，设备选型时可供参考。

（2）确定设备的规格　设备类型确定后，对于定型设备与标准设备，可以根据生产工艺参数直接查阅有关手册来选择适宜的规格型号。对于非标设备还需通过工艺计算来确定设备的主要工艺尺寸和确定其结构特性、材质等，并绘制设备图。

### 2. 反应器的选择原则

反应器是用来完成化学反应过程的设备，是化工生产中的关键设备。实现各类化学反应过程的具体条件有许多差别，这些差别影响着反应器的结构型式。在选择反应器时，不仅要结合所要完成的化学反应过程的特点，分析化学反应过程具体条件对工艺提出的要求，还要综合考虑下列因素来确定。

（1）反应动力学要求　化学反应在动力学方面的要求主要体现在要保证原料经化学反应后要达到一定的转化率和有适宜的反应时间。动力学要求还对设备的选型、操作方式的确定和设备的台数等有重要影响。

（2）热量传递的要求　化学反应过程大都伴有热效应，反应中必须及时移出放出的反应热或及时供给反应所需的热量。反应装置必须有适宜的传热方式、传热装置和温度测量控制系统，以便对反应进行有效的监测和控制。

（3）质量传递与混合因素　为了使反应和传热能正常地进行，反应系统的物料流动应满足流动形态（如湍动）等要求。例如，釜式反应器内要设置搅拌；一些气体物料进入设备要设置气体分布装置使之分布均匀等。

（4）安全生产和工艺控制的要求　反应器除应有必要的物料进出口接管外，为便于操作和检修还要有人孔、手孔、视镜灯、备用接管口、工艺仪表安装接口等。出于安全生产的需要，要在反应器上设置防爆膜、安全阀、自动排料阀，在反应器外设置阻火器，为快速终止反应而设置必要的事故处理用工艺接管、气体保压管以及一些辅助设施等均需仔细考虑。此外，应尽量采用自动控制以使操作稳定、可靠。

（5）材质及制造的要求　在保证反应设备在操作条件下有足够的强度和传热面积外，还要便于制造，设备所用的材料必须对反应介质具有稳定性，不能参与反应，不污染物料，也不被物料所腐蚀。

（6）技术经济因素　反应器的选型是否合理，最终体现在经济效益上。既要满足生产工艺要求，又要投资少、设备结构要简单，便于安装和检修，有利于工艺条件的控制。

### 3. 常见的反应器

（1）釜式反应器　釜式反应器（图 5-7）为一种低高径比的圆筒形反应器，高径比通常为（1～1.1）∶1，也有少数釜式反应器（如聚合釜）的高径比超出此范围。釜式反应器内设有搅拌装置（如机械搅拌或气流搅拌）、换热装置（如盘管、夹套等），有的釜式反应器的釜顶还带有冷凝回流装置。

釜式反应器的优点是操作灵活，通常用于小批量、

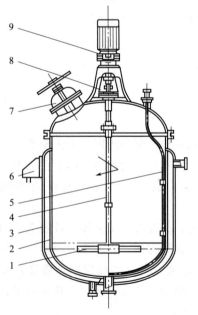

图 5-7　釜式反应器结构示意图

1—搅拌器；2—罐体；3—夹套；4—搅拌轴；
5—压出管；6—支座；7—人孔；
8—轴封；9—传动装置

多品种、反应时间较长的产品的生产。既可以用于单相反应过程，也可用于多相反应过程。

釜式反应器不仅能用于间歇操作过程，而且能用于连续操作或半连续操作过程。间歇操作生产的缺点是需要有装料和卸料等辅助时间，而且产品质量也不太稳定；连续操作虽然能克服间歇操作带来的不足，但强烈的搅拌会导致釜内物料完全的返混（可视作全混流），不利于转化率要求高而且有串联副反应发生的场合，生产上为了减少返混等不利因素的影响，可以采用多釜串联操作。半连续操作的反应釜是指一种原料一次加入，而另一原料连续地加入反应器，其特征是介于间歇釜和连续釜之间。

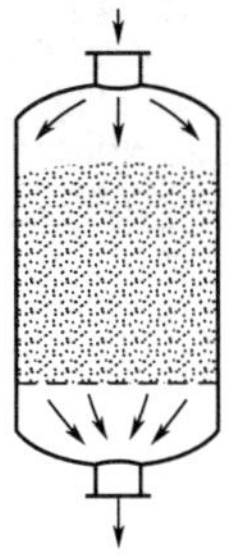

（2）固定床式反应器　固定床式反应器（图5-8）也称为填充床反应器，是一种装填有固体催化剂或固体反应物用以实现多相反应过程的反应器。固定床反应器有三种基本形式：

一是轴向绝热式反应器，流体自上而下流动，床层同外界无需换热，如图5-8所示，如天然气加氢脱硫反应器。

二是径向绝热式固定床反应器，流体沿径向流过床层，可采用离心式流动或向心式流动，床层同外界无热量交换。与轴向反应器相比，径向反应器流体流动距离更短，流道截面积更大，流体压力降更小，结构更复杂，因此，径向绝热式反应器一般适用于热效应不大或系统能承受绝热条件下由反应热效应引起的温度变化的场合。

三是列管式固定床反应器，列管式是工业中最常用的固定床反应器。列管式固定床反应器是由多根列管并联而成，管内或管间置催化剂，冷热载体流经管间或管内进行冷却或加热，管径通常在 $25\sim50mm$ 之间，管数可高达数万根。列管式换热反应器适用于热效应较大的场合，但换热能力低于流化床或移动床反应器。

固定床反应器的优点是结构简单，返混小，催化剂寿命长（如乙烯环氧化催化剂寿命可达 12 年，甲醇合成装置催化剂寿命达 10 年以上），反应具有较高的选择性。缺点是传热效果差，催化剂补充和更换不方便。

图 5-8　固定床式反应器

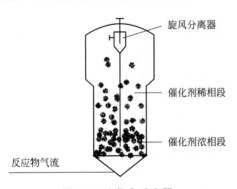

图 5-9　流化床反应器

（3）流化床反应器（fluidized bed reactor）流化床反应器是利用气体或液体通过颗粒状固体层使固体颗粒处于悬浮状态，并进行反应过程的一种反应器，如图 5-9 所示。

流化床的优点是床层内部温度均匀，易于控制，物料可以连续地输入和输出，特别适用于强放热反应。缺点是返混严重，会降低反应器的效率、反应的选择性和产物的收率。因此，流化床反应器不适宜于要求单程转化率很高的反应。

（4）管式反应器（tubular reactor）　反应器结构按照管子排列方式可以分为单管和多管，多管是通过 U 形管将单管连接起来，如图 5-10 所示。管式反应器按照管内有无填充物分为空管和填充管，空管多数是无催化反应，如管式裂解炉；而填充管是在管内填充颗粒状的催化剂，以进行多相催化反应，如烃类蒸汽转化一段转化炉。

管式反应器的优点是返混小，容积效率（单位容积生产能力）高，温度控制较为方便，可以实现分段控制温度。缺点是对于反应速率低的反应过程所需管道过长，在工业上不易

(a) 多管式反应器装置图

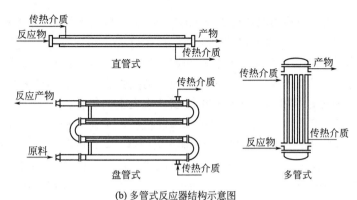

(b) 多管式反应器结构示意图

图 5-10 管式反应器

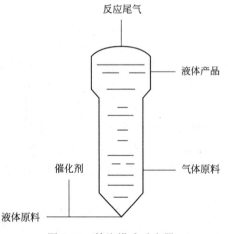

图 5-11 鼓泡塔式反应器

实现。

（5）鼓泡塔式反应器（bubbling reactor） 气体鼓泡通过含反应物或催化剂的液层以实现气液相反应过程的反应器称为鼓泡塔式反应器，如图 5-11 所示。鼓泡反应器的液相体积率大，单位体积的液相的相界面小。当反应过程极慢，且反应过程由液相反应控制时，适于采用鼓泡反应器。

（6）板式塔、填充塔反应器（plate column or packed column reactor） 如图 5-12 所示，该两种塔式反应器适用于气液相反应或者液液相反应，当反应极快、过程由气液相际传质控制时，提高过程速率主要靠增加相界面积，常采用填充塔或板式塔。

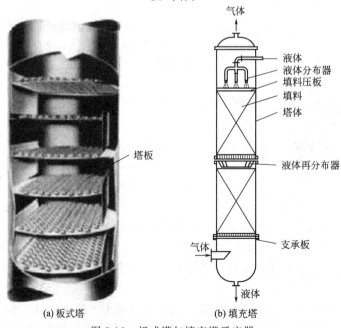

(a) 板式塔　　　　　　　　(b) 填充塔

图 5-12 板式塔与填充塔反应器

## 塔设备的主要外部构件及作用

### 1. 塔体

塔设备的外壳，常见的塔体由筒体和上下封头组成。塔体通常安装在室外，因而塔体除了承受一定的操作压力（内压或外压）、温度外，还要考虑风载荷、地震载荷及偏心载荷。此外，还要满足在试压、运输及吊装时的强度、刚度及稳定性等要求。

### 2. 支座

支座是塔体与基础的连接结构，因为塔设备较高，重量较大，为了保证其有足够的强度及刚度，通常采用裙式支座，裙座可分为圆筒形和圆锥形两种。

### 3. 人孔和手孔

为了便于安装、检修及检查等需要，在塔体上往往设置人孔或手孔，不同的塔设备，人孔或手孔的结构及位置等要求也不同。

### 4. 接管

接管用于连接工艺管线，用于塔设备与其他相关设备连接。按用途不同，接管可分为进液管、出液管、回流管、进出气管、侧线抽出管、取样管、仪表近管及液位计接管等。

### 5. 除沫器

用于捕集夹带在气流中的液滴。

### 6. 吊柱

吊柱安装于塔顶，主要用于安装、检修时吊运塔件。

由于化学反应种类繁多，实现化学反应过程的条件也有很大差别，这些差别也对反应器的结构型式有不同的影响。因此，反应器的选择要根据化学反应过程的特点，分析具体条件对工艺提出要求来进行。一般情况下，可以根据以下几方面的工艺要求来选择反应器。

① 反应动力学要求　化学反应动力学方面的要求是选择适宜的反应时间并确保原料经化学反应后要达到理想的转化率。由此可根据应达到的生产能力来确定反应器的容积及各项工艺尺寸。

② 热量传递的要求　必须及时移除反应放出的热量或供给反应所需的热量。因此，反应器选择时要考虑适宜的传热方式和传热装置，以及采用何种可靠的温度测量和控制系统。

③ 传质过程的要求　为了使反应充分有效地进行，在选择反应器时要考虑物料流动应满足的流动形态，加料和搅拌的方式方法。

④ 工艺控制的要求　为了使生产稳定、可靠、安全，反应器除了就有必要的物料进出管外，还要临时接管、人孔、手孔或视镜灯、备用接管口、液位计等，以便于操作和检修。

⑤ 机械工程的要求　一是要求反应器在操作条件下有足够的强度；二是要求反应器的材质耐腐蚀，具有较好的反应稳定性。

⑥ 技能经济管理的要求  要求反应器结构简单，便于安装与检修，有利于工艺条件的控制。

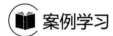 **案例学习**

## 氨合成工艺流程的配置

实现氨合成的工艺流程包括新鲜氢气和氮气的补加、未反应气体进行压缩并循环使用、氢氮混合气预热和氨的合成、反应热的回收、氨的分离及惰性气体的排放等基本过程。

### 1. 合成回路的设计

由于氨合成的单程转化率很低，这就需要在产品氨分离后，将未反应的原料气返回反应系统中继续进行合成氨的反应。因此，流程配置时必须建立氨合成循环回路，以提高原料气的利用率。与其他化工产品流程配置一样，氨合成流程也由原料气的预处理、氨合成反应和氨的分离三大系统组成，此外还要配置未反应气体的循环回收利用系统。

### 2. 原料的预处理

氨合成的原料气包括新鲜氢、氮气和循环气两部分。由于氨合成反应要在较高的压力下进行，为使气体达到氨合成所需要的压力，需要对原料气进行压缩，流程中就需要配置原料气体压缩机。经分离后的未反应的原料气要返回系统，就要配置循环气压缩机。

为了提高压缩机的工作效率，经每段压缩后的气体应设置冷却器和滤油器来除去其中夹带的油、水等物质。

为了维持反应器中合成反应的正常进行，新鲜的氢、氮混合气进入前需要预热，这就需要配置进入反应器的原料气预热设备。此外，循环气通过氨冷器和分离器后，温度也比较低，也需要设置预热器来加热循环气，来满足催化剂对反应温度的要求。

### 3. 氨合成塔

为了提供氨合成反应的场所，应配置反应器——氨合成塔。它是高温、高压下氢、氮气在催化剂上反应的设备。合成塔由外筒和内件两部分组成，在内件的外表面设置保温层，减少向外筒的散热。进入合成塔的气体应先经过内件与外筒间的环隙，这样外筒可只承受高压而不需要承受高温，外筒可用普通低合金钢或优质低碳钢制造，而内件则需要用不锈钢制造。同时内件中应设置催化剂床、换热器和开工用的电加热器等。为了使反应热及时移出，催化剂床中应设置冷却套管。为了测量床层的反应温度，在合成塔催化剂床层不同部位应设置热电偶。

### 4. 氨分离器

从氨合成塔出来的合成气中含有10%～15%的氨，需进行冷却使气氨冷凝为液氨产品，需要配置冷凝设备（氨冷凝器）和分离设备（氨分离器）。

### 5. 能量的综合利用

由于从合成塔出来的气体温度较高（280～350℃），含有大量的可利用热能，而氨的分离温度要求较低（−23～−5℃），为了节能降耗，应合理配置能量综合利用系统。可以在水冷器前配置锅炉给水加热器或产生中、低压蒸汽的废热锅炉，回收合成塔出口气体的余热。在氨冷器前配置冷交换器，将氨冷器的出口冷气体与进口热气体进行换热，以回收冷量。

综上所述，可以将配置的氨合成过程流程用图 5-13 表示。

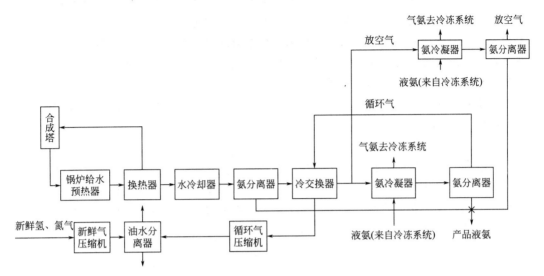

图 5-13　氨合成的流程配置示意图

 拓展阅读 ····································································

## 微反应器

微反应器（microreactor）最初是指一种用于催化剂评价和动力学研究的小型管式反应器，其尺寸约为 10mm，现指用微加工技术制造的一种新型的微型化的化学反应器。微反应器有很多种形式，其共同特点是把化学反应控制在尽量微小的空间内，化学反应空间的尺寸数量级一般为微米甚至纳米。微反应器有着大反应器无法比拟的优越性，主要表现在以下几个方面。

### 1. 温度控制

由于微反应器的传热系数非常大，可达 $25kW/(m^2 \cdot K)$。即使是反应速率非常快、放热效应非常强的化学反应，在微反应器中也能在近乎等温的条件下进行，从而避免了热点现象，并能控制强放热反应的点火和熄灭，使反应在传统反应器无法达到的温度范围内操作。对于涉及中间产物和热不稳定产物的部分反应具有重大意义。

### 2. 反应器体积

对于非零级反应（自动催化除外）当物料处理量一样，起始及最终转化率都相同时，全混反应器所需的体积大于平推流反应器，而微反应器中的微通道几乎完全符合平推流模型；微反应器的传质特性使得反应物在微反应器中能在毫秒级范围内完全混合，从而大大加速了传质控制化学反应的速率。

### 3. 转化率和收率

微反应器能提高化学反应的转化率和收率，由微反应器的活塞流特性能够很精确地计算出最佳停留时间；而对于强放热反应，微反应器的传热特性使得反应能够及时转移热量，从而减少副反应，提高反应物的选择性。

#### 4. 安全性能

由于微反应器的反应体积小，传质传热速率快，能及时移走强放热化学反应产生的大量热量，从而避免宏观反应器中常见的"飞温"现象；对于易发生爆炸的化学反应，由于微反应器的通道尺寸数量级通常在微米级范围内，能有效地阻断链式反应，使这一类反应能在爆炸极限内稳定地进行。对于反应物、反应中间产品或反应产物有毒有害的化学反应，微反应器即使发生泄漏量也很少，不会对周围环境和人体健康造成危害，并且能在其他微反应器继续生产时予以更换。由微反应器等微型设备组成的微化学工厂能按时按地按需进行生产，从而克服运输和储存大批有害物质的安全难题。

#### 5. 放大问题

从本质来说反应器的微型化和反应器放大属于同一范畴，两者都是尺度比例的变化。反应器的微型化使得传统反应器的放大难题迎刃而解。微通道的规整性使得对微反应器的分析和模拟较传统的反应器简单易行，在扩大生产时不再需要对反应器进行尺度放大，只需并行增加微反应器的数量，即所谓的"数增放大"。

# 任务三  工艺流程的评价

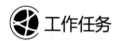

## 工作任务

学习流程评价的相关知识，以离子膜电解食盐水工艺流程为例完成下表。

| 离子膜电解食盐水工艺 | |
| --- | --- |
| 工艺流程特点 | |
| 工艺评价 | |

对表中内容进行整理，并相互交流。

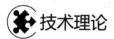

## 技术理论

### 一、技术的先进性

技术上的先进性表现为劳动生产率高、资源利用充分和消耗定额低。评价工艺流程是否先进就是要看被考察的流程是否使用了切实可行的新技术、新工艺，是否吸收了国内外先进的生产方法和先进技术，是否采用了先进的生产装置和设备。流程配置方案实施投产后，要考察技术是否成熟、关键性的技术是否有突破、操作控制手段是否有效、对一些由于原料组成或有潜在的危险因素是否采取了必要的安全措施、各项技术经济指标是否达到了设计要求等。

还要评价考察的流程是否充分考虑了地方和企业的技术发展水平和人员素质、"三废"排放及治理能力、经济承受能力，不能盲目追求先进。

## 二、经济的合理性

化工生产追求的目标就是用最少的原料、最低的能耗、最小的设备投资和最少的人力，生产出最多的符合质量要求的产品，以获得最大的经济效益。因此，经济合理性是评价工艺流程最重要的依据之一。在考察流程的经济性时，应主要从涉及提高生产效率的优化问题入手。

### 1. 原料的利用

化工生产中特别是有机合成工业，精细化工工业等部门，原料费通常占到生产总费用的主体，因此，化工工业常把提高原料的利用率作为主要优化指标。在评价流程时，就是要考察原料利用是否合理，反应器和操作方式的选择是否正确，工艺条件是否完善、副产物和"三废"是否采取了合理的加工利用措施。

### 2. 能量的利用

绝大部分化工生产需要消耗能量，甚至有的化工生产过程需要消耗大量能量，因此，能量消耗费用也是生产成本的重要组成部分，所以降低能耗也经常作为主要优化指标。在满足工艺要求的前提下，应以降低能量的消耗作为依据。

有些生产过程需要消耗能量才能进行，而另一些过程则可以释放能量，因此，流程配置时应尽可能作出合理规划，提高能量的利用率。例如，在高温下进行的化学反应，离开反应器的产物温度较高，在流程配置时，如果将这部分能量用来加热原料或者利用废热锅炉产生蒸汽或动力，不仅降低了加热原料所需的加热剂消耗量，也减少了反应产物冷却、冷凝时所需的冷却剂量及输送冷却剂的动力消耗。总之，能量利用的优化，就是要通过采取合适的工艺流程对化工过程剩余的能量进行充分合理的回收和综合利用。

## 三、工业生产的科学性

当化工生产是采用连续操作时，在流程分析与评价时首先考虑根据生产方法确定主要的化工过程及设备，然后根据连续稳定生产的工艺要求，考察主要化工过程所需要的辅助过程和设备，以满足对流程科学性与合理性的评价。例如精馏流程的配置，除了考虑精馏塔的类型外，还需对下面一些辅助过程及设备作出合理的配置：

① 为了避免因前段工序发生故障而影响精馏过程的连续稳定操作，精馏塔的进料需配置储槽；

② 要根据储槽的位置与进料方式来确定进料液是否需要采用预热器预热和用泵输送；

③ 为了避免因冷却-冷凝过程的暂时性故障而影响塔顶回流和精馏塔的正常操作，塔顶冷凝液需配置回流槽并根据实际情况确定是否需要回流泵；

④ 确定塔釜再沸器的类型和供热方式以及塔底料液的排出和储存设备等。

## 四、操作控制的安全性

生产过程中还需要对温度、流量、压力等工艺条件进行调节和控制，因此流程评价时还需要考察设备和管道上所需要的阀门种类与数量、检测装置类型及控制方式等。为了实现维修及生产的安全，还需要考虑设置必备的附件，如储液槽的排污管和排污阀；在易燃液体储槽的蒸气孔上安装阻火器；压力容器上配备安全阀等。

总之，在分析、评价和优化工艺流程时，既要考察技术效率和经济效益，也要考察社会效益。

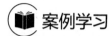 案例学习

## 乙酸乙烯酯溶液聚合法流程分析与评价

### 1. 流程叙述

乙酸乙烯酯溶液聚合法生产聚乙酸乙烯酯的工艺流程图如图 5-14 所示。先将一定量的甲醇加入引发剂配制槽 1 中，开动搅拌，然后缓慢加入计量的引发剂偶氮异丁腈，搅拌至溶解。控制浓度为 1.2% 后放入引发剂储槽 2，并向夹套内通盐水以保持在低温下。用计量泵 3 将溶液连续送入聚合系统中。

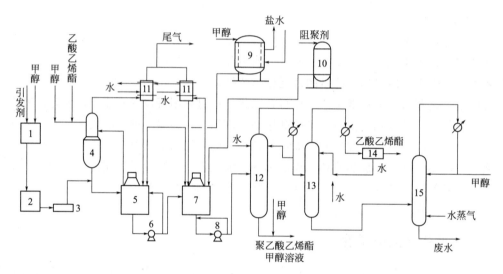

图 5-14　乙酸乙烯酯溶液聚合法生产聚乙酸乙烯酯的工艺流程图

1—引发剂配制槽；2—引发剂储槽；3—计量泵；4—预热器；5—第一聚合釜；6，8—齿轮泵；7—第二聚合釜；
9—事故甲醇储槽；10—阻聚剂储槽；11—冷凝器；12—第一精馏塔；13—第二精馏塔；
14—水分离器；15—第三精馏塔

同时，将溶剂甲醇和乙酸乙烯酯按工艺配比进入预热器 4 中，并预热到 60℃ 后从预热器底部引出与引发剂溶液一起进入第一聚合釜 5 中进行初聚合，控制平均停留时间为 110min，聚合率为 20%。聚合釜中甲醇蒸发上升到预热器中直接预热原料液，未冷凝的甲醇等气体从顶部引出送入尾气冷凝器 11，再次将甲醇冷凝，并将冷凝液回流至第一聚合釜，尾气经尾气冷凝器（盐水降温）排放。

经初聚合的物料从第一聚合釜底部引出并用齿轮泵 6 送入第二聚合釜 7 进行二次聚合，控制平均停留时间为 160min，乙酸乙烯酯的聚合率可达 50% 左右。通过甲醇蒸发将聚合热液带走，甲醇蒸气经冷凝器 11 冷凝后回流到第二聚合釜。未冷凝的尾气液通过冷凝器回收甲醇后放空。总聚合率可以通过改变聚合时间和引发剂用量来调节，但引发剂用量改变不宜过大。

由于离开第二聚合釜底部聚乙酸乙烯酯的甲醇溶液，还含有未聚合的乙酸乙烯酯单体，

用齿轮泵 8 连续送入第一精馏塔 12 将聚合反应液中未聚合的单体乙酸乙烯酯从塔顶脱出，保证塔釜液聚乙酸乙烯酯甲醇溶液中单体含量符合质量要求。釜液加入一定量甲醇后送往醇解工序，并控制聚乙酸乙烯酯浓度在 22％左右；塔顶馏出的乙酸乙烯酯、甲醇、水三元共沸物送入第二精馏塔 13（也称萃取精馏塔），加水萃取精馏分离乙酸乙烯酯和甲醇。从萃取塔塔顶馏出的乙酸乙烯酯和水的共沸物，在水分离器 14 中分层，上层乙酸乙烯酯通过精制去除乙酸甲酯、水等杂质后循环使用，下层水回流作萃取水；釜液（35％左右的甲醇水溶液）送往第三精馏塔 15（也称甲醇回收塔）用蒸汽蒸馏，从塔顶回收精甲醇循环使用，塔釜废水排地沟。

第一、二聚合釜的聚合液经齿轮泵 6、8 的出口处均设有回流管和调节阀来控制聚合釜的液面稳定。为了降低从第二聚合釜至第一精馏塔的管道及第一精馏塔内物料的黏度，聚合液送出齿轮泵 8 的出口管线上要连续加入一定量的稀释甲醇。

2. 流程分析与评价

根据工艺流程的组织原则和评价工艺流程的标准来分析上述工艺流程，主要具有如下特点。

（1）聚合反应的温度选择在溶剂甲醇的沸点范围内操作，反应热通过甲醇的蒸发移出，温度稳定，产品质量也稳定。

（2）离开聚合釜的甲醇蒸气预热原料单体、溶剂甲醇，充分利用了反应热。预热器设计合理，在塔顶上进行气液传质和传热，这样既可脱除物料中的溶解氧，又有利于聚合反应的进行。

（3）物料的回收和综合利用充分、合理

① 甲醇蒸气离开聚合釜后，除在预热原料时冷凝回收外，不凝气体还要经水冷、盐水冷凝器充分回收甲醇后才排出；

② 未反应的单体乙酸乙烯酯和溶剂甲醇在流程中均采用有效的分离措施回收利用，提高了物料的利用率；

③ 第二精馏塔加入萃取水，充分利用馏出液（分层）分离出来的水，减少了外加工艺水用量和废水排出以及由此带来的物料损失。

（4）为防止聚合反应可能出现的爆聚现象以及由此带来的损失，流程中还配置了应急处理设备及安全技术措施。

① 配置了备用的事故甲醇和阻聚剂储槽，能尽可能制止爆聚现象的出现；

② 在聚合釜和尾气冷凝器上均配置了防爆设施，降低了发生爆聚现象时设施损坏的可能性。

（5）利用常压生产特点，充分考虑了设备的位差，多处应用高位槽自动下料，减少了能耗。同时，第一精馏塔采用甲醇精馏塔塔顶的甲醇蒸气作塔釜蒸气，不仅节约了第一精馏塔再沸器的耗热量，也免去了后续工序中甲醇蒸气的冷凝过程，热量利用比较合理。

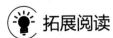 拓展阅读 ┈┈┈┈┈┈┈┈┈┈┈┈┈┈┈┈┈┈┈┈┈┈┈┈┈┈┈┈┈┈┈┈┈┈┈┈┈┈┈┈

## 常见的流程配置方案

常见的流程配置方案见表 5-1。

**表 5-1　常见的流程配置方案**

| | |
|---|---|
| 管帽或丝堵可以防止污物进入阀门及排放管。当阀门轻微内漏时,也可以防止物料防止向外泄漏 | |
| 压力表更换检修时,切断阀用于确保装置的正常生产。放净阀则用于压力表和切断阀间管道,起到泄压及介质排放作用,确保维修人员的安全 | |
| 调节阀组的旁路阀必须选用截止阀,以便在调节阀检修时,也能通过旁路的截止阀进行粗略的手动流量调节 | |
| 蒸汽减压阀后,应配置安全阀,以免减压阀失灵时严重影响系统的安全操作 | |
| 调节阀组入口端闸阀和调节阀之间,应设置放净阀,以便检修调节阀前泄压并排放管道中残余介质 | |
| 蒸汽总管上的蒸汽调节阀前,应设置凝液疏水器,以防水锤影响调节质量 | |

续表

| | |
|---|---|
| 离心泵和旋液泵出口一般应设置止回阀和放净阀以防止泵停止运转时,大量的液体物料返回泵体,造成叶轮和电机的逆转影响其使用寿命,且应注意止回阀的安装方向 | 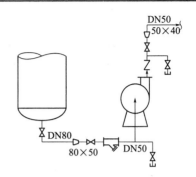 |
| 输送高温物料且设有备用泵时,应设置暖泵线,否则备用泵投入运行时,会因突然升温而产生不利的影响。设置暖泵管线时,应特别注意阀门的方向,若阀门的方向搞错了,仍起不到暖泵的作用 | 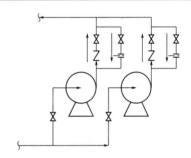 |
| 当泵的工作流量低于泵的额定流量一定百分数时(此量由泵制造厂规定),应设置最小流量管线,且最小流量管线返回的位置,应是吸入罐或其他系统,最好不要直接返回进泵管线,以免造成物料温度的升高 | 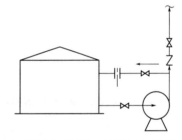 |
| 从处于负压状态的容器吸入液体的泵,在泵出口切断阀前管线上,必须设置平衡管,否则将影响泵的灌注 | 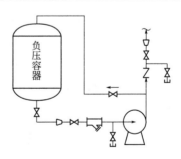 |
| 泵的吸入和排出管路,必须设置最低点放净阀,以防泵检修时产生不必要的麻烦 | |

| | |
|---|---|
| 　噪声严重的鼓风机及压缩机的气体进出口,应设置消声器,以减轻对环境的噪声污染,对振动较大的风机其进出口还应设置挠性接头与管线连接 | |
| 　储存物料的各种容器,设置最低点放净阀以便清洗和检修设备时使用 | |
| 　储存剧毒、危险的物料,或氢气等的储槽,其进、出管口、压力表等设有双阀,便于抽插盲板 | |
| 　对于储存低沸点物料(如液化石油气类)的储槽,有绝热或淋水等降温设施 | |
| 　塔再沸器底部进口与塔相连接的管线上,设置有最低点放净阀 | |
| 　在压力回水情况下,冷却(冷凝)器的冷却水出口,应设置切断阀,避免检修时不必要的麻烦 | |

续表

| 寒冷地区,冷却(冷凝)器冷却水进出管之间,应设防冻跨线 | 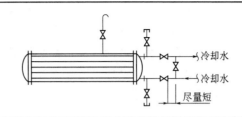 |
| --- | --- |

# 任务四　工艺技术规程、岗位操作法的编制

 工作任务

查一查合成氨的生产工艺,了解压缩和合成岗位的操作,并完成下表。

| 岗位 | 岗位操作规程 |
| --- | --- |
| 压缩岗位 | |
| 合成岗位 | |

对表中的内容进行整理,并相互交流。

技术理论

工艺技术规程就是装置操作手册,涵盖了装置工艺流程、原料和产品性质、物料平衡、主要操作条件、能耗、控制分析、安全环保等方面的内容,是装置生产运行必须遵守的原则。工艺技术规程是员工了解和全面掌握装置设计的工艺条件和特点,驾驭装置的运行,优化装置的操作的技术文件。岗位操作法是规范具体生产操作行为的规程,它涵盖了整个生产环节的所有操作,是生产操作的法律依据。

## 一、工艺技术规程的意义、作用

为了使一个化工装置能够顺利地开车、正常地运行以及安全地生产出符合质量标准的产品,且产量又能达到设计规模,在装置投运开工前,必须编写一个该装置的工艺技术规程。工艺技术规程是指导生产、组织生产、管理生产的基本法规,是全装置生产、管理人员搞好生产的基本依据。操作规程也是一个装置生产、管理、安全工作的经验总结。工艺技术规程一经编制、审核、批准颁发实施后,具有一定的法定效力,任何人都不能随意变更操作规程。对违反操作规程而造成生产事故的责任人,无论是生产管理人员还是操作人员,都要追究其责任,并根据情节轻重及事故所造成的经济损失大小,给予一定的行政处分,甚至还要追究其法律责任。

化工生产中由于违反技术规程而造成跑料、灼烧、着火、爆炸乃至人员伤亡的事故屡见不鲜。例如在某化工厂，由于操作人员违反工艺技术规程，在合成塔未卸压的情况下，带压卸顶盖，导致高压气流冲出，造成在场 5 人死亡的重大事故。

每个操作人员及生产管理人员都必须了解装置全貌以及装置内各岗位构成，了解本岗位在整个装置中的作用，掌握工艺技术规程。在生产操作中，只有严格地执行规程，按规程办事，强化管理、精心操作，才能实现安全、稳定、长周期、满负荷、优质地完成好生产任务。

## 二、工艺技术规程的内容

### (一) 工艺技术规程的一般内容

**1. 有关装置及产品基本情况的说明**

包括装置的生产能力，产品的名称、物理化学性质、质量标准以及它的主要用途，本装置和外部公用辅助装置的联系（如原料、辅助原料的来源，水、电、汽的供给以及产品的去向等）。

**2. 装置的构成**

包括岗位的设置及主要操作程序。如一个装置分成几个工段，应按工艺流程顺序列出每个工段的名称，工段中各岗位的名称及每个岗位的管辖范围、职责和岗位的分工；列出装置开停工程序以及异常情况处理等内容。如己内酰胺装置由环己烷工段、己内酰胺工段及精制工段三个工段组成，环己烷工段包括原料苯加氢制备环己烷、环己烷氧化成环己酮，从成品环己酮起则列入己内酰胺工段。

**3. 工艺技术方面的主要内容**

包括原料及辅助原料的性质和规格；反应机理及化学反应方程式；流程叙述、工艺流程图及设备一览表；工艺控制指标包括反应温度、反应压力、配料比、停留时间、回流比等；每吨产品的物耗及能耗等。

**4. 环境保护方面的内容**

包括"三废"的排放点、"三废"的排放量及其组成；"三废"处理的措施。

**5. 安全生产原则及安全注意事项**

结合装置特点列出本装置安全生产有关规定、安全技术有关知识、安全生产注意事项等。对有毒有害装置及易燃易爆装置更应详细地列出有关安全及工业卫生方面的内容。

**6. 成品包装、运输及储存方面的规定**

列出包装容器的规格、重量，包装、运输方式，产品储存中有关注意事项，批量采样的有关规定等。

上述 6 个方面的内容，可以根据装置的特点及产品的性能给予适当的简化或细化。

### (二) 工艺技术规程的通用目录和常见的化工装置工艺技术规程

① 装置概况。

② 产品说明。

③ 原料、辅助原料及中间体的规格。

④ 岗位设置及开停工程序。

⑤ 工艺技术规程。

⑥ 工艺操作控制指标。

⑦ 安全生产规程。

⑧ 工业卫生及环境保护。

⑨ 主要原料、辅助原料的消耗及能耗。

⑩ 产品包装、运输及储存规则。

### 三、工艺技术规程的编制和修订

工艺技术规程一般由车间工艺技术人员编写，编写工艺技术规程之前必须熟悉装置的设计说明书及初步设计等有关设计资料，充分了解工艺示意图及主要设备的性能，并配合设计人员，在编写试车方案的基础上，着手编写工艺技术规程，编写好的初稿在广泛征求有关生产管理人员及岗位操作人员的意见基础上，完成修改稿。在编写中也可将部分章节（如安全生产原则、环境保护及工业卫生等）内容交由其他一些专业人员参与编写。完成好的修改稿交由车间主任初审，经过车间领导审核后的修订稿上报给工厂生产技术科，经技术科审查后报请厂总工程师审定并由厂长批准下达。

工艺技术规程也可由工艺技术人员牵头，组织有关人员向国内或国外的相关生产厂家收集同类产品的操作规程等有关资料，并派出操作人员去上述工厂进行岗位培训，以收集到的工艺技术规程为蓝本进行修改补充，并组织操作人员进行讨论、修改完成初稿。再经上述同样程序进行报审和批准。

也可以将上述两种编写方式结合起来进行编制。总之，无论采用何种方式编写，都要求能满足装置生产及管理的需要，具有科学根据及先进性，但又不能照抄照搬，一定要结合装置的特点及车间的管理体制，并在实践中不断地予以修改、补充及完善。

装置在生产一个阶段以后，由于技术进步及工厂生产的发展，一般为 3 年或 5 年，需要对原有装置进行改造或更新，由于原来的工艺流程、主要设备或控制手段等已发生了变化，因此，原有的工艺技术规程不再适用，就必须进行修订。修订的工艺技术规程必须按照上述同样的报批程序进行上报及批准。即使不进行扩建及技术改造的，一般情况在装置生产 2～3 年后也要对原有的工艺技术规程进行修订或补充。经过 2～3 年的生产实践，生产技术人员在实践中积累了很多宝贵的经验，发现了原设计中的一些缺陷及薄弱环节，因此，有必要将这些经验及改进措施补充到原订的规程中去，使之更加完善。修订稿一经批准下达，原有的规程即宣告失效。

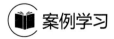 案例学习

### 某企业氯化铵干燥岗位操作法

#### 一、本岗位的任务

利用 1.3MPa 蒸汽加热后的热空气为干燥介质，将湿氯化铵干燥合格后送至包装岗位。

干燥后的氯化铵一方面可以减少结块，便于包装和使用；另一方面也可以减少运输量和对贮运工具及厂房的腐蚀。

## 二、专职范围

### 1. 主操

① 负责干燥岗位的工艺控制及投入量的调节、产品质量和对外联系等全面工作。

② 负责沸腾干燥炉的开、停及事故处理。

③ 负责开好干铵除尘装置，确保环保装置正常运行。

④ 负责设备检修以及试车验收工作。

⑤ 负责鼓风机、排风机、干燥炉搅拌、洗水泵、加热器的安全运行和维护保养。

⑥ 详细、准确、及时认真写好交接班日志等有关记录。

⑦ 值班长不在时行使值班长的职责。

### 2. 副操

① 主操不在时，由值班长指定副操代行主操职责。

② 负责干燥炉、旋风分离器、除尘器和进料皮带的正常操作及维护保养。

③ 配合主操严格控制工艺指标和进行故障处理。

④ 按时、准确、认真填写操作日报表。

⑤ 负责岗位设备的保养及正常运行维护。

⑥ 负责保养和维护工具。

⑦ 负责专责区域、操作室的卫生。

## 三、生产原理及工艺流程

### 1. 生产原理

湿铵进入干铵炉后，因炉底鼓风的缘故，湿铵在干铵炉内逐渐流态化，当颗粒在气流中的上升速度大于临界流化速度时，床层高度增加，固体颗粒被流体浮起，颗粒在热气流中上、下翻滚，相互碰撞和混合，颗粒表面水蒸气分压大于干燥介质的水蒸气分压，颗粒表面水分蒸发被引风机带走，从而温铵被干燥。

### 2. 工艺流程

氯化铵干燥岗位工艺流程见图 5-15。分离机分离出来的湿氯化铵，由皮带输送到干铵炉的炉顶，进入干铵炉后被鼓风机送来的热空气干燥。干燥后的氯化铵从出料溢流口连续排出，经皮带运输机送至料仓进行包装。干铵尾气经旋风分离器、湿法除尘器除尘后，由排风机送到水沫除尘器后排空。分离回收的氯化铵粉尘经皮带运输机与沸腾干铵炉出料一起入料仓包装。

## 四、操作方法

### 1. 开车

① 检查电器、仪表、安全装置是否齐备好用；运转设备盘车一周以上，检查有无障碍；检查各阀门开关正确、好用。

② 检查干铵炉内有无杂物，封好人孔盖及清扫孔。

③ 一级、二级洗水桶加满水，开洗水泵。根据湿法除尘器和水沫除尘器运行情况，适当调节水量。

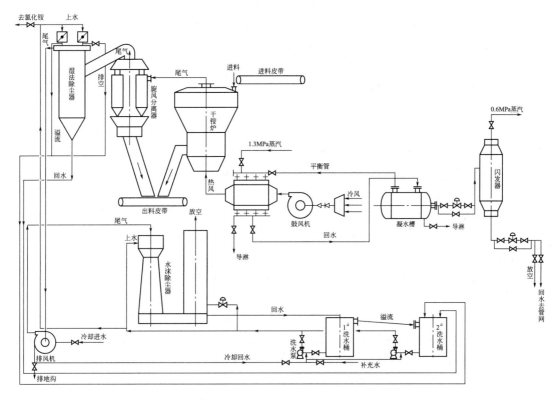

图 5-15　氯化铵干燥岗位工艺流程

④ 备好干燥的氯化铵，以铺垫沸腾床之用，每台需 2～3t。

⑤ 与调度室等有关岗位联系，提供 1.3MPa 蒸汽，送出 0.6MPa 低压蒸汽和冷凝水，为产品包装作好准备。

⑥ 依次开出料皮带运输机、排风机、鼓风机，并封好旋风分离器清扫孔。

⑦ 开加热器回水阀、平衡阀和放空阀，稍开加热器蒸汽入口阀，通入少量蒸汽升温，并排出冷凝水，严防由于水冲击而损坏设备。

⑧ 依次打开凝水槽出口阀、入口阀、闪发器入口阀、排污阀，加热器凝水排空后关放空阀，使冷凝水进入凝水槽、闪发器，凝水槽及闪发器安全阀调到 0.6MPa；凝水槽、闪发器污物排净后关排污阀，开出汽阀，当闪发器温度逐渐升起时，慢慢增大蒸汽量，待闪发器内冷凝水液位升到规定高度时，开冷凝水出口阀。加热器、凝水槽、闪发器升温时间应在 1h 左右，防止温度急剧升高而损坏设备。

⑨ 干铵炉床温升到 100～120℃并保持 10min，待炉壁、分离器和内积水蒸气干净后，开搅拌机，向炉内加干燥氯化铵铺固定床。

⑩ 开进料皮带运输机，加入湿氯化铵，调节风量、风压和风温，转入正常操作。

2. 停车

① 与调度室等有关岗位联系，停止投入湿氯化铵；调节风量和床层压力，将物料缓慢吹出。

② 依次停止进蒸汽，停鼓风机、排风机。若短时间停炉，可以减少蒸汽量而不停风机，

减少风量使炉内保留部分余料，以备随时开炉之用。

③ 停止进蒸汽，停风机后，关闭闪发器出汽阀和出水阀；打开闪发器排污阀和加热器放空阀（冬季开加热器、凝水槽和闪发器时需用少量蒸汽防冻）。

④ 清除床层、炉壁上旋风分离器内的结疤。

⑤ 停洗水泵，并排尽积水。

**3. 正常操作**

① 保证热风温度。热风温度一般不得超过220℃。为了保证热风温度，要经常检查加热器的作业情况，及时调节蒸汽量和空气量以及控制凝水槽、闪发器内冷凝水液位等。

② 稳定床层温度。应及时联系调度室和分离机岗位尽快压量，确保床层温度控制在60～90℃。

③ 控制湿铵水分和干铵水分。湿铵水分的大小直接影响干燥炉的正常操作和生产能力。在干燥的操作过程中，要根据床层温度、床层压力、进出料水分等情况，及时调节风量、风温和进料量，保证干铵产品的水分在0.5%以下。

④ 维护床层压力。干燥炉的床层压力宜在微负压下操作。

⑤ 必须杜绝干燥尾气冒料，并努力减少旋风分离器被堵。为防止干燥炉、旋风分离器被堵或冒料，要经常检查湿法除尘器密封槽有无堵塞和冒槽现象，发现问题及时联系处理。

⑥ 经常检查干燥炉搅拌机、洗水泵、皮带运输机等传动设备运转情况，并及时加油。维护电器、仪表装置，确保处于良好状态。

⑦ 经常观察干燥炉进料、出料、床层沸腾及炉壁粘料等情况，发现问题及时处理。

⑧ 经常检查皮带进料情况，加强与分离机岗位的联系，及时刮掉太湿、大块物料，防止炉壁粘料和座炉。

⑨ 经常检查进、出料皮带，以防跑偏掉料。

⑩ 经常检查现场及室内的压力、液位，保证其在正常操作范围内。发现仪表问题要及时联系处理。

⑪ 当凝水槽液位在气调阀全开的情况下，液面仍然偏高，此时可开近路阀降低液位，正常后再恢复正常。

⑫ 自动调节一般都有调节滞后现象，若工况变化不大、压力液位波动频繁，此时可辅以短时间手动操作。

## 五、工艺指标

（1）热风温度　140～220℃。

（2）床层温度　60～90℃。

（3）尾气温度　50～80℃。

（4）热风压力　2.0～4.5kPa。

（5）床层压力　-1.5～0kPa。

（6）闪发器液位　1/2左右。

## 六、故障处理

故障处理见表5-2。

表 5-2　故障处理

| 序号 | 故障名称 | 原因分析 | 处理方法 |
|---|---|---|---|
| 1 | 出湿料 | ①热风温度低,风量不足<br>②湿铵水分大<br>③进料大,物料在炉内干燥时间短<br>④沸腾炉内局部座炉严重或分布板堵塞<br>⑤空气加热器加热片漏气<br>⑥出料口太低 | ①加大热风量,提高蒸汽压力<br>②与分离机岗位联系处理<br>③减少进料量<br>④停炉清扫<br>⑤更换加热片或堵漏<br>⑥提高出料口高度 |
| 2 | 尾气含尘高 | ①排风量大<br>②鼓风量大<br>③床层温度高,引起氯化铵升华<br>④旋风分离器及下料管堵塞、结疤<br>⑤旋风分离器清扫孔、下料管口密封不严 | ①减少排风量<br>②减少鼓风量<br>③降低床层温度<br>④清理旋风分离器及下料管<br>⑤盖好密封胶皮或检修 |
| 3 | 座炉 | ①入炉料太湿、量过大<br>②入炉料块多<br>③热风温度低<br>④进风量小<br>⑤开炉时加干料太少<br>⑥机械故障,停风或搅拌机停 | ①与值班长及分离机岗位联系<br>②加强操作,防止块料进炉<br>③提高蒸汽压力<br>④加大风量(洗加热器)<br>⑤停料清理,并重新铺床层<br>⑥联系检修 |
| 4 | 洗水桶冒 | ①补充水过量<br>②洗水泵停 | ①停止补水<br>②倒换备用泵 |
| 5 | 风量小 | ①风道堵塞<br>②风机能力小 | ①停车处理<br>②加大风机能力 |
| 6 | 洗水浓度高 | ①未及时补充或洗水存量低<br>②旋风分离器堵塞<br>③未及时回收洗水 | ①补充洗水,保证存量<br>②清扫旋风分离器<br>③与氯化铵车间联系 |
| 7 | 炉壁粘肥 | ①床层温度低<br>②床层负压过大<br>③进料溜子被堵<br>④未按要求敲炉壁 | ①提高床层温度<br>②调节风量<br>③清除进料溜子上的粘肥<br>④严格执行生产管理制度 |
| 8 | 热风温度低 | ①蒸汽压力低<br>②蒸汽中含水量高<br>③加热器回水不畅 | ①提高蒸汽压力<br>②联系总调度解决<br>③调节有关阀门 |
| 9 | 风机震动 | ①叶轮粘肥,不平衡<br>②轴瓦松动或轴承损坏 | ①清洗叶轮<br>②停车检修 |
| 10 | 湿法除尘器液封槽堵 | ①水量过小<br>②泵停<br>③旋风分离器堵 | ①加大水量<br>②倒泵<br>③处理旋风分离器 |
| 11 | 杂质料 | ①上道工序来脏肥<br>②落地脏料撮进了炉或旋风分离器下料管<br>③检修设备时未置换 | ①查明源头,联系调度解决<br>②按要求装袋回收<br>③将脏肥清除装袋 |
| 12 | 轴瓦温度高 | ①油不足或油质不好<br>②轴瓦安装不好<br>③机械故障 | ①加油或更换好油<br>②联系钳工处理<br>③联系钳工处理 |

续表

| 序号 | 故障名称 | 原因分析 | 处理方法 |
|---|---|---|---|
| 13 | 闪发器超压 | ①调节阀工作特性影响<br>②冷凝水来量变化大<br>③来自外管热力网压力波动影响<br>④意外情况(仪表、管道等) | ①短时间改用手动控制<br>②稳定操作<br>③联系调度处理<br>④通知有关人员处理 |
| 14 | 泵突然停止转动 | ①电气故障<br>②负荷太大,开关跳<br>③机械故障 | ①联系电工检修<br>②联系电工检修<br>③联系钳工检修 |
| 15 | 泵不上水 | ①泵叶轮反转<br>②泵及管线堵塞<br>③洗水桶拉空<br>④入口管线及泵内存气 | ①停泵联系调换接线<br>②停泵清扫<br>③检查桶内存液情况<br>④排气 |
| 16 | 旋风分离器堵 | ①出湿肥<br>②清扫孔及下料口密封不严<br>③疤块堵住下料口 | ①见出湿肥故障处理<br>②盖好密封胶皮或联系检修<br>③清除疤块 |
| 17 | 液位失控 | 仪表故障 | 联系仪表工处理 |
| 18 | 泵上量不足 | ①叶轮间隙堵塞<br>②填料函漏气<br>③泵体叶轮腐蚀严重<br>④洗水桶存量太小 | ①停泵清扫叶轮<br>②更换填料或紧填料<br>③停泵检修<br>④提高洗水桶液面 |
| 19 | 突然停电 | ①局部电气故障<br>②整体停电 | ①迅速联系上道工序停车并联系电工处理<br>②将开关按至"停车"状态,并做好工艺处理 |
| 20 | 突然停汽 | ①蒸汽管破裂<br>②锅炉、外管故障 | ①联系调度停车,并迅速联系钳工检修<br>②按停车步骤停车,并做好工艺处理 |
| 21 | 突然停水 | ①短时间停水<br>②长时间停水 | ①开好除尘装置,维持生产<br>②联系调度室,并按停车步骤停车 |

## 七、干燥岗位安全技术操作规程

① 开车前联系电气人员检查电机是否符合要求,检查安全罩是否完好。

② 检查压力表、温度表是否完好。

③ 运转设备需盘车一周以上,检查有无障碍物,检查各阀门是否好用。

④ 检查炉内有无异物,封闭手孔、人孔。

⑤ 开排风机时,必须先开冷却水;停排风机时,立即停冷却水。

⑥ 运行中,经常检查各设备运转声音、轴承温度、电机温升是否正常。

⑦ 经常检查炉内沸腾情况是否良好,发现座炉及时处理。座炉严重时要立即停车处理。

⑧ 开好湿法除尘器和水沫除尘器,经常检查湿法除尘中喷水孔有无堵塞现象,严禁尾气中带出大量物料。

⑨ 经常检查加热器的工作情况,及时调节蒸汽量和空气量以及控制凝水槽、闪发器内

冷凝水液位等，热风温度不得超过 220℃。

⑩ 为了防止旋风分离器堵塞且增加排风机负荷，沸腾干燥炉应在微负压下进行操作。

⑪ 为防止除尘系统堵塞，应确保床层温度控制在 60～90℃。

⑫ 经常检查皮带进料情况，加强与分离机岗位的联系，及时刮掉太湿、大块物料，防止炉壁粘肥和座炉。

⑬ 需切断搅拌电源并设专人监护，再进行清炉。

⑭ 停车时，应依次进行停止进蒸汽，停鼓风机、排风机操作。若短时间停炉，可以减少蒸汽量而不停风机，减少风量使炉内保留部分余料，以备随时开炉用。

⑮ 停止进蒸汽和停风机后，关闭闪发器出汽阀和出水阀；打开闪发器排污阀和加热器放空阀（冬季开加热器、凝水槽和闪发器时需用少量蒸汽防冻）。

⑯ 停止洗水泵，并排尽泵中的积水。

⑰ 修理风机和泵前，必须先切断电源，并在刀闸上悬挂"禁止合闸，有人工作"标示牌。

⑱ 进炉内检修前，必须停下风机，并进行转换、通风，待分析氧含量在 19%～22%，卫生分析合格后，方可交付检修。

⑲ 沸腾炉检修完毕封堵人孔前，必须将炉内物料清除干净。

⑳ 因检修而拆卸的安全罩、接地线，检修完毕后应立即恢复原状。

 **拓展阅读** ·····················································

## 个人防护用品

个人防护用品是指作业者在工作过程中为免遭或减轻事故伤害和职业危害，个人随身穿（佩）戴的用品。当在工作环境中不能消除或有效减轻职业有害因素和可能存在的事故因素时，个人防护用品就是主要的防护措施。在职业中毒事故中，大部分是由于没有佩戴或没有正确佩戴或所用防护用品不当所致。由于大多数的化工原料、化工产品都有毒有害，因此，在化工生产中，加强个人防护显得尤为重要。

个人防护用品一般可分为以下几类。

### 1. 防护服

防护服由上衣、裤子、帽子等组成，可以是连身式结构，也可以是分体式结构。防护服的结构应合理，便于穿脱，结合部位严密。化学品防护服是化工生产中常见的一种防护服，它是一种防御有毒、有害化学品直接损害皮肤或经皮肤吸收伤害人体的防护服。

### 2. 防护眼镜和防护面罩

（1）防化学液体飞溅眼镜　防化学液体飞溅眼镜主要用来防止酸、碱等液体及其他危险液体和化学品所引起的眼睛伤害。

（2）防化学溶液面罩　用轻质透明塑料或聚碳酸酯塑料制作，面罩两侧和下端分别向两耳、下颌下端及颈部延伸，使面罩能全面覆盖面部，增强防护效果。

### 3. 化学防护手套

化学防护手套品种繁多，对不同有害物质防护效果各异，按性能可分为一般的防化学品手套、耐强酸强碱手套、耐油手套及耐有机溶剂手套等。根据所接触的有害物质种类和作业情况选用合适的化学防护手套。

·····················································································

## 思考题

1. 化工过程技术开发的目的是什么？
2. 过程开发一般要经过哪些步骤？
3. 实验室研究的任务和特点是什么？
4. 化工生产工艺流程配置的原则是什么？ 配置工艺流程时，应根据哪些要求来选择化学反应器等主要设备？
5. 工艺流程进行评价的标准和方法是什么？
6. 化工生产工艺流程一般由哪些环节组成？ 各环节应具有什么功能？
7. 编制操作规程和岗位操法的主要依据是什么？ 在什么情况下产生效率？
8. 化工从业人员上岗前为什么必须掌握操作规程和岗位操作法？
9. 带控制点工艺流程图主要用来表达的内容是什么？
10. 查找邻苯二甲酸二辛酯的工艺流程图，并对工艺流程图进行分析和评价。

## 课外项目

以乙酸乙酯或自己熟悉的化工产品为例，在实验室小试的基础上进行流程的配置，并写出岗位工艺操作规程。

## 课外阅读

### 绿色化学

绿色化学又称环境无害化学、环境友好化学、清洁化学，而在其基础上发展起来的技术称为绿色技术、环境友好技术或清洁生产技术，其核心是利用化学原理从源头上减少或消除化学工业对环境的污染。其内容包括新设计或者重新设计化学合成、制造方法和化工产品来根除污染源，是最为理想的环境污染防治方法。从某种意义上来说，绿色化学是对化学工业乃至整个现代工业的革命。因此，绿色化学及其应用技术已成为各国政府、企业和学术界关注的热点。绿色化学是 20 世纪 90 年代出现的一个多学科交叉的新研究领域，已成为当今国际化学化工研究的前沿，是 21 世纪化学科学发展的重要方向之一。

P. T. Anastas 和 J. C. Warier 曾提出绿色化学的 12 条原则是：

① 防止废物的生成比在其生成后再处理更好。

② 设计的合成方法应使生产过程中所采用的原料最大量地进入产品之中，即提高原料的经济性。

③ 设计合成方法时，只要可能，不论原料、中间产物和最终产品，均应对人体健康和环境无毒、无害（包括极少毒性和无毒）。

④ 化工产品设计时，必须使其具有高性能或高效的功能，同时也要减少其毒性。

⑤ 应尽可能避免使用溶剂、分离试剂、助剂等，如不可避免，也要选用无毒、无害的助剂。

⑥ 合成方法必须考虑过程中能耗对成本与环境的影响，应设法降低能耗，最好采用在常温、常压下的合成方法，即提高能源的经济性。

⑦ 在技术可行和经济合理的前提下，原料要采用可再生资源代替消耗性资源。

⑧ 在可能的条件下，尽量不用不必要引入功能团的衍生物，如限制性基团、保护/去保护作用、临时调变物理/化学工艺。

⑨ 合成方法中采用高选择性的催化剂比使用化学计量助剂更优越。

⑩ 化工产品要设计成在其使用功能终结后，它不会永存于环境中，要能分解成可降解的无害产物。

⑪ 进一步发展分析方法，对危险物质在生成前实行在线监测和控制。

⑫ 选择化学生产过程的物质，使化学意外事故（包括渗透、爆炸、火灾等）的危险性降低到最低程度。

这 12 条原则目前为国际化学界所公认，它也反映了近年来在绿色化学领域中所开展的多方面的研究工作内容，同时也指明了未来发展绿色化学的方向。图 5-16 概括了上述 12 条原则绿色化学的关键内容。

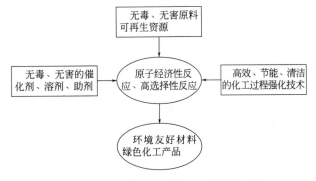

图 5-16　绿色化学与环境友好材料关系图

# 项目六
# 甲醇的生产

 **学习指南**

········································································································································

　　甲醇是一种重要的有机化工原料，在国民经济中占有重要地位。甲醇作为碳一化工基础，对于优化和调整我国石油化工产业结构，促进化工产品生产原料多元化和优质化，具有十分重要的意义。通过本项目的学习和工作任务训练，了解甲醇工业的基本情况，熟悉甲醇的生产方法，能根据生产操作规程进行甲醇生产的运行控制、开停车操作。

　　知识目标　1. 了解甲醇的理化性质、用途、工业现状及发展趋势。

　　　　　　　2. 了解合成气制甲醇典型设备的结构。

　　　　　　　3. 熟悉合成气制甲醇工艺流程。

　　　　　　　4. 掌握合成气制甲醇生产原理和工艺条件的确定。

　　　　　　　5. 理解合成气制甲醇生产中典型故障产生原因。

　　能力目标　1. 能收集和归纳甲醇相关资料。

　　　　　　　2. 能对影响甲醇生产的工艺条件进行分析。

　　　　　　　3. 能比较并选择甲醇生产典型设备。

　　　　　　　4. 能对甲醇生产工艺流程进行解析。

　　　　　　　5. 能读懂甲醇生产操作规程并能按照规程进行生产操作。

　　　　　　　6. 能正确分析甲醇生产中异常现象的产生原因并采取应对措施。

········································································································································

# 任务一　甲醇工业概貌

 **工作任务**

　　查一查国内外甲醇工业现状和发展趋势，了解甲醇的生产方法、生产原理、工艺条件、设备、工艺流程等，完成下表。

| | |
|---|---|
| 甲醇的工业生产方法 | |
| 合成气制甲醇的原理 | |
| 低压法制甲醇的工艺条件 | |

续表

| | |
|---|---|
| 低压法制甲醇的反应器结构、特点 | |
| 低压法制甲醇工艺的安全技术方案 | |
| 低压法制甲醇工艺的环保技术方案 | |
| 低压法制甲醇工艺的能量综合利用方案 | |
| 低压法制甲醇的工艺流程 | |

对表中内容进行整理，并相互交流。

## 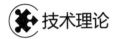 技术理论

### 一、甲醇工业现状及发展趋势

甲醇是目前世界上产量仅次于乙烯、丙烯和苯的第四大基础有机化工原料。它不但是基础化工产品，而且是重要的化工原料，作为一次原料主要用来生产甲醛、乙酸、甲基叔丁基醚等多种化工产品。甲醇行业及其下游产品工业对一个国家的化工生产起到至关重要的作用，直接影响一个国家的经济发展水平。图 6-1 和图 6-2 分别为罐装甲醇和甲醇储罐。

图 6-1　罐装甲醇

图 6-2　甲醇储罐

甲醇产品作为联系煤化工、天然气化工和石油化工的桥梁和纽带，对于优化和调整我国石油化工产业结构、缓解能源供需矛盾、确保能源安全、促进化工产品生产原料多元化和优质化、提高国际市场竞争力，具有十分重要的意义。国内甲醇生产企业主要分布在具有资源优势的西部地区，宁夏、陕西等地产能占比较大，而消费市场主要集中在东部沿海地区。由于传统运输方式能力不足，长距离管道运输在经济性上存在一定变数，因此东部地区每年进口中东、北美地区廉价的天然气/页岩气甲醇补充供应缺口。从甲醇生产工艺来看，逐渐形成了以煤炭大型装置为主力、焦炉气中小型装置迅速发展、天然气装置逐渐淘汰的格局。2019 年我国煤炭、焦炉煤气、天然气制甲醇的产能占比分别为 70.2%、16.5%、13.1%。国内 40 万吨/年（含）和百万吨以上装置占比也分别由 2012 年的 58.7% 和 22.7% 提高到 2019 年的 67.2% 和 33.1%。随着我国煤制甲醇项目（如图 6-3

图 6-3　煤制甲醇资源综合利用装置

是煤制甲醇资源综合利用装置）蓬勃发展，甲醇产业目前面临阶段性供过于求的局面，但甲醇在新兴领域的应用不断扩展，需求强劲的下游新兴市场对其发展起着巨大的支撑和推动作用。利用甲醇为原料的甲醇制烯烃、甲醇制汽油、甲醇制芳烃、甲醇制聚甲氧基二甲醚等技术蓬勃兴起，完善了甲醇下游产业链。

国外甲醇生产能力主要分布在北美、中南美、中东、亚洲、东欧、西欧、大洋洲及非洲等地，美洲是世界上最大的甲醇生产地，约占世界总生产能力的 40%。世界甲醇生产主要以天然气为原料，以大型化装置为主，其中能力大于 30 万吨/年的装置合计生产能力占世界甲醇总能力的 80% 以上。中东和中南美地区由于具备丰富的天然气资源，近年来甲醇产业发展最快。同时一些工业发达国家也纷纷关闭效益不高的甲醇装置，转向中东、中南美及南太平洋地区投资建厂并进口甲醇。

## 二、甲醇的生产方法

工业上生产甲醇曾有过许多方法，生产甲醇的最古老方法是由木材或木质素干馏制得，故甲醇俗称"木醇"，此法需耗用大量木材，而且产量很低，现早已被淘汰。氯甲烷水解可以得到甲醇，但因水解法价格昂贵，没有得到工业上的应用。甲烷部分氧化法生产甲醇，原料便宜，工艺流程简单，但因生产技术比较复杂、副反应多、产品分离困难、原料利用率低，工业上尚未广泛应用。1923 年，德国 BASF 公司在合成氨工业的基础上，首先用锌铬催化剂在高温高压的操作条件下，由一氧化碳和氢合成甲醇，并于 1924 年实现了工业化。这种以合成气（$CO+H_2$）为原料来生产甲醇的方法称为合成气法，是目前工业生产上生产甲醇的主要方法。

## 三、甲醇的生产原理

一氧化碳加氢为多方向反应，随反应条件及所用催化剂不同，可生成醇、烃、醚等产物，合成气法制甲醇过程中可能发生以下反应：

$$主反应 \quad CO+2H_2 \Longleftrightarrow CH_3OH$$
$$副反应 \quad CO+3H_2 \longrightarrow CH_4+H_2O$$
$$2CO+2H_2 \longrightarrow CH_4+CO_2$$
$$4CO+8H_2 \longrightarrow C_4H_9OH+3H_2O$$
$$2CO+4H_2 \longrightarrow CH_3OCH_3+H_2O$$

上述副反应产生的副产物还可以进一步发生脱水、缩合等反应，生成烯烃、酯类或酮类等。副反应不仅消耗原料，而且影响甲醇的质量和催化剂的寿命，特别是生成甲烷的副反应是一个强放热反应，不利于反应温度的控制，且生成的甲烷不能随产品冷凝，更不利于主反应的化学平衡和反应速率。

## 四、工艺条件的确定

如表 6-1 所示，一氧化碳加氢合成甲醇是放热反应，温度不同，热效应也不同。温度越高，反应的热效应越大。

表 6-1 常压不同温度甲醇合成反应的反应热效应

| $T/K$ | 473 | 573 | 623 | 673 | 773 |
|---|---|---|---|---|---|
| 反应热/(kJ/mol) | −96.14 | −98.24 | −98.99 | −99.65 | −100.4 |

在甲醇的合成反应中，热效应不仅与反应温度有关，而且与反应压力有关。当反应压力较高时，低温区的反应热变化大；在温度高于 473K 的高温区，反应热随压力变化的幅度相对就比较小（图 6-4）。

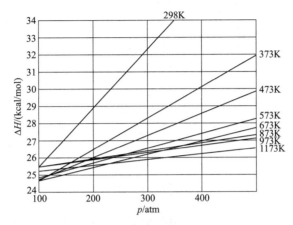

图 6-4　甲醇反应热与温度及压力的关系（1atm＝101.325kPa）

因此，甲醇在合成温度低于 473K 时比高温条件下操作要求更加严格，工艺控制更加困难。而在压力为 20MPa 左右、温度为 573～673K 反应时，反应热则随温度与压力的改变变化较小，生产上进行工艺控制比较容易实现。

从反应的热力学角度而言，一氧化碳加氢的反应平衡常数 $K_p$ 只是温度的函数，由标准吉氏函数 $\Delta G^{\ominus}$ 与平衡常数的关系 $\Delta G^{\ominus} = -RT\ln K_p$ 可知，标准吉氏函数 $\Delta G^{\ominus}$ 越大，平衡常数 $K_p$ 越小，说明在低温下反应对甲醇的合成有利。

一氧化碳加氢制甲醇的气相平衡常数关系式如下：

$$K_p = K_y\left(\frac{p}{p^0}\right)^{\Delta n}$$

由上式可知，在同一温度下，压力越大，甲醇的平衡转化率越高；而在同一压力下，温度越高，甲醇的平衡产率越低。所以从热力学和动力学角度分析来看，采用较低的反应温度和较高的反应压力对甲醇的合成有利；如是反应温度较高，则需要在高压下进行，才有足够的平衡产率。如果反应温度较低，虽然反应压力可以相应降低，但反应速率不快，影响反应的进程。解决这一矛盾的关键在于选用合适的催化体系。

1. 反应温度的确定

反应温度影响反应速率和选择性，每一反应都有一个最适宜的反应温度。生产中的操作温度是由多种因素决定的，如催化剂的种类、工艺条件及使用的设备要求等，尤其是催化剂的活性温度。不同种类催化剂的活性温度不同，最适宜的反应温度也不同。锌-铬催化剂较适宜的操作温度区间为 640～650K，铜基催化剂为 500～540K。

为了防止催化剂老化，延长催化剂的使用寿命，在催化剂使用初期，宜采用较低的反应温度，使用一段时间后再逐步提高反应温度至适宜的温度。反应中放出的热量必须及时移除，否则易使催化剂温升过高，使催化剂发生熔结现象而使催化活性下降。由于铜基催化剂的热稳定性较差，控制反应温度显得尤为重要。

### 2. 反应压力的确定

一氧化碳加氢合成甲醇的主反应是体积缩小的反应，增加压力，有利于向正反应方向进行。在铜基催化剂作用下，反应压力与甲醇生成量的关系如图 6-5 所示。

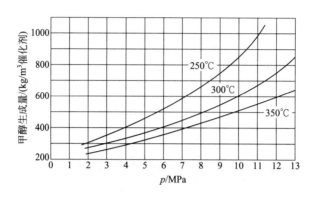

图 6-5　反应压力与甲醇生成量的关系

从图 6-5 可以看出，反应压力越高，甲醇生成量越多。提高反应压力，不仅可以减小反应器的尺寸和循环气体积，而且还可以增加产物甲醇所占的比率。此外，增加反应压力，还可提高甲醇合成反应的速率。但是随着压力的增加，能量的消耗与设备强度都随之增大。因此，工业生产中必须综合考虑各项因素来确定合理的反应压力。例如，锌-铬催化剂由于反应温度高，必须提高操作压力以提高反应推动力，操作压力一般要求为 25～35MPa；铜基催化剂由于其活性高，反应温度较低，反应压力要求较低，可降到 5～10MPa。目前，大型工厂都倾向于采用 15.2MPa 左右的压力，中、小型工厂采用 5MPa 的压力，这样投资和操作费用都较省。

### 3. 原料气组成的确定

合成甲醇的主反应式中原料气 $H_2$ 和 CO 的计量比为 2:1。生产中 CO 不能过量，以免引起生成的羰基铁积聚于催化剂表面，从而使催化剂失去活性。氢气过量对生产是有利的，过量的氢一方面可以起到稀释物料的作用，可防止或减少副反应的发生；另一方面又可带出反应热，有利于防止局部过热和控制整个催化剂床层的温度，从而延长催化剂的使用寿命。

原料气中 $H_2$ 和 CO 的比例对一氧化碳的转化率有很大影响，如图 6-6 所示。

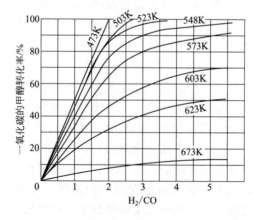

图 6-6　原料气中 $H_2$ 和 CO 比例与一氧化碳转化率的关系

从图 6-6 中可以看出，增加氢的浓度，可提高 CO 的转化率，但是过高的 $H_2/CO$ 会降低设备的生产能力。工业生产上采用不同催化剂，$H_2/CO$ 也不同。采用铜基催化剂时，$H_2/CO$ 为 $2.2\sim3.0$；采用锌-铬催化剂时，$H_2/CO$ 为 4.5 左右。

由于二氧化碳比热容较一氧化碳高，而加氢反应的热效应很大，因此原料气中含有一定量的二氧化碳时，可以降低反应的峰值温度。此外，二氧化碳的存在也可以抑制二甲醚的生成。

### 4. 原料气的纯度

原料气中惰性物质氮气及甲烷的存在，会降低 $H_2$ 及 CO 的分压，使反应的转化率降低。原料气中的某些组分能使催化剂中毒，如硫化氢能使铜催化剂中毒。一氧化碳与铁在 $423\sim473K$ 下相接触会生成五羰基铁 $[Fe(CO)_5]$，在高压下尤其容易生成，五羰基铁 $[Fe(CO)_5]$ 对铜催化剂和锌催化剂均有害，因为在合成条件下，该物质发生分解，析出的铁会积聚在催化剂表面，使之失去对主反应的催化活性。因此，原料气体进入合成反应器之前，必须除去五羰基铁及其他杂质；同时合成反应器还需用铜衬里以防止发生碳蚀和氢蚀。

### 5. 空间速率

空间速率（简称空速）大小不仅影响甲醇合成选择性和转化率，而且也决定着生产能力和单位时间所放出的热量。表 6-2 为锌-铬催化剂上空速与接触时间、生产能力的关系。一般说来，空速越小，接触时间越长，单程转化率越高。接触时间长，虽对反应有利，但单位时间内通过的气量就小，设备的生产能力大大下降。此外，增加空速可以将反应热移走，防止催化剂过热。

表 6-2　锌-铬催化剂上空速与接触时间、生产能力的关系

| 空速/$h^{-1}$ | 接触时间/s | 产量/[$m^3$/($m^3$ 催化剂·h)] | 空速/$h^{-1}$ | 接触时间/s | 产量/[$m^3$/($m^3$ 催化剂·h)] |
|---|---|---|---|---|---|
| 6000 | 0.60 | 0.310 | 18000 | 0.20 | 0.375 |
| 9000 | 0.40 | 0.320 | 35000 | 0.10 | 0.750 |

适宜的空速与催化剂活性、反应温度及进塔的气体组成有关。在锌-铬催化剂上一般为 $35000\sim40000h^{-1}$，而在铜基催化剂上则为 $10000\sim20000h^{-1}$。

## 五、甲醇合成的催化剂

合成气生产甲醇所用的催化剂最早是由德国的 BASF 公司于 1923 年研制的 $ZnO\text{-}Cr_2O_3$ 二元催化剂，20 世纪 60 年代前的甲醇生产几乎都用 $ZnO\text{-}Cr_2O_3$ 二元催化剂。该催化剂使用寿命长，使用范围宽，操作易控制，耐热性好，抗毒性强，力学性能好。但催化活性较低，所需反应温度高（$380\sim400℃$），为了提高反应的平衡转化率，必须在高压下进行反应（俗称高压法）。

20 世纪 60 年代中期由英国 ICI 公司开发成功了铜基催化剂，根据加入助剂的不同可分为 Cu-Zn-Cr 系列和 Cu-Zn-Al 系列。铜基催化剂活性高、性能好，而且活性可调（铜含量增加，催化活性提高），适宜的反应温度为 $220\sim270℃$，但由于铜基催化剂对硫极为敏感，遇硫易中毒失活，而且热稳定性较差。因此，生产中应严格防止催化剂超温，严格控制原料气中硫化氢的含量。随着高效脱硫剂的研制成功和铜基催化剂性能的改进，大大延长了铜基催化剂的使用寿命大大延长，再加上对甲醇合成塔结构的不断改进，最终使铜基催化剂催化合

成甲醇的低压法实现了工业化。

近年来，对进一步提高催化剂活性的新型催化剂的研制也在不断进行中，如钯系催化剂、钼系催化剂和低温液相催化剂，虽然改善了催化剂的热稳定性以及延长了催化剂的使用寿命，在某些方面弥补了铜-锌-铝、铜-锌-铬催化剂的不足，但因其存在活性不理想或对甲醇的选择性差等自身缺点，还仅仅只是停留在研究阶段。

## 六、甲醇生产设备

### （一）甲醇合成反应器

甲醇合成反应器也称为甲醇合成塔或甲醇转化器，是甲醇生产系统中最重要的设备。随着甲醇工业的不断发展，甲醇合成塔一直是国内外学者的研究热点。设计合理的甲醇合成塔应做到催化床的温度易于控制，调节灵活；合成反应的转化率高；催化剂生产强度大；能保证在反应过程中及时将反应放出的热量移出，从较高能位回收反应热；床层中气体分布均匀，压降低；能防止氢、一氧化碳、甲醇、有机酸及羰基化合物在高温下对设备的腐蚀。在结构上要求简单紧凑，高压空间利用率高，高压容器无泄漏，催化剂装卸方便，在制造、维修、运输及安装上要求方便。

### 1. 高压法甲醇合成反应器

高压法甲醇合成反应器主要由高压外筒、内筒和电热炉三部分组成，具体结构如图 6-7 所示。

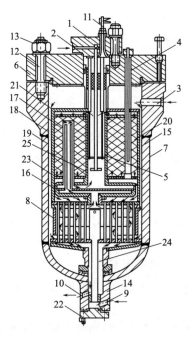

图 6-7　高压法甲醇合成反应器

1—电炉小盖；2—二次副线入口；3—主线入口；4—温度计套管；5—电热炉；6—顶盖；7—催化剂筐；8—热交换器；9—一次副线入口；10—合成气出口；11—导电棒；12—高压螺栓；13—高压螺母；14—异径三通；15—高压筒体；16—分气盒；17—外冷管；18—中冷器；19—内冷管；20—催化剂；21—催化剂筐盖；22—小盖；23—筛孔板；24—冷气管；25—中心管

高压法甲醇合成反应器的外筒是一个锻造的或由多层钢板卷焊的圆形容器。反应器的上部有顶盖,用高压螺栓与筒体连接,在顶盖上设有电热炉的安装孔和温度计套管插入孔。筒体下部则设有异径三通、反应气体出口及副线气体进口。

内筒由不锈钢制成,有催化剂筐和换热器两部分。内筒的上部是催化剂筐,中间有分气盒,下部有热交换器,催化剂筐上有筐盖,下有筛孔板。在筛孔板上放有不锈钢网,使放置在上面的催化剂不致下漏。在催化剂筐里装有数十根由内冷管、中冷管及外冷管所组成的三套管,三套管的作用是及时引出催化剂层中的反应热,保证催化剂层温度在较理想的活性温度范围内。此外,在催化剂筐内还有两根温度计套管和一个用来装电热炉的中心管。与催化剂筐下部相连接的热交换器可分为列管式、螺旋板式或波纹式等。若用列管式热交换器,为提高传热效率,可在列管内插有拧成麻花形的拧棒(亦称麻花铁),在管间空隙内,装有若干块环形隔板。

热交换器的中央有一根内径为数十毫米的冷气管,从副线来的气体可通过此管,而不经热交换器直接进入分气盒用以调节催化剂层的温度。电热炉垂直安装于催化剂筐内的中心管中。

### 2. 低压法甲醇合成反应器

(1)冷激式绝热甲醇合成反应器  这类反应器把反应床层分为若干绝热段,每段间直接加入冷的原料气使反应气冷却。冷激式绝热反应器主要由塔体、气体进出口、气体喷头和催化剂装卸口等部件组成,结构如图 6-8 所示。冷激式绝热反应器结构简单,催化剂装填方便,生产能力大。催化剂由惰性材料支撑,分成数段。合成气体由反应器的上部进入,冷的原料气经喷嘴喷入,喷嘴均匀分布于反应器的整个截面上。混合后的气体温度正好是反应温度的低限,混合气进入下一段床层进行进一步反应。段中反应为绝热反应,释放的反应热使反应气体温度升高,于下一段再与冷的原料气混合降温后进入更下一段床层中进行反应。

由于冷激式绝热反应器在反应过程中流量不断增大,各段反应条件略有差异,气体的组成和空速都不一样。因此,冷激式绝热反应器中气体的混合及均匀分布是生产的关键,只有这样才能有效地控制反应温度,避免过热现象的发生。

(2)列管式等温甲醇合成反应器  该类反应器结构类似于列管式换热器,结构如图 6-9

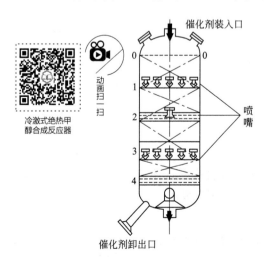

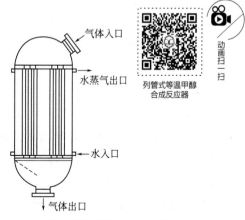

图 6-8  冷激式绝热甲醇合成反应器    图 6-9  列管式等温甲醇合成反应器

所示。催化剂装填于列管中，壳程走冷却水，反应热由管外锅炉给水带走，同时产生高压蒸汽。通过对蒸汽压力的调节，可以方便地控制反应器内的反应温度，使其沿着管长温度几乎不变，避免了催化剂的过热，从而延长了催化剂的使用寿命。

列管式等温反应器的特点是设备结构紧凑，反应器生产能力大，温度易于控制，单程转化率较高，循环气量小，能量利用经济。

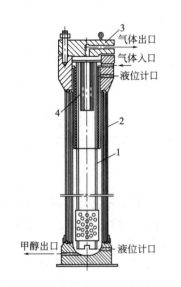

图 6-10　甲醇分离器
1—内筒；2—外筒；
3—顶盖；4—钢丝网

由于合成气中的氢气在高温下会和钢材发生脱碳反应，会大大降低钢材的性能。合成气中的一氧化碳在高温、高压下也易和铁发生作用生成五羰基铁，引起设备的腐蚀，对催化剂也有一定的破坏作用。因此，甲醇合成反应器的材质要求有抗氢蚀和抗一氧化碳腐蚀的能力。为防止反应器被腐蚀，一般采用在反应器内壁衬铜，铜中还要含有1.5%～2%的锰元素，但衬铜的缺点是在加压膨胀时会产生裂缝。当一氧化碳分压超过 3.0MPa 时，必须采用耐腐蚀的特种不锈钢材料。

### （二）甲醇分离器

甲醇分离器的作用是将经过冷凝器冷凝下来的液体甲醇进行气液分离，被分离的液体甲醇从分离器底部减压后送粗甲醇储槽。甲醇分离器结构如图 6-10 所示。

这类甲醇分离器由外筒与内筒两部分组成。内筒外侧绕有螺旋板，下部有几个圆形进气孔。气体从甲醇分离器上部以切线方向进入后，沿螺旋板盘旋而下，从内筒下端的圆孔进入筒内折流而上，这时由于气体的离心作用与回流运动，以及进入内筒后空间增大、气流速度降低，使甲醇液滴分离。气体经多层钢丝网，进一步分离甲醇雾滴，从外筒顶盖出口管排出。分离器底部有甲醇排出口，筒体上装有液面计。

## 七、甲醇生产工艺

随着催化剂性能的不断改进以及净化技术的不断发展，甲醇生产先后出现了高压法、低压法和中压法三种方法。高压法虽然历史悠久，也是最早生产甲醇的工业方法，但由于高压法投资费用和运转费用大，产品质量差，现已基本被淘汰。下面主要介绍几种低压法生产甲醇工艺和联醇法生产甲醇工艺。

### （一）低压法生产甲醇工艺

1966 年，英国建立了世界上第一个以铜基催化剂合成甲醇的低压流程。由于低压法合成的甲醇杂质含量较少，净化比较容易，利用双塔精制流程，便可以获得质量纯度高达99.5%的甲醇。现在世界各国甲醇生产已广泛采用了低压合成法。

#### 1. 以乙炔生产的尾气为原料

以天然气部分氧化法生产乙炔的尾气为原料用低压法合成甲醇的工艺流程，由制气、净化、压缩和合成、精制四大部分组成，如图 6-11 所示。

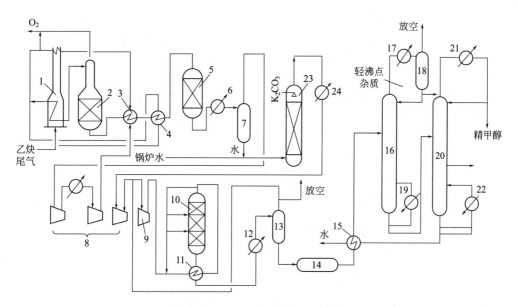

图 6-11　以乙炔生产的尾气为原料的低压法合成甲醇工艺流程

1—立式加热炉；2—尾气转化炉；3—废热锅炉；4—加热器；5—脱硫器；；6，12，17，21，24—水冷器；

7，13，18—分离器；8—合成气压缩机；9—循环气压缩机；10—甲醇合成塔；11—合成器加热器；

14—粗甲醇中间储槽；15—粗甲醇加热器；16—轻馏分精馏塔；19，20—再沸器；

20—重馏分精馏塔；23—CO$_2$ 吸收塔

压力为 980kPa 的乙炔尾气在加热器 4 中与转化气进行热交换后被加热至 443K，然后与水蒸气混合进入立式加热炉 1，蒸汽在加热炉的对流段被加热到 573K。尾气和蒸汽的混合气在加热炉的辐射段被加热到 673K 后与送入的氧气混合，进入装有镍催化剂的尾气转化炉 2 中，转化炉中的温度控制在 1173K 左右（温度越高，残余的甲烷浓度越低）。转化后的气体经废热锅炉 3 回收多余热量以副产蒸汽，供转化和精馏工段使用。

换热后的转化气温度约为 573K，再经加热器 4 换热后进行加热脱硫，保持脱硫器 5 中的脱硫温度在 473K，脱硫后的合成气含硫不超过 $0.5 \times 10^{-6}$，脱硫后的气体经水冷、分离后进入合成气压缩机 8（三段）。从压缩机第三段出来的气体与来自分离器 13 的循环气混合，经循环压缩机压缩到 4.9MPa 以上进入甲醇合成塔 10。在合成塔的催化剂床层中发生合成反应。合成反应器为冷激式绝热式反应器，催化剂为铜基催化剂，控制温度在 513～543K。由反应器出来的气体含甲醇 3.5%～4%，经换热器与合成气进行热交换后进入水冷器，使产物甲醇冷凝。然后在甲醇分离器中将液态的甲醇与气体分离，再经闪蒸除去溶解的气体，得到反应产物——粗甲醇。粗甲醇中除含甲醇外，还含有水、二甲醚、可溶性气体、醇、酯、醛、酮等。

粗甲醇首先进入脱轻组分塔，此塔一般为板式塔，塔顶分出轻组分，经冷凝后回收其中含有的甲醇，不凝性气体放空。塔釜液进入甲醇精馏塔，塔顶采出产品甲醇，重组分乙醇、高级醇等杂油醇在塔的加料板下 6～14 块板处侧线气相采出，水由塔釜分出。

2. 以天然气为原料

以天然气为原料的低压法合成甲醇生产工艺流程如图 6-12 所示。

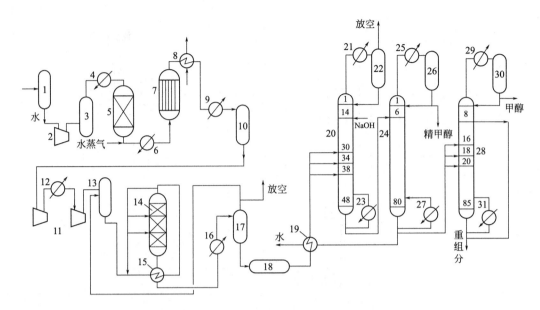

图 6-12　以天然气为原料的低压法合成甲醇生产工艺流程

1—压缩机入口缓冲罐；2，11—压缩机；3—天然气出口缓冲罐；4，6，12，15，19—预热器；5—脱硫槽；7—转化器；
8—废热锅炉；9，16，21，25，29—冷却器；10，17—分离器；13—合成气混合罐；14—合成塔；18—闪蒸罐；
20—预精馏塔；22，26，30—回流罐；23，27，31—冷凝器；24—精甲醇加压塔；28—精甲醇常压塔

压力为 0.45MPa 天然气进入压缩机 2 加压至 1.9MPa，与二氧化碳气体混合，经预热器 4 预热至约 653K 进入脱硫槽 5，净化后的原料气硫含量小于 $0.2\times10^{-6}$，与中压蒸汽按水碳比（$H_2O/C$）$\geqslant3.3$ 进行混合，预热到 803K 后进入转化器 7，经转化后温度为 1103K 的出炉气进入转化气废热锅炉 8 以回收热量；然后进入分离器 10 中除去冷凝液；最后转化气进入压缩工序与循环气混合后一起送入合成工序。

合成气在经预热器预热至 473K 后进入合成塔 14 中进行反应，反应后温度为 523～533K 的出塔气与入塔气在预热器 15 进行换热，温度降至 363K 左右，进一步冷却至 313K 以下，反应生成的甲醇等产物在此温度下几乎全部冷凝下来，气液混合物送入甲醇分离器 17，不凝性气体从分离器上部排出，一小部分去转化工序作燃料，一部分去转化工序作返氢原料，另一大部分气体作为循环气送回压缩机 11。甲醇分离器中的粗甲醇经减压后进入闪蒸罐 18，闪蒸气去燃料气管网，粗甲醇去精馏工序。

粗甲醇预热后进入预精馏塔 20 的上半部，此塔为浮阀塔，内设 48 块浮阀塔板，在第 30、34、38 块板上设有三根进料管线，正常生产时，粗甲醇由第 34 块板入塔。在预精馏塔第 14 块塔板上，设有 NaOH 溶液的进料，以中和粗甲醇中的少量有机酸如甲酸、乙酸等，使甲醇溶液中的 pH 值为 7～8，来防止由于浓缩产生的腐蚀。预精馏塔塔顶气相的温度约为 347K，塔顶蒸气冷凝，排放不凝气体和液体回流。

由精甲醇加压塔底出来的甲醇溶液，送至精甲醇常压塔 28，此塔为内有 85 块浮阀塔，在第 16、18、20 块板上有三根进料管线，正常生产时，甲醇溶液由第 18 块板入塔。塔顶排出的甲醇蒸气冷凝后进入回流槽，部分甲醇回流，部分甲醇作为产品采出。在第 8 块塔板侧线抽出以乙醇为主的重馏分，甲醇常压塔塔底水中含甲醇约 0.46%（质量分数），送至废水汽提塔处理。

预精馏塔底部的醇溶液从第 6 块塔板进入精甲醇加压塔 24，精甲醇加压塔为浮阀塔。塔顶排出的甲醇蒸气冷凝后进入回流槽，部分甲醇回流，部分甲醇作为产品采出。

### （二）联醇法生产甲醇工艺

联醇法是指以合成气为原料生产合成氨的同时联产甲醇的方法，合成甲醇串联在合成氨的生产工艺之中。目前，已经开发的联醇法工艺流程各不相同，但大部分是在合成氨生产流程的基础上进行改造、扩建而成。图 6-13 是一种全循环的联醇生产工艺。

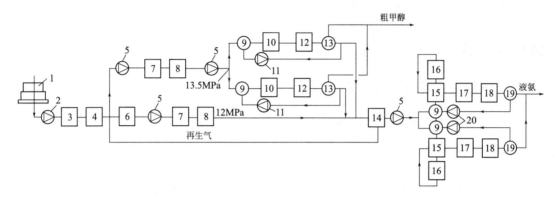

图 6-13　全循环的联醇生产工艺流程

1—原料储柜；2—鼓风机；3—脱硫塔；4—中温变换；5—压缩机；6—低温变换；7—脱碳；

8—精脱硫；9—油分离器；10—甲醇合成塔；11—甲醇循环机；12—甲醇水冷器；

13—甲醇分离器；14—铜洗工序；15—冷凝塔；16—氨冷器；

17—氨合成塔；18—水冷器；19—氨分离器；20—循环压缩机

原料气经脱硫后进入变换装置，根据甲醇生产和合成氨生产不同的要求，控制变换器出口中 CO 的含量，一部分原料气经中温变换后直接去甲醇生产系统，合成气依次经压缩、脱碳以及进一步脱硫、压缩、分油后进入甲醇合成塔，从甲醇合成塔出来的混合气体经冷凝、分离后便得到粗甲醇。甲醇系统的操作压力为 13.5MPa，原料气精炼后的合成氨系统压力控制不超过12MPa。在甲醇系统中，由于氮气或惰性气体的累积，系统 CO 分压会降低，甲醇合成反应速率下降，系统压力上升，此时可按单产甲醇的操作方法在分离器后排放惰性气体。

# 任务二　甲醇生产运行与开停车

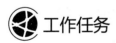 工作任务

查一查甲醇装置开停车和运行控制的相关资料，熟悉甲醇生产的操作要点和调控方案，完成下表。

| | |
|---|---|
| 合成气制甲醇压缩工段的正常操作要点 | |
| 合成气制甲醇合成工段的正常操作要点 | |
| 合成气制甲醇精馏工段的正常操作要点 | |
| 甲醇生产开车的必备条件 | |

续表

| | |
|---|---|
| 甲醇生产停车的原因 | |
| 催化剂床层温度急剧升高的原因和处理方案 | |
| 催化剂床层超压的原因和处理方案 | |
| 反应器出口处温度偏高的原因和处理方案 | |

对表中内容进行整理，并相互交流。

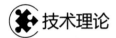 **技术理论**

### 一、压缩工段的操作与控制

#### （一）压缩机开车前应具备的条件

① 系统流程导通，工艺系统管网流程无误。

② 天然气、合成气压缩机和循环气压缩机空负荷试运行合格。

③ 循环冷却水投用正常，各冷却部位走水畅通，回水视镜观察清晰，压力温度正常（保证压力 0.4MPa，温度 301K），无泄漏。

④ 压缩机气量调节系统调试正常。

⑤ 润滑油更换完毕，电机轴承箱加油正常，分析合格。

⑥ $N_2$ 引至各压缩机入口 $N_2$ 阀前（保证压力＞0.5MPa），转化和合成工序具备 $N_2$ 循环升温条件。

⑦ 压缩机上所有仪表、报警、联锁调试完好，具备投用条件。

⑧ 安全消防设施齐全、完好，所有安全阀已定压并投用，环保设施已具备投用条件，通信设施完好已投用。

#### （二）压缩机开车前的准备工作

① 全面检查压缩机气体管路及管路上所有阀门均灵活好用，并确认关闭压缩机进出口阀、出口放空阀、去火炬放空阀、高点放空阀、入口 $N_2$ 阀、各排污总管上各支管阀、管路上高点放空阀、低点排凝阀，全开入口过滤器前后切断阀、二回一阀。确认安全阀的根部阀打开。

② 全面检查压缩机循环冷却水系统及管路上所有阀门均灵活好用，并依次全开油冷器、粗过滤器和精过滤器进、出口油阀，关闭其他油路阀。确认油箱液位和电机轴承座油位在 2/3 以上，取样分析样品合格，打开润滑油管路上所有压力表根部阀。

#### （三）压缩机开车

1. 天然气压缩机正常开车

① 首先检查并全开循环冷却水的总进、回水阀，并检查各冷却水回水是否畅通无阻、视镜清晰，确认全开二回一阀。

② 启动辅助油泵（若是冬季开车，油箱油温低于 288K，先启动油箱电加热器，待油温高于 288K，再启动辅助油泵），调整进油总管压力＞0.25MPa，观察压缩机中体内十字头滑

道是否有油。

③ 盘车三四圈，并检查压缩机运动机构是否有卡涩等异常现象。

④ 检查确认压缩机处于空负荷状态，吸气阀处于全开启状态。

⑤ 启动压缩机电机，轴头泵灌泵，调节轴头泵入口旁通阀，待进油总管压力达 0.3MPa（G）时，辅助油泵自停。

⑥ 天然气压缩机 $N_2$ 置换。

⑦ 天然气压缩机 $N_2$ 循环升温。

⑧ 转化具备投料条件后，装置引原料气，开始投料。

2. 注意事项

① 天然气压缩机、新鲜气压缩机、循环气压缩机转入正常生产后，注意观察循环机进水压力不低于 0.3MPa，进水温度不高于 301K，回水温度不高于 308K。

② 注意观察各运行压缩机油冷器出口润滑油压力不低于 0.3MPa，温度不高于 313K。

③ 压缩机升压工作要缓、要稳，升压速率<0.2MPa/min，衔接和协调好新鲜气压缩机和循环气压缩机同时升压工作。

④ 压缩机运行过程中，要加强现场巡检，注意及时排液。

⑤ 严禁压缩机带负荷启动。

⑥ 若压缩机在升压过程或运转过程中，突然出现重大故障（如停电、停循环水等）或压缩机本身故障经诊断需紧急停车时，应立即停主电机电源，然后按紧急停车处理，并立即通知转化、合成工序。

**（四）压缩机停车程序**

1. 正常停车

① 转化工序负荷降至 30% 时，全开循环线头道阀，缓开二道阀建立氮气循环流程，注意保证转化后系统压力>0.8MPa。

② 稍开机内补氮阀，当流量接近零时，装置切除原料气。

③ 当机前压力小于 0.6MPa 时，改机内补氮为天然气出口缓冲罐前补氮。

④ 配合转化工序氮气循环降温，切除氮气循环。

⑤ 关压缩机进出口阀。

⑥ $N_2$ 置换合格后，关压缩机出口放空阀和入口 $N_2$ 气阀，保持机内压力>0.2MPa。

⑦ 按压缩机主电机停车按钮停主电机，确认压缩机辅助油泵自启动。

⑧ 等压缩机各部位冷却后约 30min，辅助油泵自停。

2. 紧急停车

① 立即切断压缩机主电机电源。

② 确认辅助油泵自启动。

③ 立即打开压缩机出口至火炬放空阀，将负荷开关切至空负荷状态，关闭压缩机进、出口阀（先关出口阀，再关入口阀），然后按正常停车程序后的处理过程进行处理。

④ 打开压缩机出口至火炬放空阀，将负荷开关切至空负荷状态，关闭压缩机进、出口阀（先关出口阀，再关入口阀），然后按正常停车程序后的处理过程进行处理。

⑤ 配合合成工序操作。

⑥ 及时向班长和车间领导汇报。

## 二、合成工段的操作与控制（以低压法为例）

### （一）开车前的准备工作

（1）调节阀处于手动关闭状态，总控阀位为零，前后切断阀和副线阀均关闭。

（2）合成甲醇水冷器循环水投用正常。

（3）蒸汽暖管

① 检查蒸汽线上疏水阀工作正常。

② 管线末端放空保持适当开度。

③ 稍开界区阀进行暖管（能听到节流的声音）。

④ 检查放空有蒸汽冒出，疏水阀变热，现场无水击声音，开大界区阀，关末端放空阀并全开界区阀。

（4）联系调度引氢气，取样分析合格。

### （二）开车操作

1. 短期停车后开车

① 处于保压状态下，开循环机，启用电炉，催化剂温度达到活性温度后，通知压缩岗位送气。

② 视温度情况停电炉，调整循环气量，稳定合成温度。

③ 合成温度正常后，逐步加负荷直至满量。

④ 合理调整放醇阀、弛放气阀、上水阀、后置锅炉出口蒸汽阀，保证液位正常，防止超温超压。

2. 长期停车后的开车

系统用氮气置换，分析 $O_2$ 含量 $<0.1\%$ 时，用氢气对系统充压至 0.7MPa。启动循环机，启用电炉进行升温。温度正常后，按短期开车步骤开车。

### （三）停车操作

1. 短期停车

① 合成塔保温，停一台循环机，启用电炉保温。通知现场操作关闭塔副线，关闭合成塔副线自动调节阀。

② 通知现场操作人员关闭塔副线及各醇分的放醇阀，并注意闪蒸槽压力。

③ 注意合成塔温度，如有上涨可在塔后稍微放空，以便带走热量。

④ 关闭各设备倒淋阀，以免压力下降过快。

⑤ 关闭废热锅炉上水，并关闭出口蒸汽总阀。

⑥ 关闭水冷器进出口水阀。

2. 长期停车

关闭补气阀，关废热锅炉去变换蒸汽阀，放气卸压，关闭放醇阀，闪蒸槽无液时关去精馏阀，导通氮气盲板和截止阀，充入氮气。

3. 紧急停车

立即关闭补气阀，停循环机，关去放气阀。

### （四）正常操作要点

总控合成主操随时监控 DCS 画面，每 2h 记录一次，正常操作时应严格控制工艺指标（100％负荷），如合成塔入口温度（催化剂在初期、中期、后期）、出口温度、合成汽包压力、塔入口压力、合成循环回路压力等。同时，对各工艺参数进行调节。具体如下：

① 时常注意合成塔各点的温度变化情况，以防超温和垮温。

② 观察系统压力，以防超压发生事故。

③ 控制好弛放气的压力、流量，力求稳定。

④ 根据合成塔各点温度调节循环机近路及塔副线。

⑤ 注意 CO 指标及 $H_2$ 含量的变化情况，出现波动，及时与变换、脱碳、提氢工段联系。

⑥ 注意观察废锅蒸汽压力，调节好废锅上水量，保证废锅液位在 50％～60％之间。

⑦ 醇分液位不准过高或过低，以防闪蒸槽超压或带醇。

⑧ 密切观察闪蒸槽压力和液位，以防超压。

⑨ 经常注意进入油分以及循环机进口流量。

⑩ 经常注意调节水冷后气体温度及合成塔的进、出口温度。

## 三、精馏工段的操作与控制

### （一）开车前的准备

① 现场检查所有设备，注意连接部位有无松动泄漏。冬季还要检查管道、仪表、阀门有无冻裂。

② 检查、调校仪表及调节阀是否完好。

③ 确认安全消防设施完好，安全阀及泵安全罩复位、电机接地良好。

④ 确认各泵手动盘车良好，地脚螺栓无松动，油位正常，冷却水投用，关闭进、出口阀。

⑤ 预精馏塔内有粗甲醇，回流罐液位达到 20％以上。

### （二）精馏工段的开车操作

① 检查各电器、仪表、仪表空气是否具备开车条件。

② 分别打开循环泵进出口总阀和各冷却器、冷凝器进出口阀门及粗甲醇槽出口阀、常压回流槽放空阀。

③ 打开精馏塔回流气动调节阀、冷凝泵气动调节阀、预热塔预热器前粗甲醇气动调节阀、预塔预排气冷凝器和加压塔回流槽管线上气动调节阀及其前、后阀。

④ 联系调度长，通知两水岗位送循环水。

⑤ 打开配碱槽上软水阀门，配制 5％左右的 NaOH 溶液，打开配碱槽出口阀门，使 NaOH 溶液至碱槽备用。

⑥ 打开蒸汽倒淋阀，排除管线内积水。

⑦ 打开再沸器蒸汽进口阀门，用冷凝泵出口气动调节阀开启度调节升温速率。

⑧ 根据回流槽液位调节回流泵进口阀门，用回流管线上的气动调节阀的开度来控制回流槽液位。

⑨ 用排气冷凝器放空气动调节阀的开度控制塔顶压力。

⑩ 预塔液位下降时，打开预塔入料进口阀，泵启动后根据出口表压，逐渐打开泵出口阀。

⑪ 用入料管线上的气动调节阀的开度控制粗醇流量。

⑫ 当塔底温度达 355K 时，循环 15～30min，打开预塔底出口阀门。

⑬ 打开加压塔再沸器蒸汽进口阀门，用冷凝泵出口气动调节阀的开度控制升温速率。

⑭ 根据回流槽液位，打开回流泵进口阀，启泵后根据表压逐渐开启出口阀门，并用回流管线上的气动调节阀控制回流量。

⑮ 用加压塔回流槽放空管线上的气动调节阀控制加压塔顶压力。

⑯ 当加压塔液位下降时，打开加压塔进料泵进口阀，泵启动后逐渐调节出口阀开度，并通过调节入料管上的气动调节阀的开启控制加压塔入料。

⑰ 当常压塔液位下降时，打开常压塔入料管上气动调节的前后阀，根据常压塔液位调节气动阀的开度。

⑱ 当常压塔底温度大于 378K 时，分析残液合格后，打开残液管上气动调节阀的前后阀，用气动调节阀的开启度控制常压塔底液位。

⑲ 回流液分析合格后，打开采出气动阀的前后阀，用采出气动调节阀的开度来控制加压、常压二塔回流槽液位。

⑳ 打开中间罐区储罐的进口阀门。

### （三）停车操作

正常停车时的操作如下。

① 关闭加压、常压二塔采出管线上的气动调节阀及其前后阀。

② 停预塔入料泵和碱液泵并关其进出口阀门，停加压塔入料泵并关其进出口阀门，关常压塔进料和残液排放调节阀和其前后阀门。

③ 关闭蒸汽总阀，关加压塔再沸器蒸汽进口阀并打开蒸汽倒淋阀。

④ 根据回流液位，调塔回流管上调节阀的开启度，当液位降至下限时，停塔的回流泵，并关闭气动调节阀及前后阀门。

⑤ 当塔温降至 40℃ 以下时，联系调度停循环水。

⑥ 关闭开车时的所有开启阀门，以防泄漏。

## 四、甲醇生产异常现象及处理方法

甲醇生产中常见的异常现象及处理方法见表 6-3。

表 6-3　甲醇生产中常见的异常现象及处理方法

| 异常现象 | 原因 | 处理方法 |
|---|---|---|
| 催化剂层温度急剧升高 | ① CO 含量突然升高<br>② 循环机故障<br>③ 操作失误 | ① 应立即加大循环量，加开备用机，打开塔副线，必要时关小主线阀，但需留两圈以上，并立即通知变脱工段调整 CO 指标，如果超温严重可减机、减量或紧急停车处理<br>② 立即开备用机，排除故障，如果没有备用机可停车，同时开大塔副线，关小塔主线，立即抢修故障循环机<br>③ 纠正操作，稳定温度 |
| 催化剂层温度突然降低 | ① CO 含量突然降低<br>② 循环量偏大<br>③ 循环物料带醇 | ① 关闭塔副线，必要时用电加热器，同时通知变脱工段提高 CO 指标<br>② 减循环量<br>③ 迅速放低醇分液位，减循环量 |

续表

| 异常现象 | 原因 | 处理方法 |
|---|---|---|
| 压力升高 | ① 负荷过重<br>② 气质差<br>③ 弛放气量小 | ① 降低负荷<br>② 提高气质<br>③ 加大弛放气排放 |
| 压差过大 | ① 循环量过大<br>② 催化剂阻力大 | ① 应减小循环量<br>② 调整工艺指标或更换催化剂 |
| 排出口温度过高 | ① 冷排负荷重<br>② 冷排上水量小<br>③ 二次水温度高<br>④ 冷排结垢严重 | ① 加大上水量<br>② 加大上水量<br>③ 降低二次水温度或调用一次水<br>④ 清洗冷排 |

## 思考题

1. 甲醇的生产方法主要有哪几种？请比较其优缺点。

2. 合成气生产甲醇的原理是什么？影响甲醇生产的主要因素有哪些？分析其影响规律。

3. 根据物料性质和反应条件，分析甲醇合成反应器对材质的要求有哪些？

4. 用于甲醇合成的催化剂有哪些？各有什么特点？并简述甲醇合成用催化剂的发展历史。

5. 从工艺的角度对甲醇合成塔结构进行分析，该塔应该满足哪些要求？如何实现？

6. 简述低压法生产甲醇的工艺过程，并绘制以天然气为原料生产甲醇的工艺流程图。

7. 甲醇生产过程中存在哪些安全隐患？如何确保安全生产？

8. 甲醇生产过程中会产生哪些废气、废液和废固？如何进行处理？

9. 甲醇生产过程中有哪些能量能够进行综合利用？如何合理利用？

10. 在正常运行过程中，遇到甲醇合成塔温度偏高时该如何进行调控？请分析温度偏高的原因并给出合理的调控措施，确保合成塔温度尽快恢复至正常范围。

11. 甲醇装置每年进行一次大检修，大检修之后的开车操作是确保生产顺利进行的关键环节。请问开车操作前需要做哪些准备工作？

12. 请认真思考你在本项目中，是否与团队进行了愉快合作？是否在团队讨论中展示了良好的语言表达能力？是否在完成项目报告中贡献了较好的文字表达能力？是否深刻体会到了安全环保对化工生产的重要性？

 课外阅读

## 甲醇汽油

甲醇汽油是在现有的汽油中加入 15% 甲醇及 10%～15% 稳定剂，可调和成 93 号、95 号或 97 号车用甲醇汽油。这种车用甲醇汽油有以下优点：

① 甲醇作为汽油组分油，辛烷值（RON 及 MON）的调和效应好，为生产高标号汽油开辟了新路。

　　② 用甲醇调和成的车用无铅复合汽油作为一种清洁燃料，可改善汽车尾气，降低汽车尾气中 CH、$NO_x$、$SO_x$ 及 CO 含量，有利于环保。

　　③ 充分、合理地利用了天然气及煤气资源生产甲醇。

　　④ 由于甲醇作为汽油组分油，提高了汽油产量。

　　⑤ 含有甲醇的车用无铅复合汽油与传统工艺生产的车用无铅汽油相比，生产成本低。

　　⑥ 可以在现有的汽车上使用，满足各项行驶要求而不必对汽车供油系统及发动机作改动。

　　与乙醇汽油相比，甲醇汽油的生产成本具有绝对优势。每吨甲醇的生产成本在 1000 元左右，而每吨乙醇的生产成本在 4500 元左右。从原料来源来看，甲醇来源于我国最广泛的化工资源，如煤炭、天然气、焦化气、油田气、生物质、合成氨等生产过程中都可以用最低的成本生产甲醇。

　　自 20 世纪 70 年代末以来，由原国家科学技术委员会和国家经贸委组织，中国科学院、化工、石油、交通、卫生等部门的共同参与的甲醇燃料替代汽油的试验研究，现在已开发了三代全甲醇发动机。1L 的甲醇发动机其动力性能相当于 1.3L 的汽油发动机。经过 30 多年的示范运行，积累了足够的运行应用数据和成功经验。事实证明用甲醇替代汽油是可行的，它是一种更清洁、更安全、更合理的燃料。甲醇燃料作为车用燃料不论在经济、环保还是安全性等方面都有明显的优势。

# 项目七
# 苯乙烯的生产

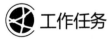 学习指南

苯乙烯是石化行业的重要基础原料，广泛用于多种树脂的生产，苯乙烯系列树脂的产量在世界合成树脂中居第三位。 通过本项目的学习和工作任务训练，了解苯乙烯工业的基本情况，熟悉苯乙烯的生产方法，能根据生产操作规程进行苯乙烯生产的运行控制、开停车操作。

知识目标　1. 了解苯乙烯的理化性质、用途、工业现状及发展趋势。
　　　　　2. 掌握乙苯脱氢制苯乙烯生产原理和工艺条件的确定方法。
　　　　　3. 了解乙苯脱氢制苯乙烯典型设备的结构。
　　　　　4. 熟悉乙苯脱氢制苯乙烯工艺流程。
　　　　　5. 理解乙苯脱氢制苯乙烯生产中典型故障产生原因。

能力目标　1. 能收集和归纳苯乙烯相关资料。
　　　　　2. 能对影响苯乙烯生产的工艺条件进行分析。
　　　　　3. 能比较并选择苯乙烯生产典型设备。
　　　　　4. 能对苯乙烯生产工艺流程进行解析。
　　　　　5. 能读懂苯乙烯生产操作规程并能按照规程进行生产操作。
　　　　　6. 能正确分析苯乙烯生产中异常现象的产生原因并采取应对措施。

## 任务一　苯乙烯工业概貌

工作任务

查一查国内外苯乙烯工业现状和发展趋势，了解苯乙烯的生产方法、生产原理、工艺条件、设备、工艺流程等，完成下表。

| | |
|---|---|
| 苯乙烯的工业生产方法 | |
| 乙苯脱氢制苯乙烯的原理 | |
| 乙苯脱氢制苯乙烯的工艺条件 | |

续表

| 脱氢反应器的结构、特点 | |
| --- | --- |
| 乙苯脱氢制苯乙烯的安全技术方案 | |
| 乙苯脱氢制苯乙烯的环保技术方案 | |
| 乙苯脱氢制苯乙烯的能量综合利用方案 | |
| 乙苯脱氢制苯乙烯的工艺流程 | |

对表中内容进行整理，并相互交流。

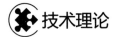 技术理论

## 一、苯乙烯工业现状及发展趋势

苯乙烯是一种重要的化工原料，主要用于生产聚苯乙烯树脂（PS）、ABS 树脂、苯乙烯-丙烯腈共聚物（SAN）树脂、丁苯橡胶、离子交换树脂、不饱和聚酯树脂以及丁苯热塑性弹性体等。

2010 年全球苯乙烯产能大幅扩张，当年产能增加约 278 万吨，产能增速接近 10%，之后全球苯乙烯产能增速逐步放缓，至 2017 年年底，全球苯乙烯产能达到 3372.4 万吨。全球苯乙烯产能主要集中在东亚、北美、西欧地区，这几个地区的苯乙烯产能占全球的 80% 左右，其中亚太地区苯乙烯产能约占全球总产能的一半。

我国乙烯资源相对短缺，但是催化裂化干气资源丰富，因此苯乙烯的生产主要以干气为原料。2011 年之前中国苯乙烯产能高速扩张，尤其是 2009 年新增产能 159.5 万吨，较 2008 年增长 50%，2011 年之后苯乙烯产能增速放缓，2015～2018 年苯乙烯产能增速整体稳定。据统计，截至 2019 年国内共有 44 家苯乙烯生产厂家，52 条生产线，苯乙烯产能 921.7 万吨，产量 811.65 万吨，进口量 291.4 万吨，表观消费 1112.51 万吨。"十三五"期间，中国有序推进国内民营炼化一体化项目，目前已有恒力、浙石化、盛虹、旭阳石化等几大千万级炼化一体化项目获批并进入建设高峰期，而且大炼化企业大多配套下游苯乙烯装置。估计 2020 年计划新增的苯乙烯产能超过 800 万吨。因此国内苯乙烯装置面临着新一轮集中投产，供需格局或将从产能不足到逐步过剩转变。随着国内新增产能的增加，中国苯乙烯进口量和进口依存度稳步下降。2017 年之前苯乙烯主要进口国家依次是韩国、沙特阿拉伯和美国等。2018 年中国苯乙烯主要进口国家依次是沙特阿拉伯、日本、韩国、新加坡等。2018 年 6 月 23 日起，中国商务部对原产于韩国和美国的进口苯乙烯征收 3.8%～55.7% 不等的反倾销税，征收期限为 5 年，导致 2018 年下半年起中国从韩国进口的比重大幅下降，沙特阿拉伯、日本成为主要进口来源国。

## 二、苯乙烯的生产方法

苯乙烯的合成方法有许多种，可用不同原料、不同方法来生产苯乙烯。除传统的乙苯脱氢生产苯乙烯的方法外，还先后出现了乙苯和丙烯共氧化联产苯乙烯和环氧丙烷工艺、乙苯气相脱氢生产苯乙烯工艺及以甲苯、裂解汽油等为原料的工艺路线。乙苯催化

脱氢法仍然是目前生产苯乙烯的主要方法，其所生产的苯乙烯占世界总生产能力的90％以上。

## 三、苯乙烯的生产原理

乙苯脱氢法是以苯和乙烯为原料，通过苯烷基化反应生成乙苯，然后乙苯再催化脱氢生成苯乙烯。这是工业上最早采用的生产方法，也是现在的主要生产方法。通过近年来的研究和发展，该方法在催化剂性能、反应器结构和工艺操作条件等方面都有了很大的改进。

乙苯脱氢生成苯乙烯的主反应为：

$$\text{苯}-C_2H_5 \longrightarrow \text{苯}-CH=CH_2 + H_2 \qquad \Delta_r H_m^{\ominus} = 117.8 \text{kJ/mol}$$

乙苯脱氢生成苯乙烯是吸热反应，在生成苯乙烯的同时可能发生的平行副反应主要是裂解反应和加氢反应。因为苯环比较稳定，裂解和加氢反应都发生在侧链上。

$$\text{苯}-C_2H_5 \longrightarrow \text{苯} + CH_2=CH_2 \qquad \Delta_r H_m^{\ominus} = 105 \text{kJ/mol}$$

$$\text{苯}-C_2H_5 + H_2 \longrightarrow \text{苯}-CH_3 + CH_4 \qquad \Delta_r H_m^{\ominus} = -54.4 \text{kJ/mol}$$

$$\text{苯}-C_2H_5 + H_2 \longrightarrow \text{苯} + C_2H_6 \qquad \Delta_r H_m^{\ominus} = -31.5 \text{kJ/mol}$$

在水蒸气存在下，还可能发生下述反应：

$$\text{苯}-C_2H_5 + 2H_2O \longrightarrow \text{苯}-CH_3 + CO_2 + 3H_2$$

高温下有生碳反应：

$$\text{苯}-CH_2-CH_3 \longrightarrow 8C + 5H_2$$

与此同时，苯乙烯聚合副反应的发生，不但会使苯乙烯的选择性下降，消耗原料量增加，还会使催化剂表面因覆盖聚合物而活性下降。

## 四、工艺条件的确定

乙苯脱氢生成苯乙烯是吸热反应，其平衡常数在温度较低时很小，由表7-1可见，平衡常数随温度的升高而增大。

表 7-1　乙苯脱氢反应的平衡常数 $K_p$ 与温度之间的关系

| 温度/K | 700 | 800 | 900 | 1000 | 1100 |
|---|---|---|---|---|---|
| $K_p$ | $3.30 \times 10^{-2}$ | $4.71 \times 10^{-2}$ | $3.75 \times 10^{-1}$ | 2.00 | 7.87 |

因此可以用提高温度的办法来提高苯乙烯的平衡转化率。温度对乙苯脱氢生成苯乙烯反应的平衡转化率和产物组成的影响如图 7-1 和图 7-2 所示。

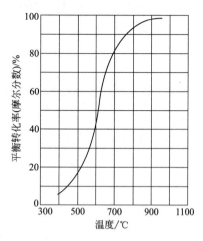
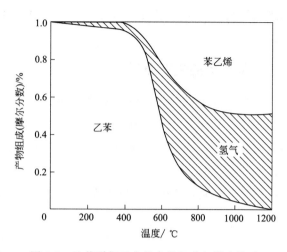

图 7-1    乙苯脱氢反应的平衡转化率与温度关系        图 7-2    乙苯脱氢反应的产物组成与温度关系

乙苯脱氢生成苯乙烯的反应是物质的量增加的反应，降低压力，产物的平衡浓度提高，也就是提高了反应的平衡转化率。由表 7-2 可知，反应平衡转化率随压力下降而提高。

表 7-2    压力对乙苯脱氢反应平衡转化率的影响

| 压力(101.3kPa) | | 压力(10.1kPa) | |
| --- | --- | --- | --- |
| 温度/K | 平衡转化率/% | 温度/K | 平衡转化率/% |
| 465 | 10 | 390 | 10 |
| 565 | 20 | 455 | 30 |
| 620 | 50 | 505 | 50 |
| 675 | 70 | 565 | 70 |
| 780 | 90 | 630 | 90 |

从表 7-2 中数据可看出，压力从 101.3kPa 降到 10.1kPa，若要获得相同的平衡转化率，所需要的脱氢温度可以降低 100℃左右；而在相同的温度条件时，由于压力从 101.3kPa 降到 10.1kPa，平衡转化率则可提高 20%～40%。

1. 反应温度的确定

提高温度能加快反应速率，也有利于提高脱氢反应的平衡转化率。但是温度越高，更有利于活化能更高的裂解等副反应，其速率增加得会更快。此时虽然转化率提高，但选择性会随之下降。温度过高，不仅苯和甲苯等副产物增加，而且随着生焦反应的增加，催化剂活性下降，再生周期缩短。工业生产中一般适宜的温度为 600℃左右。

2. 反应压力的确定

降低压力有利于脱氢反应的进行，因此脱氢反应最好是在减压下操作。但是高温条件下减压操作不安全，对反应设备强度要求高，投资增加。所以一般采用加入水蒸气的办法来降低原料乙苯在反应混合物中的分压，以此达到与减压操作相同的目的。总压则采用略高于常压以克服系统阻力，同时为了维持低压操作，应尽可能减小系统的压力降。

3. 水蒸气用量的确定

加入稀释剂水蒸气是为了降低原料乙苯的分压，有利于主反应的进行。选用水蒸气作稀释剂的好处在于：

① 水蒸气的热容量大，可以提供吸热反应所需的热量，使温度稳定控制；

② 可以降低乙苯的分压，改善化学平衡，提高平衡转化率；

③ 与催化剂表面沉积的焦炭反应，使之气化，起到清除焦炭的作用；

④ 水蒸气可抑制并消除催化剂表面上的积焦，保证催化剂的活性；

⑤ 水蒸气与反应物容易分离。

水蒸气用量对乙苯转化率的影响如表 7-3 所示。

表 7-3　水蒸气用量对乙苯转化率的影响（绝热反应器）

| 反应温度/K | $n$（水蒸气）：$n$（乙苯） | | |
|---|---|---|---|
| | 0 | 16 | 18 |
| 853 | 0.35 | 0.76 | 0.77 |
| 873 | 0.41 | 0.82 | 0.83 |
| 893 | 0.48 | 0.86 | 0.87 |
| 913 | 0.55 | 0.90 | 0.90 |

由表 7-3 可知，在一定的温度下，随着水蒸气用量的增加，乙苯的转化率也随之提高，但增加到一定用量之后，乙苯转化率的提高就不太明显，而且水蒸气用量过大，能量消耗也增加，产物分离时用来使水蒸气冷凝耗用的冷却水量也很大，因此水蒸气与乙苯的比例应综合考虑。用量比也与所采用的脱氢反应器的形式有关，一般绝热式反应器脱氢所需水蒸气量大约比等温列管式反应器脱氢大一倍。在工业生产中，列管式反应器中乙苯与水蒸气摩尔比一般为（6~9）：1。

4. 原料纯度

若原料气中有二乙苯，则二乙苯在脱氢催化剂上也能脱氢生成二乙烯基苯，在精制产品时容易聚合而堵塔。出现此种现象时，只能用机械法清除，所以要求原料乙苯沸程为 135~136.5℃。原料气中二乙苯含量小于 0.04%。

5. 空间速率

空间速率小，停留时间长，原料乙苯转化率可以提高，但同时因为连串副反应增加，会使选择性下降，而且催化剂表面结焦的量增加，致使催化剂运转周期缩短；但若空速过大，又会降低转化率，导致产物收率太低，未转化原料的循环量大，分离、回收消耗的能量也上升。所以最佳空速范围应综合原料单耗、能量消耗及催化剂再生周期等因素综合确定。

## 五、脱氢催化剂的选择

由于乙苯脱氢的反应是吸热反应，在常温常压条件下反应速率很小，只有在高温下进行才具有一定的速率，且裂解反应比脱氢反应更为有利，则得到的产物主要是裂解产物。在高温下，若要使脱氢反应占优势，就必须选择性能良好的催化剂。同时考虑到反应产物中存在大量氢气和水蒸气，因此乙苯脱氢反应的催化剂应满足下列条件要求：

① 有良好的活性和选择性，能加快脱氢主反应的速率，而又能抑制聚合、裂解等副反应的进行；

② 高温条件下有良好的热稳定性，通常金属氧化物比金属具有更高的热稳定性；

③ 有良好的化学稳定性，以免金属氧化物被氢气还原为金属，同时在大量水蒸气的存

在下，不致被破坏结构，能保持一定的强度；

④ 催化剂表面不易结焦，且结焦后易于再生。

在工业生产上，常用的脱氢催化剂主要有两类：一类是以氧化铁为主体的催化剂，如 $Fe_2O_3-Cr_2O_3-KOH$ 或 $Fe_2O_3-Cr_2O_3-K_2CO_3$ 等，另一类是以氧化锌为主体的催化剂，如 $ZnO-Al_2O_3-CaO$，$ZnO-Al_2O_3-CaO-KOH-Cr_2O_3$ 或 $ZnO-Al_2O_3-CaO-K_2SO_4$ 等。这两类催化剂均为多组分固体催化剂，其中氧化铁和氧化锌分别为主催化剂，钙和钾的化合物为助催化剂，氧化铝是稀释剂，氧化铬是稳定剂（可提高催化剂的热稳定性）。

这两类催化剂的特点是都能自行再生，即在反应过程中，若因副反应生成的焦炭覆盖于催化剂表面时，会使其活性下降。但在水蒸气存在下，催化剂中的氢氧化钾能促进反应中 C 和 $H_2O$ 向生成 $CO+H_2$ 的方向进行，从而使焦炭除去，有效地延长了催化剂的使用周期。一般使用一年以上才需再生，而且再生时，只需停止通入原料乙苯，单独通入水蒸气就可完成再生操作。

目前，各国以采用氧化铁系催化剂最多。我国采用的氧化铁系催化剂组成为 $Fe_2O_3$ 8%，$K_2Cr_2O_7$ 11.4%，$K_2CO_3$ 6.2%，CaO 2.40%。当反应温度为 550～580℃时，转化率为 38%～40%，收率可达 90%～92%，催化剂寿命可达两年以上。

## 六、苯乙烯生产设备

乙苯脱氢的化学反应是强吸热反应，因此工艺过程的基本要求是要连续向反应系统供给大量热量，并保证化学反应在高温条件下进行。根据供给热能方式的不同，乙苯脱氢的反应过程按反应器型式的不同分为列管式等温反应器和绝热式反应器两种。国内两种反应器都有应用。目前大型新建生产装置均采用绝热式反应器。

### （一）列管式等温反应器

乙苯脱氢列管式等温反应器的结构如图 7-3 所示。反应器由许多耐高温的镍铬不锈钢管或内衬铜、锰合金的耐热钢管组成，管径为 100～185mm，管长 3m，管内装催化剂。反应器

乙苯脱氢列管式等温反应器

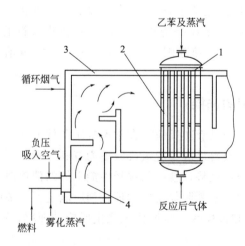

图 7-3　乙苯脱氢列管式等温反应器

1—列管式反应器；2—圆缺挡板；3—耐火砖砌成的加热炉；4—燃烧喷嘴

放在用耐火砖砌成的加热炉内，以高温烟道气为载体，将反应所需热量在反应管外通过管壁传给催化剂层，以满足吸热反应的需要。这种反应器类似于管壳式换热器，管内装催化剂，管间走载热体。为了保证气流均匀地通过每根管子，催化剂床层阻力必须相同，因此，均匀地装填催化剂十分重要。管间载热体可为冷却水、沸腾水、加压水、高沸点有机溶剂、熔盐、熔融金属等。载热体选择主要考虑的是床层内要维持的温度。对于放热反应，载热体温度应较催化剂床层温度略低，以便移出反应热，但二者的温度差不能太大，以免造成靠近管壁的催化剂过冷、过热。载热体在管间的循环方式可为多种，以达到均匀传热的目的。

列管式等温反应器优点是反应器纵向温度较均匀，易于控制，不需要高温过热蒸汽，蒸汽耗量低，能量消耗少。其缺点在于需要特殊合金钢（如铜锰合金），结构较复杂，检修不方便。

### （二）绝热式反应器

绝热式反应器不与外界进行任何热量交换。对于放热反应，反应过程中所放出的热量，完全用来加热系统内气体。而对于乙苯脱氢这样的吸热反应，反应过程中所需要的热量则依靠过热水蒸气供给，反应器不与外界进行换热。因此随着反应的进行，温度会逐渐下降，温度变化的情况主要取决于反应吸收的热量。原料转化率越高，一般来说吸收的热量越多。由于温度的这种变化，使反应器的纵向温度自气体进口处到出口处逐渐降低。当乙苯转化率为37%时，出口气体温度将比进口温度低333K左右，为了保证靠近出口部分的催化剂有良好的工作条件，气体出口温度不允许低于843K，这样就要求气体进口温度在903K以上。又为防止高温预热时乙苯蒸气过热所引起的分解损失，必须将乙苯和水蒸气分别过热，然后混合进入反应器。

绝热式反应器的优点是结构比较简单，反应空间利用率高，不需耐热金属材料，只要耐火砖就行了，检修方便，基建投资低。其缺点是温度波动大，操作不平稳，消耗大量的高温（约983K）蒸汽并需用水蒸气过热设备。

### （三）绝热式反应器的改进

绝热式反应器一般只适用于反应热效应小，反应过程对温度的变化不敏感及反应过程单程转化率较低的情况。为了克服单段绝热式反应器的缺点，降低原料和能量的消耗，后来在乙苯脱氢的反应器及生产工艺方面有了很多改进措施，效果较好。

一种改进是将几个单段绝热反应器串联使用，在反应器间增设加热炉。另一种改进是采用多段式绝热反应器，即将绝热反应器的床层分成很多小段，每段之间设有换热装置，反应器的催化剂放置在各段的隔板上，热量的导出或引入靠段间换热器来完成。段间换热装置可以装在反应器内，也可设在反应器外。加热用过热水蒸气按反应需要分配在各段分别导入，多次补充反应所需热量。这样不仅降低了反应器初始原料的入口温度，也降低了反应器物料进、出口气体的温差，转化率可提高到65%～70%，选择性可达92%左右。

从理论上讲，将床层的段数分得越多，则越接近等温反应器，但是段数越多，结构越复杂，这样就使其结构简单的优点消失了。生产中多采用两段绝热式反应器，第一段使用高选择性催化剂以提高选择性，第二段使用高活性的催化剂，由此来改善因反应深度加深而导致温度下降对反应速率不利的影响，该种措施可使乙苯转化率提高到64.2%，选择性达到91.1%，水蒸气消耗量由单段的6.6t/t苯乙烯降低到4.5t/t苯乙烯，生产成本降低 16.9%。

如图 7-4 所示是三段绝热式径向反应器结构。每一段均由混合室、中心室、催化剂室和收集室组成。催化剂放在由钻有细孔的钢板制成的内、外圆筒壁之间的环形催化剂室中。乙苯蒸气与一定量的过热水蒸气进入混合室混合均匀，由中心室通过催化剂室内圆筒壁上的小孔进入催化剂层径向流动，并进行脱氢反应，脱氢产物从外圆筒壁的小孔进入催化剂室外与反应器外壳间环隙的收集室。然后再进入第二段的混合室，在此补充一定量的过热水蒸气，并经第二段和第三段进行脱氢反应，直至脱氢产物从反应器出口送出。此种反应器的反应物由轴向流动改为催化剂层的径向流动，可以减小床层阻力，使用小颗粒催化剂，从而提高选择性和反应速率。其制造费用低于列管等温反应器，水蒸气用量比一般绝热反应器少，温差也小，乙苯转化率可达 60% 以上。

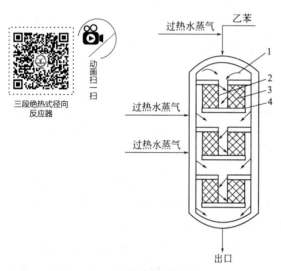

图 7-4 三段绝热式径向反应器
1—混合室；2—中心室；
3—催化剂室；4—收集室

此外，还有提出以等温反应器和绝热反应器联用，以及在三段绝热反应器中使用不同的催化剂，采用不同的操作条件等改进方案的，也都有一定的良好效果。

## 七、苯乙烯生产工艺

乙苯脱氢生产苯乙烯的工艺流程主要由乙苯生产、乙苯脱氢和粗苯乙烯的分离与精制三部分组成。

### (一) 乙烯与苯烷基化生产乙苯的工艺流程

乙烯与苯烷基化生产乙苯的工艺流程由催化配合物的配制、烷基化反应、配合物的沉降与分离、中和除酸、粗乙苯的精制与分离等工序组成。代表性流程如图 7-5 所示。

向装有搅拌器的催化剂配制槽 1 中依次加入干燥过的苯、二乙苯、$AlCl_3$ 和 $C_2H_5Cl$。加热至 333～343K，并搅拌。配制好的催化配合物连续加入烷基化反应器 2 中。

原料苯、乙烯及吸收苯后的二乙苯混合物均从反应器 2 下部通入。加入二乙苯的作用主要是因为催化配合物与反应产物间产生烷基的置换作用，使多烷基苯进行烷基转移。

从烷基化反应器顶部出来的气体主要是苯蒸气，经冷凝后，苯液流回反应器 2 回收利用，未冷凝气体用二乙苯在吸收塔 4 中进行洗涤，进一步回收气体中的苯，剩余气体作为废气放空或作燃料（视气体成分而定）。为了减少乙烯损失，尾气中乙烯量应严加控制，一般原料乙烯纯度 80%～90% 时，尾气中乙烯量应小于 3%（体积分数）；多乙烯纯度为 90%～95% 时，尾气中乙烯量应小于 5%（体积分数）；多乙烯纯度在 95% 以上时，则尾气中乙烯量应小于 8%（体积分数）。

烷基化液自反应器 2 上部溢流而出。经冷凝器 5 冷却至 313K 左右流入沉降器 6，其中催化配合物因密度较烷基化液大而沉于下层，并返回反应器 2。上层烷基化液与水混合，在

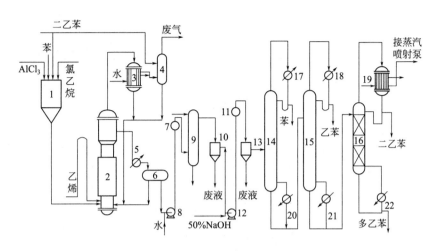

图 7-5  乙苯生产的工艺流程

1—催化剂配制槽；2—烷基化反应器；3，5，17～19—冷凝器；4—二乙苯吸收塔；6—沉降器；

7，11—混合器；8，12—泵；9—水洗塔；10，13—分离器；14—蒸苯塔；

15—乙苯精馏塔；16—二乙苯精馏塔；20～22—加热器

水洗塔 9 中进一步把催化配合物分解。为避免腐蚀精馏系统设备，用 50％的碱液中和烷基化液的酸性。碱液可用泵 8 循环使用，至浓度低于 30％时再排出更新。烷基化液经中和、沉降除去配合物后送精馏系统。送精馏系统的组成大致为苯 40％、乙苯 30％～40％、二乙苯 15％～20％、多乙苯 2％～3％（均为质量分数）。

粗乙苯精馏按三塔系统进行，根据各馏分的挥发度顺序，先蒸出轻组分，后蒸出重组分。粗乙苯进入蒸苯塔 14，塔顶温度于 363K 左右蒸出苯，经冷凝冷却后供烷基化用。塔釜温度约 423K，塔釜含乙苯和多乙苯的混合物再送乙苯精馏塔 15。控制乙苯精馏塔塔顶温度为 408K，塔釜为 563K，从塔顶蒸出纯度达 98％以上的精乙苯，经冷凝冷却至 308K 左右，用碱干燥后即为产品。釜底产物为含二乙苯和多乙苯的混合物，送二乙苯精馏塔 16。二乙苯精馏塔为真空操作（0.905～0.96MPa），塔顶温度为 313～358K，塔釜温度为 393～403K，塔顶蒸出的二乙苯用于洗涤反应器顶部排出的废气后，再循环使用。塔釜产物主要为多乙苯和焦油，可送往烷基转移反应器中进行烷基转移处理。

**（二）乙苯脱氢工艺流程**

根据供给热能方式的不同，乙苯脱氢工艺流程分为列管式脱氢工艺和绝热式脱氢工艺。

**1. 列管式等温反应器脱氢的工艺流程**

列管式等温反应器乙苯脱氢的工艺流程如图 7-6 所示。原料乙苯蒸气和按比倒送入的一定量水蒸气混合后，先后经过第一预热器 3，热交换器 4 和第二预热器 2 预热至 540℃左右，进入脱氢反应器 1 的管内，在催化剂作用下进行脱氢反应，反应后的脱氢产物离开反应器时的温度为 580～600℃，进入热交换器 4 利用余热间接预热原料气体，而同时使反应产物降温。然后再经冷凝器 5 冷却、冷凝，凝液在粗苯乙烯储槽 6 中与水分层分离后，粗苯乙烯送精馏工序进一步精制为精苯乙烯。不凝气体中会有 90％左右的 $H_2$，其余为 $CO_2$ 和少量 $C_1$ 及 $C_2$ 烃类，一般可作为气体燃料使用，也有直接用作本流程中等温反应器的部分燃料。

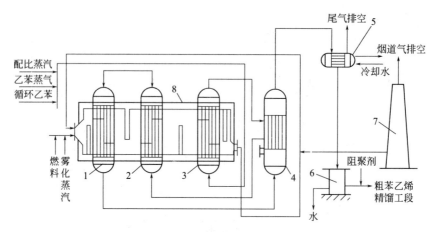

图 7-6　列管式等温反应器乙苯脱氢的工艺流程
1—脱氢反应器；2—第二预热器；3—第一预热器；4—热交换器；5—冷凝器；
6—粗苯乙烯储槽；7—烟囱；8—加热器

该等温反应器的脱氢反应过程中，水蒸气仅仅是作为稀释剂使用，因此水蒸气与乙苯的摩尔比为（6～9）∶1。脱氢反应的温度控制范围与催化剂活性有关，一般新鲜催化剂控制在580℃左右，已老化的催化剂可以逐渐提高到620℃左右。反应器的温度分布是沿催化剂床层逐渐降低，出口温度可能比进口温度低40～60℃。此外，为了充分利用烟道气的热量，一般是将脱氢反应器、原料第二预热器和第一预热器顺序安装在用耐火砖砌成的加热炉内，加热炉后的部分烟道气可循环使用，其余送烟囱排放；此外用脱氢产物带出的余热也可间接在热交换器 4 中预热原料气，都充分地利用了热能。

对脱氢吸热反应来说，由于升高温度对提高平衡转化率和提高反应速率都是有利的，因此催化剂床层的最佳温度分布应随转化率的增加而升高，所以等温反应器比较合理，可获得较高的转化率，一般可达 40%～45%，而苯乙烯的选择性达到 92%～95%。

列管等温反应器的水蒸气耗用量虽为绝热式反应器的一半，但因反应器结构复杂，耗用大量特殊合金钢材，制造费用高，所以不适用于大规模的生产装置。

2．绝热式反应器脱氢工艺流程

（1）单段绝热式反应器乙苯脱氢的工艺流程　见图 7-7。循环乙苯和新鲜乙苯与水蒸气总用量中的 10% 混合以后，与高温的脱氢产物在热交换器 4 和 3 间接预热到 520～550℃，再与过热到 720℃的其余 90%的过热水蒸气混合，约 650℃进入脱氢反应器 2，在绝热条件下进行脱氢反应，离开反应器的脱氢产物约为 585℃，在热交换器 3 和 4 中，利用其余热间接预热原料气，然后在冷凝器 5 中进一步冷却、冷凝，凝液在分离器 6 中分层，排出水后的粗苯乙烯送精制工序，尾气中氢含量为 90% 左右，可作为燃料，也可精制为纯氢气使用。

绝热式反应器脱氢过程所需热量完全由过热水蒸气带入，所以水蒸气用量很大。反应器脱氢反应的工艺操作条件为：操作压力 138kPa 左右，水蒸气∶乙苯为 14∶1（摩尔比），乙苯液空速 0.4～0.6h$^{-1}$。单段绝热式反应器进口温度比脱氢产物出口温度高约 65℃，这样的温度分布对提高原料的转化率是很不利的，所以单段绝热式反应器脱氢不仅转化率比较低（35%～40%），选择性也比较低（约 90%）。但与列管等温反应器相比较，绝热式反应器具

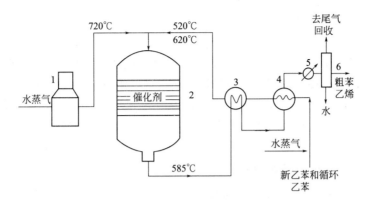

图 7-7　单段绝热式反应器乙苯脱氢的工艺流程

1—水蒸汽过热炉；2—脱氢反应器；3，4—热交换器；5—冷凝器；6—分离器

有结构简单，耗用特殊钢材少，因而具备制造费用低，生产能力大等优点。一台大型的单段绝热式反应器，生产能力可达年产苯乙烯 6 万吨。

（2）两段绝热式反应器乙苯脱氢的工艺流程　见图 7-8。

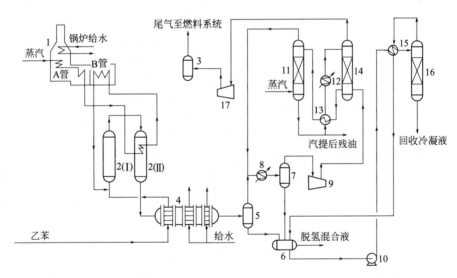

图 7-8　两段绝热式反应器乙苯脱氢的工艺流程

1—蒸汽过热炉；2（Ⅰ，Ⅱ）—脱氢绝热径向反应器；3，5，7—分离器；4—废热锅炉；

6—液相分离器；8，12，13，15—冷凝器；9，17—压缩机；10—泵；

11—残油汽提塔；14—残油洗涤塔；16—工艺冷凝汽提塔

乙苯在水蒸气存在下催化脱氢生成苯乙烯，是在段间带有蒸汽再热器的两个串联的脱氢绝热径向反应器内进行，反应所需热量由来自蒸汽过热炉的过热蒸汽提供。

在蒸汽过热炉 1 中，水蒸气在对流段内预热，然后在辐射段的 A 管内过热到 880℃。此过热蒸汽首先与反应混合物换热，将反应混合物加热到反应温度，然后再去蒸汽过热炉辐射段的 B 管，被加热到 815℃后进入Ⅰ段反应器 2。过热的水蒸气与被加热的乙苯在Ⅰ段反应器的入口处混合，由中心管沿径向进入催化剂床层。混合物经反应器段间蒸汽再热器后被加热到631℃，然后进入Ⅱ段反应器。反应器流出物经废热锅炉4换热被冷却回收热量，同时分别产生3.4MPa和0.039MPa蒸汽。

反应产物经冷凝冷却降温后，送入分离器5和7，不凝气体（主要是氢气和二氧化碳）经压缩去残油洗涤塔14用残油进行洗涤，并在残油汽提塔11中用蒸汽汽提，进一步回收苯乙烯等产物。洗涤后的尾气经变压吸附提取氢气，可以作为氢源或燃料。

反应产物的冷凝液进入液相分离器6，分为烃相和水相。烃相即脱氢混合液（粗苯乙烯）送至分离精馏部分，水相送工艺冷凝汽提塔16，将微量有机物除去，分离出的水循环使用。

### （三）苯乙烯的分离与精制流程

脱氢产物粗苯乙烯中除含有产物苯乙烯和未反应的乙苯之外，还含有副反应产生的甲苯、苯及少量高沸物焦油等，其组成因脱氢方法不同而异。

粗苯乙烯分离和精制的流程如图7-9所示。粗苯乙烯（炉油）首先送入乙苯蒸出塔1，该塔是将未反应的乙苯、副产物苯、甲苯与苯乙烯分离。塔顶蒸出乙苯、苯、甲苯经冷凝器冷凝后，一部分回流，其余送入苯、甲苯回收塔3，将乙苯与苯分离。塔釜得到乙苯，可送脱氢炉作脱氢用，塔顶得到的苯、甲苯经冷凝器冷凝后部分回流，其余再送入苯、甲苯分离塔5，使苯和甲苯分离，塔釜得到甲苯，塔顶得到苯，其中苯可作烷基化原料用。

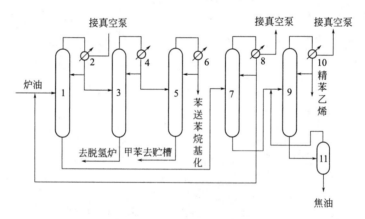

图7-9 粗苯乙烯分离和精制流程

1—乙苯蒸出塔；2，4，6，8，10—冷凝器；3—苯、甲苯回收塔；5—苯、甲苯分离塔；
7—苯乙烯粗馏塔；9—苯乙烯精馏塔；11—蒸发釜

乙苯蒸出塔后冷凝器2出来的不凝气体经分离器分出夹带液体后去真空泵放空。

乙苯蒸出塔塔釜液主要含苯乙烯、少量乙苯、焦油等，送入苯乙烯粗馏塔7，将乙苯与苯乙烯、焦油分离，塔顶得到含少量苯乙烯的乙苯可与粗苯乙烯一起进入乙苯蒸出塔。苯乙烯粗馏塔塔釜液则送入苯乙烯精馏塔9，在此，塔顶即可得到聚合级成品精苯乙烯，纯度可达到99.5%以上，苯乙烯收率可达90%以上。塔釜液为含苯乙烯40%左右的焦油残渣，进入蒸发釜11中可进一步蒸馏回收其中的苯乙烯。回收苯乙烯可返回精馏塔作加料用。

粗苯乙烯和苯乙烯精馏塔顶部冷凝器8、10，出来的未冷凝气体均经分离器分离掉所夹带液滴后再去真空泵放空。

　　该流程中乙苯蒸出塔 1 和苯乙烯粗馏塔 7、苯乙烯精馏塔 9 要采用减压精馏，同时塔釜应加入适量阻聚剂（如对苯二酚或缓聚剂二硝基苯酚、叔丁基邻苯二酚等），以防止苯乙烯自聚。

# 任务二　苯乙烯生产运行与开停车

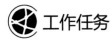 **工作任务**

　　查一查苯乙烯装置开停车和运行控制的相关资料，理解乙苯脱氢生产苯乙烯的操作要点和调控方案，完成下表。

| | |
|---|---|
| 乙苯脱氢制苯乙烯生产的正常操作要点 | |
| 苯乙烯生产开车的必备条件 | |
| 苯乙烯生产停车的原因 | |
| 生产中反应器顶部温度偏高的原因和处理方案 | |
| 生产中反应器床层压力波动的原因和处理方案 | |
| 生产中脱氢反应转化率下降的原因和处理方案 | |
| 尾气中二氧化碳含量偏高的原因和处理方案 | |
| 脱氢粗液颜色发黄的原因和处理方案 | |

　　对表中内容进行整理，并相互交流。

**技术理论**

## 一、苯乙烯生产操作与控制

### （一）开车

1. 开车前的准备工作

① 本岗位所有设备、管道、阀门等试压要合格，清洗、吹扫要干净。

② 仪表均请仪表工校验，所有温度、流量、压力、液位的仪表均要正确无误。

③ 泵机均由保养工解体，单机运行正常，包括备泵亦处于可运转状态。

④ 燃烧气系统经试压后无泄漏，喷嘴无阻塞。

⑤ 各管架吊架和支撑上的弹簧处于正常位置，无断裂、错位、移动等现象。

⑥ 岗位及生产现场，包括主要通道上，无杂物乱堆乱放，要符合安全技术的有关规定。

⑦ 与调度联系，使燃烧气、动力空气、仪表空气、水蒸气、循环水、电、冷冻盐水、原料乙苯等处于备用状态。

⑧ 开车期间应有仪表工、保机工、电工、分析工、车间干部和技术人员在场，随时解决遇到的问题，确保开车成功。

2．开车步骤

（1）燃料气管道吹扫　通知调度与制造车间分离工段联系，向本装置输送裂解气，全开燃料气调节阀前后的截止阀和旁路阀，向炉膛吹扫 1min，同时开启管线上的排污阀吹扫 10min 后关闭。

（2）炉膛吹扫　在燃料气管吹扫的同时，从工艺空气管线上接临时皮管，在二层平台的看火门中，用空气对炉膛进行对流吹扫，全开喷嘴风门和烟道挡板，炉膛吹扫 1h 后，通知分析工对炉膛空气进行测定，烃类化合物＜0.5％为合格。

（3）点火

① 点火前准备

a. 准备一根点火棒；

b. 准备好柴油；（不要汽油）

c. 准备好黄沙桶、灭火器；

d. 准备好有机玻璃面罩和石棉手套；

e. 通知有关人员到现场监护点火；

f. 全关喷嘴风门；

g. 关小烟囱挡板至 10°角，用纸测试炉膛负压，若太大可适当关小挡板角度。

② 点火

a. 点火人员应穿戴好劳保用品；

b. 将点火棒浸入柴油中，然后取出引火；

c. 将点火棒插入点火孔，并缓慢开启喷嘴阀门；

d. 待火焰稳定后，取出点火棒，插入黄沙内——熄火，并观察和记录炉膛各点温度；

e. 若喷嘴熄火，不得马上点火，应重新吹扫后，方能点火。

（4）化工投料操作过程

① 点火后待火焰稳定开始记录温度，然后以 20℃/h 速度升温；

② 温度升至 150℃时，逐步开大烟囱挡板至 30°角，控制 150℃恒温 4h，并做好通空气的准备；

③ 150℃恒温结束，通入动力空气，并控制空气压力和空气流量；

④ 恒温结束后继续以 25℃/h 速度升温；

⑤ 当温度升至 500℃时，开大烟囱挡板至 40°角，并恒温 24h；

⑥ 在 500℃恒温过程中做好通水蒸气的准备工作，当恒温结束，开始缓慢通水蒸气；

⑦ 蒸汽通入后，仍以 25℃/h 速度升温；

⑧ 温度为 500℃时，用 G101 仪表控制水蒸气的流量为 1000kg/h，用 G102 仪表控制水蒸气流量为 2000kg/h，均进入水蒸气过热炉的辐射段，用 G104 仪表控制水蒸气流量为 500kg/h，通入乙苯蒸发器（H-103），控制总蒸汽流量约 3500kg/h；

⑨ 温度升到 600℃时，G101 水蒸气流量增加至 1700kg/h，G102 水蒸气流量增加至 3300kg/h，G104 水蒸气流量增至 700kg/h，控制总蒸汽流量约 5700kg/h；

⑩ 当温度升到 750℃，G101 通入水蒸气量应增加至 2000kg/h，G102 水蒸气应增至 4000kg/h，G104 水蒸气流量增至 1000kg/h，控制总蒸汽流量约 7000kg/h；控制 750℃恒温 6h；

⑪ 750℃恒温结束后，继续以 20℃/h 速度升温至 800℃，蒸汽流量逐步增加至 G101 为 2300kg/h，G102 为 4580kg/h，G104 为 1000kg/h，控制总蒸汽流量约 8500kg/h，烟囱挡板开大至 50°角；

⑫ 800℃恒温 6h 后，烟囱挡板开大至 60°角，准备投料通乙苯；

⑬ 开乙苯储罐（R-302abc）的底部出口阀、乙苯泵（B-301ab）的进口阀、阻聚剂溶解缸（R-107）的进口阀；

⑭ 启动乙苯泵，控制流量 2000kg/h，用 G103 仪表手动调节。逐步提高至 3000～3200kg/h，待稳定后，方可切换自控；

⑮ 当炉油中间槽（R-106）液位达 2/3 时，启动炉油输送泵（B-103ab）；

⑯ 盐冷器盐水温度由 T-108 仪表控制在 0～5℃，防止冻结；

⑰ 启动阻聚剂溶解缸的搅拌，按时向炉油内加 D 型阻聚剂；

⑱ 采样分析，根据结果调节乙苯流量和炉顶温度，炉油浓度控制在 50% 左右；

⑲ 炉顶温度 T-101-1 仪表指示不得超过 850℃。

（5）正常操作

① 每小时认真如实记录一次温度、压力、流量、液面等工艺操作指标；

② 根据分析结果，适当调整操作条件，保证产品质量稳定；

③ 每星期一切换泵机，并作好记录；

④ 每班对乙苯蒸发器进行一次排污，并作好记录；

⑤ 做好操作室、仪表屏及生产现场的清洁工作；

⑥ 岗位所属系统的跑、冒、滴、漏应及时解决；

⑦ 仪表、泵机发生故障应及时通知修理；

⑧ 写好交接班记录，签名，当场交接；

⑨ 对燃烧气系统进行排污一次，并做好回收和记录工作；

⑩ 定时定量加好 D 型阻聚剂；

⑪ 调节好燃烧喷嘴，及时组织清焦，保证正常燃烧。

### （二）停车

1. 正常停车

① 接到停车通知后，乙苯流量以每 15min 减量 200kg，T-101-1 以 10℃/h 降至 800℃，继续减量，直至切断乙苯；

② 切断乙苯后以 15℃/h 降 T-101-1 温度至 750℃，水蒸气流量以每 15min 减量 300kg 减至 7000kg/h，烟囱挡板关小至 40°，关闭盐水阀；

③ 以 15℃/h 降 T-101-1 温度至 500℃，水蒸气流量逐步减至 3500kg/h；

④ 500℃恒温 6h，水蒸气流量减至 2000kg/h；

⑤ 恒温结束，交替切换通动力空气，以 15℃/h 降至 150℃，继续通动力空气；

⑥ T-101-1 温度降至 150℃，切断动力空气阀，关小烟囱挡板至 30°；

⑦ 以 20℃/h 降温至熄火，然后自然降温；

⑧ 停车过程中，各温度、压力、流量、液位的记录要完整，切断循环上水、排净存水，必要时加盲板。

2. 不正常停车

(1) 停蒸汽停车

① 蒸汽尚能维持数小时

a. 若 T-101-1 温度以 30～40℃/h 急剧降温;

b. 当反应器Ⅱ段出口温度低于 600℃时,停通乙苯,继续降温,改通空气后按正常降温指标执行;

c. 若停汽时间短,可在 500℃时恒温通空气,待蒸汽恢复后重新开车。

② 蒸汽压力低于 0.5MPa

a. 立即切断乙苯进料,以 100℃/h 的速度,降低 T-101-1 的温度;

b. 切断乙苯 1h 后,切换通空气;

c. 蒸汽流量维持 2000kg/h 以上时,维持 T-101-1 于 600℃恒温;

d. 蒸汽压力低于 0.1MPa(表)时切断蒸汽总阀,防止倒压;

e. 若蒸汽流量只能维持在 2000kg/h 时,T-101-1 降温至 500℃恒温,若短期不能恢复供气,则按正常停车操作执行。

③ 不正常停车注意事项

a. 重新投蒸汽,应按正常开车通蒸汽的操作步骤和要求执行;

b. 停蒸汽切换空气,一定要交替切换,不得先停蒸汽再通入空气,防止管道或设备内存有的物料遇空气后燃烧。

(2) 停燃料停车

① 燃料尚能维持 12h 以上

a. 参照(1)停蒸汽停车①的处理方法执行;

b. 当 T-101-1 在 600℃时,交替切换通空气,切断水蒸气,立即关小烟囱挡板至 20°角,让其自然降温,当 T-101-1 温度在 200℃时停止通空气。

② 燃气压力低于 0.10MPa 时

a. 立即切断乙苯进料,通知调度,要求燃料气升压或组织抢修泵机;

b. 若不能维持,则按不正常停车的降温速度参照执行,取消恒温阶段;

c. 中途能恢复,则重新升温可按正常开车的相应操作阶段进行。

③ 燃料突然中断

a. 立即切断喷嘴阀门,通知调度送工艺空气;

b. 立即切断乙苯进料;

c. 关小烟囱挡板至 20°角,让其自然降温;

d. 减小蒸汽流量,当 T-101-3 低于 600℃,蒸汽流量减至 4000kg/h、恒温 550℃蒸汽流量减至 2000kg/h,500℃交替切换通空气,150℃停止通空气;

e. 燃烧系统,特别是尾气燃料中,若进入空气,在重新点火前,应吹扫炉膛,分析合格方可点火。

(3) 断乙苯停车

① 乙苯质量不合格或突然中断,应关闭乙苯总阀和停乙苯阀(B-301ab);

② 将一段反应器入口温度 T-101-3 调节至 600℃恒温;

③ 重新投料,按正常开车的相应步骤参照执行。

（4）突然停电造成停车

① 所有管线全部采用现场手控阀操作；

② 所有液面全部现场观察控制；

③ 立即关闭乙苯进料调节阀；

④ 燃料若是裂解气切换用甲烷氢，并降低至 600℃恒温；

⑤ 重新开车自控缓慢切换，切一条稳一条。

（5）停工艺空气

① 在开车过程中的通空气阶段若停空气，则按正常停车的相应阶段降温，其中恒温取消；

② 在停车过程中若遇停空气，处理方法同上；

③ 立即查明断空气的原因，待供气正常后则停止降温，按正常开车的相应阶段重新升温。

（6）停仪表空气　参照（4）突然停电造成停车处理。

（7）停冷冻盐水

① 降低乙苯进料量，保证放空管无物料喷出；

② 迅速查明原因，待盐水供应正常后再适当恢复乙苯进料量；

③ 若盐水供应在 24h 内无法恢复，则按正常停车执行；

④ 短时间的停盐水，除乙苯适当减少量外，其他工艺条件不变。

（8）停循环水

① 立即关闭乙苯进料阀；

② 通知调度，要求恢复供水；

③ 调节一段反应器的入口温度 T-101-3 至 600℃恒温；

④ 若 24h 无法恢复供水，按正常停车操作执行。

## 二、苯乙烯生产异常现象及处理方法

苯乙烯生产中常见的异常现象及处理方法见表7-4。

表 7-4　苯乙烯生产中常见的异常现象及处理方法（以两段绝热式反应器脱氢工艺为例）

| 异常现象 | 原因 | 处理方法 |
| --- | --- | --- |
| 炉顶 T-101-1 波动 | ① 燃料气波动<br>② T-101-1 仪表失灵<br>③ 烟囱挡板滑动造成炉膛负压波动<br>④ 乙苯或蒸汽流量波动<br>⑤ 喷嘴局部堵塞<br>⑥ 炉管破裂（烟囱冒黑烟） | ① 调节并稳定压力<br>② 检查仪表<br>③ 调节挡板至正常位置<br>④ 调节并稳定流量<br>⑤ 把堵塞的喷嘴清理<br>⑥ 按事故处理 |
| 一段反应器进口温度 T-101-3 波动 | ① 物料量波动<br>② 过热蒸汽温度波动<br>③ 仪表失灵 | ① 调整物料量<br>② 调节并稳定蒸汽的过热温度<br>③ 仪表检修,切换手控 |
| 反应器压力升高 | ① 催化剂床层阻力增加<br>② 乙苯或蒸汽流量加大<br>③ 进口管堵塞<br>④ 盐水冷凝器出口冻结 | ① 检查床层,催化剂烧结或粉碎,应限期更换<br>② 调整流量<br>③ 停车清理,疏通管道<br>④ 调节或切断盐水解冻,严重时用蒸汽冲刷解冻 |

续表

| 异常现象 | 原因 | 处理方法 |
|---|---|---|
| 火焰突然熄灭 | ① 燃料气压力下降,甚至中断<br>② 燃料中含大量水分<br>③ 喷嘴堵塞<br>④ 管道堵塞 | ① 调整压力或按断燃料处理<br>② 放尽存水后重新点火<br>③ 疏通喷嘴<br>④ 清洗管道 |
| 脱氢液颜色发黄 | ① 蒸汽配比太小<br>② 催化剂活性下降<br>③ 反应温度过高<br>④ 回收乙苯中苯乙烯含量偏高 | ① 加大蒸汽流量<br>② 活化催化剂<br>③ 降低反应温度<br>④ 不合格的乙苯不能使用 |
| 炉膛回火 | ① 烟囱挡板突然关闭<br>② 熄火后,余气未抽净又点火<br>③ 炉膛温度偏低<br>④ 炉顶温度仪表失灵<br>⑤ 燃料带水严重 | ① 调节挡板开启角度,并固定<br>② 抽净余气,分析合格后再点火<br>③ 提高炉膛温度<br>④ 检查仪表<br>⑤ 排净存水 |
| 苯乙烯的转换率和选择性下降 | ① 反应温度偏低<br>② 乙苯投料量太大<br>③ 催化剂已达到晚期<br>④ 副反应高<br>⑤ 催化剂炭化严重,活性下降 | ① 在允许的情况下提高反应温度<br>② 降低空速,减少投料量<br>③ 更新催化剂<br>④ 活化可以降低副反应的发生<br>⑤ 停止进料,通过蒸汽活化,提高活性 |
| 尾气中 $CO_2$ 含量经常偏高 | ① 回收乙苯中苯乙烯含量偏高<br>② 蒸汽配比太小<br>③ 催化剂失活严重<br>④ 过热蒸汽温度偏高 | ① 控制回收乙苯中苯乙烯含量<3%<br>② 提高水与蒸汽比>2.5<br>③ 停止进料,用蒸汽活化<br>④ 适当降低过热蒸汽温度 |
| 降温过程中通工艺空气后反应器的床层温度升高 | ① 通工艺空气没有按规定交替切换<br>② 管道死角内残留乙苯遇空气燃烧<br>③ 催化剂层积炭遇空气燃烧 | ① 按规定,交替切换通空气<br>② 通蒸汽时间不宜太短<br>③ 通大量蒸汽,使其还原 |

## 👥 思考题

1. 苯乙烯的生产方法有哪些？它们反应原理怎样？

2. 写出苯乙烯生产中的主要反应方程式（包括主、副反应），说明其特点；并对反应过程进行热力学、动力学分析；通过分析判断苯乙烯生产的主要影响因素有哪些？

3. 从乙苯脱氢生产苯乙烯的反应原理说明脱氢反应在热力学上的特点有哪些？

4. 脱氢反应的催化剂应满足哪些要求？

5. 反应温度、压力、水蒸气用量、原料纯度和空间速率对乙苯脱氢反应有何影响？

6. 用于乙苯脱氢生产苯乙烯的列管式等温反应器和绝热式反应器在设备结构和工艺条件控制上有何区别？

7. 单段绝热式反应器有何不足之处？20 世纪 70 年代以来有哪些好的改进方案？

8. 阅读乙苯脱氢生产苯乙烯的工艺流程图，并说明图中主要工艺设备的名称、数量；说明图中主要物料的工艺流程。

9. 苯乙烯生产过程中存在哪些安全隐患？如何确保安全生产？

10. 苯乙烯生产过程中会产生哪些废气、废液和废固？如何进行处理？

11. 苯乙烯生产过程中有哪些能量能够进行综合利用？如何合理利用？

12. 在正常运行过程中，遇到乙苯脱氢塔温度偏高时该如何进行调控？请分析温度偏高的原因并给出合理的调控措施，确保脱氢塔温度尽快恢复至正常范围。

13. 苯乙烯生产装置的停车原因有很多，如因循环水故障导致停车，该如何处理？

14. 请认真思考你在本项目中，是否与团队进行了愉快合作？是否在团队讨论中展示了良好的语言表达能力？是否在完成项目报告中贡献了较好的文字表达能力？是否深刻体会到了安全环保对化工生产的重要性？

 **课外阅读**

## 聚苯乙烯的回收技术

聚苯乙烯广泛应用于包装容器、电器等诸多领域。目前我国聚苯乙烯泡沫塑料制品已达60多万吨，主要用于家用电器、摩托车、工业配件等产品的减震包装及建筑管道和冷库的保温隔热等，其中近10%的聚苯乙烯（PS）泡沫塑料被用于一次性快餐盒、托盘、食品包装盒、饮料杯等餐饮具。

聚苯乙烯泡沫塑料制品包括减震包装材料和一次性餐具，其使用过程均非常短暂，多为到消费者手中用后即弃。其材料本身的性能尚未遭到严重破坏，特别是作为高分子材料，其大分子化合物的结构保持完好，作为包装功能的使命结束，但作为材料它仍然保持着良好的物理、机械和化学方面的性能。这就为回收利用奠定了物质基础。相对于禁止使用、降解和掩埋焚烧三种处理塑料废弃物的主张，回收再利用无论从为人类服务的功能上还是从节约能源、保护环境、资源再生等方面考虑都不失为最佳选择，也是世界各国研究最多的技术方法。聚苯乙烯泡沫塑料回收再利用的途径包括：制作轻质建筑保温材料；制作涂料、黏结剂、防水材料、改性沥青等；解聚回收苯乙烯及制作燃料油等；热熔法再生；溶剂法再生。

此外，世界各大公司也都在积极研究新技术路线，希望能够解决聚苯乙烯的回收问题。比如 Polystyvvert 公司解决了循环利用中较难的聚苯乙烯回收问题。聚苯乙烯是一种难以回收利用的材料，这是因为其低密度的特性（特别是泡沫形态）和用于食品服务业。该公司经过研发，获得了一种新型溶剂——对异丙基甲苯。对异丙基甲苯来自松节油，也可从孜然和百里香的精油中提取。该溶剂闪点高，对苯乙烯亲和度高，溶解度可达40%，但不溶解聚乙烯、聚氯乙烯、PET 等聚合物。溶解苯乙烯之后，要经过两次过滤，第一次过滤掉木屑、纸和其他塑料等，第二次过滤掉细小颗粒杂质。待出现清液后，添加庚烷，使聚合物从溶液中析出。然后采用蒸馏法将对异丙基甲苯与庚烷分离，同时也能将一些添加剂（如矿物油和阻燃剂）分离出来。该工艺可以回收纯度超过99.9%的聚苯乙烯，回收率95%。回收的这些材料可被制成颗粒供新产品使用。该工艺在低温下进行，不消耗太多能量，与常规技术路线相比，可减少83%的温室气体排放，成本也会降低40%。

再比如 Agilyx 公司即将投运全球首套工业化规模全封闭循环聚苯乙烯废物回收装置，此工厂位于美国俄勒冈州泰格德市。该工厂将回收高达10t/d 的 PS 废料，生产出高品质苯乙烯，再把苯乙烯加工成 PS 原料，进而用于制造消费品。Agilyx 公司开发的 PS 回收技术原理是对聚合物链进行解聚，产出的苯乙烯中大部分是苯乙烯单体以及乙基苯、甲苯等其他产物。

　　塑料的使用为技术应用、医药和日常生活带来诸多便利，通常能更好地替代其他材料，而其挑战在于如何负责地管理消费者使用后的塑料。因此，合理处理塑料废弃物至关重要，包括有效的废弃物管理系统、负责任的消费者行为、高效的回收处理技术，这些对于解决塑料废弃物污染等问题非常关键。

　　国内原有近40家聚苯乙烯生产厂，大部分年产能力在3万吨以下，其中还有不少年产规模在1万吨左右的小装置，不但产品质量差，而且生产成本高，在竞争中处于明显的劣势。除外资及合资企业产品外，国内聚苯乙烯厂商的产品多数不能满足电子电器行业用户对产品性能和质量的要求，难以进入这个聚苯乙烯需求量最大的消费领域，使得在电子电器行业中进口聚苯乙烯占据了绝对优势，国产货只有少量应用，而且只用于低档产品。国内一些知名的电器制造商为了保证其产品质量，甚至全部使用进口原料或外资及合资企业的产品，连用于防震外包装的发泡聚苯乙烯也通常用上述产品。

　　由于聚苯乙烯的巨大缺口，再加上高品质原料无法自给，各地合资或外资厂商正在抓紧建设规模大、技术更为先进的聚苯乙烯生产装置。例如中外合资上海赛科石油化工有限责任公司的30万吨级聚苯乙烯装置于2005年6月全面投入商业运作，采用BP/ABB Lummus全球聚苯乙烯专利技术，用本体连续法聚合工艺生产高抗冲、中抗冲聚苯乙烯及通用聚苯乙烯系列产品，质量符合ISO系列标准；扬子巴斯夫有限责任公司的苯乙烯系列年产能力为14.2万吨，采用世界领先的巴斯夫苯乙烯系列产品专利技术，自1997年投产以来，产品已在国内外获得广泛应用；位于江苏镇江的台资奇美化工有限公司年产能力也达30万吨；宁波LG甬兴化工有限公司年产能为10万吨；正在建设中的中海壳牌南海石化项目将年产苯乙烯56万吨，并准备建设年产能力30万吨的聚苯乙烯装置。

# 项目八
# 乙酸的生产

## 学习指南

　　乙酸是一种重要的有机酸，主要用于生产乙酸乙烯、乙酸酯、乙酸酐、对苯二甲酸（PTA）以及氯乙酸等用途广泛的产品，同时乙酸也是一种重要的有机溶剂，广泛应用于化工、合成纤维、医药以及橡胶等行业。通过本项目的学习和工作任务训练，了解乙酸工业的基本情况，熟悉乙酸的生产方法，能根据生产操作规程进行乙酸生产的运行控制、开停车操作。

知识目标　1. 了解乙酸的理化性质、用途、工业现状及发展趋势。
　　　　　2. 掌握甲醇羰基化生产乙酸生产原理和工艺条件的确定方法。
　　　　　3. 了解甲醇羰基化生产乙酸典型设备的结构。
　　　　　4. 熟悉甲醇羰基化生产乙酸工艺流程。
　　　　　5. 理解甲醇羰基化生产乙酸生产中典型故障的产生原因。

能力目标　1. 能收集和归纳乙酸相关资料。
　　　　　2. 能对影响乙酸生产的工艺条件进行分析。
　　　　　3. 能比较并选择乙酸生产典型设备。
　　　　　4. 能对乙酸生产工艺流程进行解析。
　　　　　5. 能读懂乙酸生产操作规程并能按照规程进行生产操作。
　　　　　6. 能正确分析乙酸生产中异常现象的产生原因并采取应对措施。

# 任务一　乙酸工业概貌

## 工作任务

　　查一查国内外乙酸工业现状和发展趋势，了解乙酸的生产方法、生产原理、工艺条件、设备、工艺流程等，并完成下表。

| 乙酸的工业生产方法 | |
| --- | --- |
| 甲醇羰基化乙酸的原理 | |
| 甲醇羰基化乙酸的工艺条件 | |

续表

| 甲醇羰基化制乙酸的反应器结构、特点 | |
| --- | --- |
| 甲醇羰基化制乙酸工艺的安全技术方案 | |
| 甲醇羰基化制乙酸工艺的环保技术方案 | |
| 甲醇羰基化制乙酸工艺的能量综合利用方案 | |
| 甲醇羰基化制乙酸的工艺流程 | |

对表中内容进行整理，并相互交流。

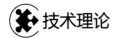 **技术理论**

## 一、乙酸工业现状及发展趋势

乙酸生产的发展与石油化工的发展基本同步，20 世纪六七十年代是乙酸行业迅速增长期，八九十年代是甲醇羰基化制乙酸工艺日趋成熟期，目前乙酸生产已进入成熟期。

据统计，2018 年世界乙酸的生产能力达到 1939.4 万吨/年，其中中国是世界上最大的乙酸生产国家之一，2018 年的生产能力为 1036.0 万吨/年，约占世界总生产能力的 53%。塞拉尼斯（Celanese）公司是世界上最大的乙酸生产厂家，2018 年的生产能力为 330 万吨，约占世界乙酸总生产能力的 17%。2010 年世界乙酸的消费量为 1142.5 万吨，2018 年增长到 1437.3 万吨，其中东北亚地区约占世界乙酸总消费量的 59%，其次是北美地区，约占世界乙酸总消费量的 16%。世界乙酸主要用于生产乙酸乙烯、乙酸酯以及 PTA 等产品，乙酸乙烯生产占乙酸总消费量的 31%，PTA 的生产占乙酸总消费量的 24%。预计未来几年世界乙酸的需求量将保持年均约 3.3% 的速率增长，2023 年乙酸消费量将达到 1689 万吨。

我国乙酸工业起步较晚，1953 年上海试剂一厂建成乙醇法工业化乙酸装置，后来又陆续建成了一批主要以乙醇为原料的中小型乙酸装置。改革开放以后，引进了 4 套乙烯法乙酸装置。1996 年引进英国 BP 化学公司技术，在上海吴泾化工总厂建成投产第一套 10 万吨/年甲醇低压羰基化法乙酸生产装置。1998 年镇江和重庆又相继建成两套甲醇羰基合成法生产乙酸装置，标志着我国乙酸生产进入了新的发展阶段。我国乙酸产能从 2004 年起快速增长，到 2009 年达到 470 万吨/年，2010 年乙酸产能接近 670 万吨/年，2012 年产能达 910 万吨/年，近几年，随着河南龙宇煤化工有限公司、河南煤化集团义马煤气化公司，恒力石化（大连）有限公司等新建或者扩建装置的建成投产，我国乙酸生产能力稳步增长，截止到 2019 年 7 月底，我国乙酸年生产能力已达到 1071 万吨，其中采用甲醇羰基化法工艺生产乙酸占 95.24%。此外，我国不少乙酸生产企业都配套下游产品生产装置，比如江苏索普、安徽华谊化工、山东兖矿国泰乙酰化工、重庆扬子江乙酰化工以及河南顺达化工科技有限公司等配套乙酸乙酯生产装置，塞拉尼斯（南京）化工和中国石化长城能源化工（宁夏）有限公司配套乙酸乙烯生产装置，大连恒力石化配套 PTA 生产装置。

近几年我国乙酸的市场价格变化较大。2017 年市场平均价格为 3107 元/吨，2018 年市场平均价格高达 4556 元/吨，2019 年市场价格大幅度回落，1 月价格为 3140 元/吨，7 月价格为 2750 元/吨。由于原料价格趋于稳定，2018 年以及 2019 年新建装置开工率逐步提高，下游需求平稳，未来我国乙酸的市场价格将会有所下降，但幅度不会太大。

甲醇羰基化法仍将是我国未来乙酸生产的主要工艺技术，稳定性好、收率高、使用成本低廉，环境友好的催化剂体系仍将是今后研究开发的主要方向。消费结构不会发生大的变化，乙酸制备乙醇等新应用领域将会有所发展。为此，今后应该不断通过技术创新，提高产品质量，降低生产成本，同时积极开拓乙酸新用途，延长乙酸产业链，降低乙酸单一产品的市场风险，为乙酸行业发展提供新的支撑点。

## 二、乙酸的生产方法

乙酸工业生产方法有甲醇羰基合成法、乙醛氧化法、丁烷液相氧化法、长链碳氧化降解法和粮食发酵法。其中乙醛氧化法由于具有工艺简单、技术成熟、收率高、成本较低等特点，是生产乙酸的主要方法之一。甲醇羰基合成法是以一氧化碳（CO）和甲醇为原料，采用羰基化反应生产乙酸。根据压力的不同，可分为高压法和低压法两种。前者由于投资高，能耗高，已经逐渐被后者取代，目前仅有德国 BASF 公司有一套装置仍在运行。低压甲醇羰基合成法因反应条件温和、收率较高、副产物少、生产成本低，很快被推广采用，逐渐成为合成乙酸的主流方法。目前甲醇羰基化法生产乙酸的典型工艺主要有 Monsanto/BP 工艺、Celanese 公司 AOPIus 工艺、BP 化学 Cativa 工艺以及日本千代田 Acetica 工艺等。

## 三、乙酸的生产原理

1968 年美国孟山都公司在高压法合成乙酸的基础上，研究开发出用铑取代钴的催化剂。这种特殊的催化剂，可使甲醇羰基化的反应压力从 $50 \sim 70 MPa$ 降低到 3Mpa，反应温度由 250℃降至 180℃，乙酸的选择性可提高到 99％以上。1970 年实现了甲醇羰基化生产乙酸的工业化。

### 1. 主反应

$$CH_3OH + CO \longrightarrow CH_3COOH + 134.4KJ/mol \tag{8-1}$$

### 2. 副反应

$$CH_3COOH + CH_3OH \longrightarrow CH_3COOCH_3 + H_2O \tag{8-2}$$

$$2CH_3OH \longrightarrow CH_3OCH_3 + H_2O \tag{8-3}$$

$$CO + H_2O \longrightarrow CO_2 + H_2 \tag{8-4}$$

$$CO + H_2O \longrightarrow HCOOH \tag{8-5}$$

$$CO + H_2 \longrightarrow CH_4 + H_2O \tag{8-6}$$

$$CH_3OH \longrightarrow CO + 2H_2 \tag{8-7}$$

$$CH_3COOH \longrightarrow 2CO + 2H_2 \tag{8-8}$$

## 四、工艺条件的确定

甲醇羰基化生成乙酸，主要工艺条件是反应温度、反应压力、反应液组成和催化剂体系等。

### 1. 反应温度

温度升高，有利于提高主反应速率；但主反应是放热反应，温度过高，会降低主反应的选择性，副产物甲烷和二氧化碳明显增多。因此，适当的反应温度，对于保证良好的反应效果非常重要。结合催化剂活性，甲醇羰基化反应，最佳温度为 175℃。一般控制在 130～180℃。

**2. 反应压力**

甲醇羰基化合成乙酸，是一个气体体积减小的反应。压力增加，有利于反应向生成乙酸的方向进行，有利于提高一氧化碳的吸收率。但是，升高压力会增加设备投资费用和操作费用。因此，实际生产中，操作压力控制在 3MPa。

**3. 反应液组成**

主要指乙酸和甲醇浓度。乙酸和甲醇的摩尔比一般控制在 1.44。如果摩尔比＜1，乙酸收率低，副产物二甲醚生成量大幅度提高。反应液中水的含量也不能太少，水含量太少，影响催化剂活性，使反应速率下降。

**4. 催化剂体系**

该工艺使用的催化剂为金属铑的配合物，通常是可溶性的化合物，以碘化物为助催化剂。催化剂的活性组分为 $[Rh(CO)_2I_2]^-$，由 $Rh_2O_3$、$RhCl_3$ 等铑化合物和一氧化碳、碘化物反应形成，是甲醇羰基化反应中主要起催化作用的物质。助催化剂可以使用各种碘化物，最常使用的是碘化氢。在反应状态下，碘化氢与甲醇反应形成碘甲烷。助催化剂的作用是与金属铑的配合物作用生成甲基与铑的化学键，它不仅可以促进一氧化碳形成酰基与铑的化学键，而且对生成羧基铑起到抑制作用。

由于铑金属十分昂贵，许多国家都在寻求价廉的羰基化催化剂。大多数以镍为主催化剂，以碘甲烷为助催化剂，但这类催化剂活性不高。

## 五、乙酸生产设备

### (一) 甲醇羰基化生产乙酸设备

传统的甲醇羰基化生产乙酸装置采用机械搅拌釜式反应器。气体自底部进入，通过气体分布器呈气泡上升。由于设有搅拌装置，使气体分散得更好，同时可将气泡破碎成更小的气泡，有助于液体达到高度的湍动和促进气体在液体内的均匀分散。而且强烈搅拌提高了传质和传热速率，使反应器内物料接近完全混合。

BP 公司的 Cativa 工艺所使用的羰基化反应器无需搅拌器，而是通过反应器冷却回路进行喷射混合，反应物料从反应器底部经冷却后循环至反应器顶部。二段反应器设置在闪蒸塔前，可延长反应物停留时间，提高 CO 的利用率，增加乙酸产量。因此，Cativa 工艺的可变成本比传统铑工艺明显减少，特别是水蒸气用量减少了 40%，CO 利用率从 90% 增加至约 97%。

日本千代田（Chiyoda）公司和 UOP 公司联合开发的 Acetica 工艺采用泡罩塔环管反应器。Acetica 工艺是基于一种多相铑催化剂，其中活性 Rh 配合物以化学方法固定在聚乙烯基吡啶树脂上。由于环管反应器无需搅拌器所需的高压封闭垫和其他移动部件，因此催化剂磨损小，并可获得高气/液传质速率，还可通过反应器热交换剂回收反应热，并用作蒸馏塔所需的热源。千代田公司 Acetica 工艺的优点在于，可使催化剂浓度高于传统工艺（传统工艺的催化剂浓度受其溶解性的限制），这能使反应器尺寸缩小 30%～50%，还可减少副产品约 30%。该工艺的投资和操作成本均比传统工艺降低 20% 以上。

### (二) 乙醛氧化法生产乙酸设备

与其他液相氧化反应相同，乙醛氧化生产乙酸的主要特点是：反应为气液非均相的强放热反应，介质有强腐蚀性，反应潜伏着爆炸的危险性。

乙醛氧化生产乙酸的主要设备是氧化反应器。对氧化反应器的要求是：能提供充分的相接触界面，能有效地移走反应热，设备材质必须具有耐腐蚀性，确保安全防爆；同时流动形态要满足反应要求（按萦绕全混型）。工业生产中采用的氧化反应器为全混型鼓泡床塔式反应器，简称氧化塔。按照移出热量方式不同，氧化塔有两种形式：即内冷却型和外冷却型。

1. 内冷却型氧化塔

内冷却型氧化塔结构如图 8-1(a) 所示，塔身分为多节，各节设有冷却盘管或直管传热装置，内通冷却水移走反应热以控制温度。氧气分数段通入，各段设有氧气分配管，氧气由分配管上小孔吹入塔中（也有用泡罩或喷射装置的），通过花板达到氧气均匀分布。在氧化塔上部设有扩大空间部分，目的是使废气在此缓冲减速，减少乙酸和乙醛的夹带量。塔的顶部设有面积适当的防爆口，并有氮气通入塔中稀释降低气相中乙醛和氧气的浓度，以保证氧化过程的安全操作。内冷却型氧化塔可以分段控制冷却水和通氧量，但传热面积太小，生产能力受到限制。

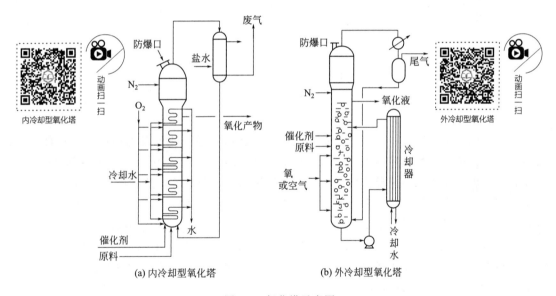

(a) 内冷却型氧化塔　　　　(b) 外冷却型氧化塔

图 8-1　氧化塔示意图

2. 外冷却型氧化塔

在大规模工业生产中都采用外冷却型鼓泡床氧化塔，其结构如图 8-1(b) 所示。该塔是一个空塔，设备结构简单，位于塔外的冷却器为列管式换热器，制造检修远比内冷却型氧化塔方便。乙醛和乙酸锰是在塔上部加入的，氧气分三段通入。氧化液由塔底部抽出送入塔外冷却器冷却，移走反应热后再循环回到氧化塔。氧化液溢流口高于循环液进口约 1.5m，循环液进口略高于原料乙醛进口，安全设施与内冷却型相同。

为使氧化塔耐腐蚀，减少因腐蚀引起的停车检修次数，乙醛氧化塔选用含镍、铬、钼、钛的不锈钢。

## 六、乙酸生产工艺

### (一) 羰基合成法生产乙酸工艺

#### 1. 高压羰基化法生产乙酸工艺

1960 年，德国 BASF 公司成功开发高压下经羰基化制乙酸的工业化法。操作条件是：反应温度 210～250℃，压力 65～70Mpa，以羰基钴与碘组成催化体系。其工艺流程如图 8-2 所示。

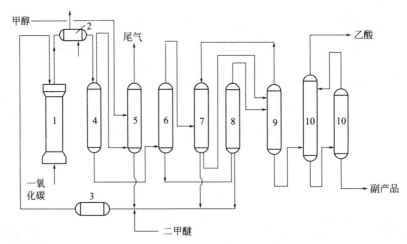

图 8-2　高压羰基化法生产乙酸工艺流程图

1—反应器；2—冷却器；3—预热器；4—低压分离器；5—尾气洗涤塔；6—脱气塔；7—分离塔；
8—催化剂分离器；9—共沸蒸馏塔；10—精馏塔

甲醇经尾气洗涤塔后，与一氧化碳、二甲醚及新鲜补充催化剂及循环返回的钴催化剂、碘甲烷一起连续加入高压反应器，保持反应温度为 210～250℃、压力为 65～70MPa。由反应器顶部引出的粗乙酸与未反应的气体经冷却后进入低压分离器，从低压分离器出来的粗酸送至精制工段。在精制工段，粗乙酸经脱气塔脱去低沸点物质，然后在催化剂分离器中脱除碘化钴，碘化钴是在乙酸水溶液中作为塔底残余物质除去。脱除催化剂后的粗乙酸在共沸蒸馏塔中脱水并精制，由塔釜得到的不含水与甲酸的乙酸再在两个精馏塔中加工成纯度为99.8％以上的纯乙酸。以甲醇计乙酸的收率为 90％，以一氧化碳计乙酸的收率为 59％。副产 3.5％的甲烷和 4.5％的其他液体副产物。

#### 2. 低压羰基化法生产乙酸工艺

20 世纪 70 年代美国孟山都（Monsanto）公司开发的铑配合物催化剂（以碘化物作助催化剂），使甲醇羰基化制乙酸得以在低压下进行，并实现了工业化，于 1970 年建成生产能力135kt 乙酸的乙酸低压羰基化装置。乙酸低压羰基化操作条件是：温度 175℃，压力3.0MPa。由于低压羰基化制乙酸技术经济先进，从 70 年代中期新建的大厂多数采用 Monsanto 公司的甲醇低压羰基化技术。

低压羰基化法生产乙酸工艺流程图见图 8-3。原料甲醇与一氧化碳气体和经过净化的反应尾气混合，进入反应系统 1，在催化剂作用下，于压力 1.4～3.4MPa 及温度 180℃左右进行羰基合成反应。从反应系统上部出来的气体经过洗涤系统 2 洗涤，回收其中的轻组分（包括有机碘化物），并循环回反应器中。从反应系统中出来的粗乙酸，首先进入轻组分分离塔 3，塔顶轻组分和含催化剂的塔釜物料均循环回反应器。产物乙酸从塔的中部侧线采出，然后进入脱水塔 4，用普通精馏方法进行脱水干燥。脱水塔顶物即少量乙酸和水的混合物，用泵循环回流到反应系统 1。由脱水塔釜流出的无水乙酸进入重组分分离塔 5，由塔釜除去重组分丙酸等，塔顶流出的乙酸进入精制塔 6 进行进一步提纯，采用气相侧线出料，从而得到高纯度的乙酸。

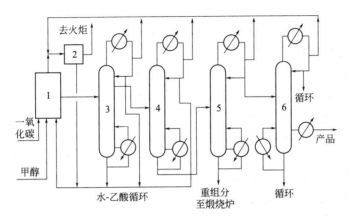

图 8-3　低压羰基化法生产乙酸工艺流程图

1—反应系统；2—洗涤系统；3—轻组分分离塔；4—脱水塔；5—重组分分离塔；6—精制塔

### （二）乙醛氧化法生产乙酸工艺

乙醛氧化法生产乙酸的工艺流程如图 8-4 所示，该流程采用了两个外冷却型氧化塔串联的合成乙酸工艺。

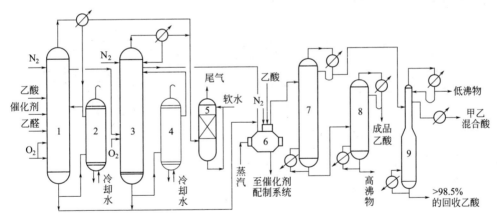

图 8-4　外冷却乙醛氧化生产乙酸工艺流程图

1—第一氧化塔；2—第一氧化塔冷却器；3—第二氧化塔；4—第二氧化塔冷却器；
5—尾气吸收塔；6—蒸发器；7—脱低沸物塔；8—脱高沸物塔；9—脱水塔

在第一氧化塔 1 中盛有含质量分数为 0.1%～0.3%乙酸锰的浓乙酸，先加入适量的乙醛，混合均匀加热，而后乙醛和纯氧气按一定比例连续通入第一氧化塔进行气液鼓泡反应。中部反应区控制温度在 348K 左右，塔顶压力为 0.15MPa，在此条件下反应生成乙酸。氧化液循环泵将氧化液自釜底抽出，送入第一氧化塔冷却器 2 进行热交换，反应热由循环冷却水带走。降温后的氧化液再循环回第一氧化塔。第一氧化塔上部流出的乙醛含量为 2%～8%

氧化液，由塔间压差送到第二氧化塔 3。该塔盛有适量乙酸，塔顶压力 0.08～0.1MPa，达到一定液位后，通入适量氧气进一步氧化其中的乙醛，维持中部反应温度在 353～358K 之间，塔底氧化液由泵强制循环，通过第二氧化塔冷却器 4 进行热交换。物料在两塔之间停留时间共计 5～7h。从第二氧化塔上部连续溢流出的粗乙酸送去精制流程，该粗乙酸含乙酸97%以上，乙醛含量小于 0.2%，水含量 1.5%左右。

两个氧化塔上部连续通入氮气稀释尾气，以防止气相达到爆炸极限。尾气分别从两塔顶部排出，各自进入相应的尾气冷却器，经冷却分液后进入尾气吸收塔，用水洗涤吸收未冷凝气体中未反应的乙醛及酸雾，然后排空。

当采用一个氧化塔操作时，粗乙酸中乙酸含量 94%，水含量 2%，乙醛含量 3%左右。改用双塔流程后，由于粗乙酸中杂质含量大幅度减少，为精制和回收创造了良好的条件，并省去了单塔操作时回收乙醛的工序。

从第二氧化塔溢流出的粗乙酸连续进入蒸发器 6，用少量乙酸喷淋洗涤。蒸发器的作用是闪蒸除去一些难挥发的物质，如催化剂醋酸锰、多聚物和部分高沸物及机械杂质。它们作为蒸发器釜液被排放到催化剂配制系统，经分离后催化剂可循环使用。而乙酸、水、乙酸甲酯、醛等易挥发的液体，加热汽化后进入脱低沸物塔 7。

乙酸的精制流程由脱低沸物塔 7 和脱高沸物塔 8 组成。脱低沸物塔的作用是分离除去沸点低于乙酸的物质，如未反应的微量乙醛以及副产物乙酸甲酯、甲酸、水等，这些物质从塔顶蒸出。脱除低沸物后的乙酸液从塔底利用压差进入脱高沸物塔 8，塔顶得到纯度高于 99%的成品乙酸，塔釜为含有二乙酸亚乙酯以及微量催化剂的乙酸混合物。

### （三）丁烷液相氧化法生产乙酸工艺

丁烷液相氧化法生产乙酸工艺流程如图 8-5 所示。

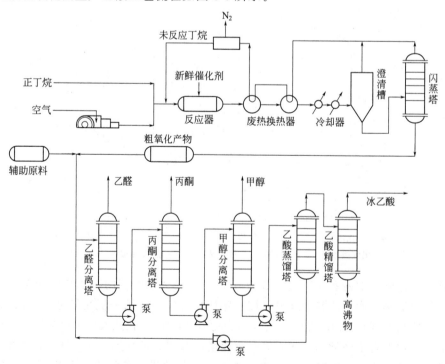

图 8-5　丁烷液相氧化法生产乙酸工艺流程图

正丁烷与压缩空气进入液相氧化反应器，在催化剂作用下发生氧化反应，生成乙酸。出反应器的反应产物经一系列换热器进行冷却，并回收反应余热，再经澄清槽和闪蒸塔分出氮气、未反应的丁烷和其他气体。氮气压力很高，可用作工艺透平机的动力，未反应的丁烷返回反应器。

从闪蒸塔塔底出来的液体产物先进入乙醛分离塔，从塔顶分出乙醛，塔釜物料再进入丙酮分离塔，从塔顶分离出丙酮。然后塔釜物料进入甲醇分离塔，从塔顶分离出甲醇。从甲醇分离塔釜出来的粗乙酸，先进入乙酸蒸馏塔，用普通蒸馏法从塔釜除去重组分丙酸等，再进入乙酸精馏塔，通过共沸精馏，从塔顶分离出精乙酸产品（纯度一般在 99.8％以上）。

# 任务二　乙酸生产运行与开停车

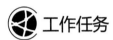

## 工作任务

查一查乙酸装置开停车和运行控制的相关资料，理解乙酸生产的操作要点和调控方案，完成下表。

| | |
|---|---|
| 甲醇羰基化生产乙酸的正常操作要点 | |
| 乙酸生产开车的必备条件 | |
| 乙酸生产停车的原因 | |
| 反应器床层温度波动的原因和处理方案 | |
| 反应器床层压力波动的原因和处理方案 | |
| 尾气中一氧化碳含量偏高的原因和处理方案 | |

对表中内容进行整理，并相互交流。

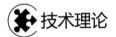

## 技术理论

### 一、乙酸生产操作与控制

#### （一）开车

1. 开车前的准备工作

① 检修设备和管线，并进行吹扫、气密、试压、置换至合格。

② 电气、仪表、计算机、联锁、报警系统全部调试完毕，调校合格、准确好用。

③ 机电、仪表、计算机、化验分析具备开工条件，值班人员在岗。

④ 备有足够的开工用原料和催化剂。

2. 开车步骤

（1）引公用工程（水、气、汽、电等）。

（2）用 $N_2$ 吹扫、置换装置，并进行气密性检查。

（3）系统水运试车。

（4）酸洗氧化反应系统

① 氧化系统酸洗合格后，要进行全系统大循环，包括氧化系统和精制系统。

② 氧化塔配制氧化液和开车时，精馏系统需闭路循环。脱水塔全回流操作，成品乙酸泵向成品乙酸储罐出料，将储罐中的酸送到氧化液中间罐，由氧化液输送泵送往氧化液蒸发器构成循环，等待氧化开车正常后逐渐向外出料。

（5）配制氧化液　当第一氧化塔加乙酸 30% 后，向其中加醛和催化剂，同时打开泵全塔打循环。并通蒸汽为氧化液循环液通蒸汽加热，循环流量保持在 700m³/h（通氧前），氧化液温度保持在 70～76℃，直到使浓度符合要求。

（6）第一氧化塔投氧开车

① 开车前联锁投入自动，第一氧化塔压力保持在 0.2MPa。

② 通氮气，氧化液循环量控制在 500000kg/h。

③ 投氧。投氧过程要缓慢进行，初始投氧量不宜过大。在投氧过程中，特别关注氧化塔液位上涨情况和尾气含氧量是否上升；随时注意塔底液相温度、尾气温度和塔顶压力等工艺参数的变化。如果液位上涨停止然后下降，同时尾气含氧稳定，说明初始引发较理想，可以逐渐提高投氧量直到正常。

投氧操作的原则要求（标况下）：投氧在 0～400m³/h 之内，投氧要慢，如果吸收状态好，要多次小量增加氧量；投氧在 400～1000m³/h，如果反应状态好，要加大投氧幅度，特别注意尾气的变化，及时加大 $N_2$ 量，同时保证上下口投氧量摩尔比约为 1:2。

④ 第一氧化塔液位过高时（60% 以上）要及时向第二氧化塔出料，同时循环量根据投氧量和反应状态的好坏逐渐加大。

⑤ 当投氧量达到 1000m³/h 以上时，且反应状态稳定或液相温度达到 90℃ 时，开始投冷却水。注意开水速度应缓慢，注意观察气液相温度的变化趋势，投水要根据塔内温度勤调，不可忽大忽小。

⑥ 投氧正常后，取第一塔氧化液进行分析，调整各项参数，稳定一段时间后，根据投氧量按比例投醛，投催化剂。

⑦ 投氧后，来不及反应或吸收不好，液位升高不下降或尾气含氧增高到 $5×10^{-2}$ 时，关小氧气，增大氮气量后，液位继续上升或含氧继续上升到 $8×10^{-2}$ 联锁停车，继续加大氮气量，关闭氧气调节阀。取样分析氧化液成分，确认无问题时，再次投氧开车。

（7）第二氧化塔投氧开车

① 调整第二氧化塔的压力保持在 0.1MPa。

② 第一氧化塔液位升高到 50% 后，向第二氧化塔出料，同时打开第二氧化塔底阀，控制循环比（循环量：出料量）为 110～120，冷却器出口氧化液温度为 60℃，塔中物料最高温度为 75～78℃。

③ 第二氧化塔见液位后，开塔底换热器的蒸汽保持温度在 80℃，控制液位（35±5）%，并向蒸馏系统出料。

④ 由第二氧化塔底部进氧口，以最小的通氧量投氧，注意尾气含氧量。在各项指标不超标的情况下，通氧量逐渐加大到正常值。当氧化液温度升高时，表示反应在进行。停蒸汽开冷却水使操作逐步稳定。

（8）吸收塔投用

① 向塔中加工艺水湿塔，并在储罐中备好工艺水和碱液。

② 投氧前在吸收塔中投用工艺水，投氧后投用吸收碱液。

③ 定期向精馏系统排放工艺水。

（9）当氧化液符合要求时，向氧化液蒸发器出料。

## （二）停车操作

### 1. 正常停车

① 停乙醛。

② 逐步将进氧量下调至 $1000m^3/h$。注意观察反应状况，一旦发现第一氧化塔液位迅速上升或气相温度上升等现象，说明醛已吃尽，立即关闭进氧阀。

③ 将第一、第二氧化塔内物流送精馏处理。

### 2. 紧急停车

主要是指装置在运行过程中出现的仪表和设备上的故障而引起的被迫停车；或者生产过程中，如遇突发的停电、停仪表风、停循环水、停蒸汽等而不能正常生产时；应做紧急停车处理。

（1）事故停车

① 首先关掉三个进物料阀，然后关闭进氧、进醛线上的塔壁阀。

② 根据事故的起因控制进氮量的多少，以保证尾气中含氧小于 $5×10^{-2}$。

③ 逐步关小冷却水直到塔内温度降为 60℃。

④ 第二氧化塔关冷却水由下而上逐个关掉并保温 60℃。

（2）紧急停电　仪表供电可通过蓄电池逆变获得，供电时间 30min；所有机泵不能自动供电。

① 氧化系统。正常来说，紧急停电会造成自动联锁停车。

a. 马上关闭进氧、进醛塔壁阀。

b. 及时检查尾气含氧及进氧、进醛阀门是否自动联锁关闭。

② 精馏系统。此时所有机泵停运。

a. 首先减小各塔的加热蒸汽量。

b. 关闭各机泵出口阀，关闭各塔进出物料阀。

c. 视情况对物料做具体处理。

③ 罐区系统

a. 氧化系统紧急停车后，应首先关闭乙醛球罐底出料阀及时将两球罐保压。

b. 成品进料及时切换至不合格成品罐。

（3）紧急停循环水　停水后立即做紧急停车处理。

① 氧化系统停车步骤同事故停车。注意氧化塔温度不能超得太高，加大氧化液循环量。

② 精馏系统

a. 先停各塔加热蒸汽，同时向塔内充氮，保持塔内正压。

b. 待各塔温度下降时，停回流泵，关闭各进出物料阀。

（4）紧急停蒸汽　同事故停车。

（5）紧急停仪表风　所有气动薄膜调节阀将无法正常启动，应做紧急停车处理。

① 氧化系统　应按紧急停车按钮，手动关闭进醛、进氧阀。然后关闭醛、氧线塔壁阀，塔压力及流量等的控制要通过现场手动副线进行调整控制。其他步骤同事故停车。

② 精馏系统　所有蒸汽流量及塔罐液位的控制要通过现场手动进行操作。停车步骤同正常停车。

## 二、乙酸生产异常现象及处理方法

乙醛氧化制乙酸法中生产异常现象及处理方法见表8-1。

表 8-1 乙醛氧化制乙酸法中生产异常现象及处理方法

| 异常现象 | 产生原因 | 处理方法 |
|---|---|---|
| T101塔进醛流量计严重波动,液位波动,顶压突然上升,尾气含氧增加 | T101进塔醛球罐中物料用完 | 关小氧气阀及冷却水,同时关掉进醛线,及时切换球罐,补加乙醛直至恢复反应正常。严重时可停车(采用) |
| T102塔中含醛高,氧气吸收不好,易出现跑氧 | 催化剂循环时间过长。催化剂中混入高沸物,催化剂循环时间较长时,含量较低 | 补加新催化剂,更新。增加催化剂用量 |
| T101塔顶压力逐渐升高并报警,反应液出料及温度正常 | 尾气排放不畅,放空调节阀失控或损坏 | 手控调节阀旁路降压,改换PIC109B调整。在保证塔顶含氧量小于5%的情况下,减少充$N_2$,而后采取其他措施 |
| T102塔顶压力逐渐升高,反应液出料及温度正常,T101塔出料不畅 | T102塔尾气排放不畅,T102塔放空调节阀失控或损坏 | 将T101塔出料改向E201出料。手控调节阀旁路降压。在保证塔含氧量小于5%的情况下,减少充$N_2$,而后采取其他措施 |
| T101塔内温度波动大,其他方面都正常 | 冷却水阀调节失灵 | 手动调节,并通知仪表检查。切换为TIC104B调节 |
| T101塔液面波动较大,无法自控 | 循环泵引起波动 | 开另一台循环泵 |
| T101塔或T102塔尾气含$O_2$量超限 | 氧醛进料配比失调,催化剂失活 | 调节好氧气和乙醛配比,分析催化剂含量并切换使用新催化剂 |

### 思考题

1. 乙酸的生产方法主要有哪几种?请比较其优缺点。

2. 写出甲醇羰基化生产乙酸的主、副反应方程式与机理。

3. 甲醇羰基化生产乙酸工艺中,影响乙酸合成的因素有哪些?其影响规律是怎样的?

4. 用于乙酸生产的催化剂有哪些?各有什么特点?并简述乙酸生产用催化剂的发展历史。

5. 根据物料性质和反应条件,乙酸生产反应器材质有什么要求?

6. 简述甲醇羰基化合成乙酸的工艺过程,并绘制工艺流程图。

7. 乙酸生产过程中存在哪些安全隐患?如何确保安全生产?

8. 乙酸生产过程中会产生哪些废气、废液和废固?如何进行处理?

9. 乙酸生产过程中有哪些能量能够进行综合利用?如何合理利用?

10. 在正常运行过程中,遇到乙酸合成塔压力偏高时该如何进行调控?请分析压力偏高的原因并给出合理的调控措施,确保合成塔压力尽快恢复至正常范围。

11. 安全无小事,如遇乙酸泄漏,应该如何处理?

12. 请认真思考你在本项目中,是否与团队进行了愉快合作?是否在团队讨论中展示了良好的语言表达能力?是否在完成项目报告中贡献了较好的文字表达能力?是否深刻体会到了安全环保对化工生产的重要性?

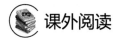 **课外阅读** ·····························································································

# 湿电子化学品

湿电子化学品是指在集成电路、液晶显示器、太阳能电池、LED 制造工艺中被大量使用的液体化学品，主要是各种酸碱和溶剂。电子工业对湿电子化学品的一般要求是超净和高纯，主要用在制造过程中的清洗和光刻蚀步骤，是电子化学行业基础性材料，占集成电路制造成本的 5%。湿电子化学品是一个需要技术积累的行业，目前国内主要是 G2、G3 级别，只有部分产品如双氧水、氨水和硝酸等达到了 G4 级别。国内技术距离国际水平还有差距。目前国际上制备 SEMI-C1 到 SEMI-C12 级湿电子化学品的技术都已经趋于成熟。随着集成电路制作要求的提高，对工艺中所需的湿电子化学品纯度的要求也不断提高。

### 1. 提纯技术

湿电子化学品的生产，其关键是针对产品的不同特性采取不同的提纯技术。目前国内外制备超净高纯试剂的常用提纯技术主要有精馏、蒸馏、亚沸蒸馏、等温蒸馏、减压蒸馏、升华、气体吸收、树脂交换、膜处理等，不同的提纯技术适用于不同产品的提纯工艺。传统的精馏、蒸馏虽然可以适合大部分产品，但由于存在种种缺点，现逐渐被新工艺取代。

### 2. 颗粒分析测试技术

随着集成电路（IC）制作技术不断发展，对湿电子化学品中的颗粒要求越来越严，所需控制的粒径越来越小，因此对颗粒的分析测试技术提出了更高要求。颗粒测试技术从早期的显微镜法、库尔特法、光阻挡法发展到目前的激光光散射法。进入 20 世纪 90 年代，为了尽快反映 IC 工艺过程中颗粒的真实变化，把原来的离线分析（取样在实验室分析）逐步过渡到在线分析。这就要求在技术上解决样品中夹带气泡的干扰问题，因为任何气泡在检测器内均可被当作颗粒记录下来。气泡主要来源于样品中所溶解的气体、震荡或搅拌产生的气泡、温度高使样品挥发产生的气泡及管线不严而引起的气泡等。目前在线测定采用间断在线取样，在加压状态进样，进行颗粒测定，较好地解决了气泡的干扰问题。

### 3. 金属杂质分析测试技术

随着 IC 技术的不断发展，对湿电子化学品中金属及非金属杂质含量的要求也越来越高，从原来控制的 ppm 级，发展到超大规模集成电路控制的 ppb 级及到极大规模集成电路的 ppt 级。而在分析测试手段上，原有的手段不断被淘汰，新的手段不断被推出。目前常用的痕量元素的分析测试方法主要有发射光谱法、原子吸收分光光度法、火焰发射光谱法、石墨炉原子吸收光谱、等离子发射光谱法、电感耦合等离子体-质谱（ICP-MS）等。随着 IC 技术向亚微米及深亚微米方向发展，ICP-MS 法将成为金属杂质分析测试的主要手段。

### 4. 非金属杂质分析测试技术

非金属杂质的分析测试主要是指阴离子的测试，最为常用的方法就是离子色谱法。离子色谱法是根据离子交换的原理，由于被测阴离子水合离子半径和所带电荷不同，在阴离子交换树脂上造成分配系数不同，使阴离子在分离柱上得到分离，然后经过抑制柱去除洗脱液的导电性，采用电导检测器测定 $Cl^-$、$NO_3^-$、$SO_4^{2-}$、$PO_4^{3-}$ 等离子。

·····························································································

# 项目九
## 氯乙烯的生产

### 学习指南

氯乙烯是重要的、大吨位的有机化工原料，不仅可用于制造五大通用树脂之一的聚氯乙烯，也可以与其他多种单体（如丁二烯、丙烯、甲基丙烯酸甲酯等）反应得到二元或三元共聚物。通过本项目的学习和工作任务训练，了解氯乙烯工业的基本情况，熟悉氯乙烯的生产方法，能根据生产操作规程进行氯乙烯生产的运行控制、开停车操作。

知识目标　1. 了解氯乙烯的理化性质、用途、工业现状及发展趋势。
2. 掌握乙烯法制氯乙烯的生产原理和工艺条件的确定方法。
3. 了解乙烯氧氯化反应器的结构。
4. 熟悉乙烯氧氯化法制氯乙烯的工艺流程。
5. 理解乙烯氧氯化法制氯乙烯生产中典型故障产生原因。

能力目标　1. 能收集和归纳氯乙烯相关资料。
2. 能对影响氯乙烯生产的工艺条件进行分析。
3. 能比较并选择氯乙烯生产典型设备。
4. 能对氯乙烯生产工艺流程进行解析。
5. 能读懂氯乙烯生产操作规程并能按照规程进行生产操作。
6. 能正确分析氯乙烯生产中异常现象的产生原因并采取应对措施。

## 任务一　氯乙烯工业概貌

### 工作任务

查一查国内外氯乙烯工业现状和发展趋势，了解氯乙烯的生产方法、生产原理、工艺条件、设备、工艺流程等，完成下表。

| | |
|---|---|
| 氯乙烯的工业生产方法 | |
| 乙烯氧氯化法制氯乙烯的原理 | |
| 乙烯氧氯化法制氯乙烯的工艺条件 | |
| 乙烯氧氯化法制氯乙烯的反应器结构、特点 | |

续表

| 乙烯氧氯化法制氯乙烯工艺的安全技术方案 | |
| --- | --- |
| 乙烯氧氯化法制氯乙烯工艺的环保技术方案 | |
| 乙烯氧氯化法制氯乙烯工艺的能量综合利用方案 | |
| 乙烯氧氯化法制氯乙烯的工艺流程 | |

对表中内容进行整理，并相互交流。

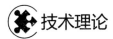 技术理论

### 一、氯乙烯工业现状及发展趋势

氯乙烯单体（VCM）是生产聚氯乙烯（PVC）树脂的主要原料，全世界 99％的氯乙烯单体用于生产聚氯乙烯，少量的氯乙烯与其他单体反应生成共聚物。

20 世纪 30 年代起，人类开始工业化生产 VCM，早期采用电石为原料的乙炔法，后来逐渐被由乙烯为原料的工艺路线替代。世界上主要的生产商有 Dow Chemical、日本越信（Shin-Etsu）公司、日本曹东（Tosoh）公司、韩国 LG 国际（LGI）公司、伊朗国家石化公司（NPC）、阿曼石油公司等，生产工艺以乙烯法为主。

我国从 20 世纪 50 年代开始研究和生产氯乙烯，生产工艺以电石法为主，乙烯法为辅。电石法企业主要分布于新疆、内蒙古、青海等省份，主要由于其矿产资源丰富、电价低；而乙烯法企业主要分布于沿海地区（山东、天津、浙江），因为其石油资源相对丰富。1953 年沈阳化工研究院和北京化工研究院开始氯乙烯生产小试，1956 年小试成功，并在锦西建立了第一个生产厂家。1976 年由北京化工二厂引进了年产 8 万吨的乙烯氧氯化法生产氯乙烯的装置，1979 年又从日本三井东压株式会社引进了两套年产 20 万吨氯乙烯及聚氯乙烯的装置。经过几十年的高速发展，目前我国氯乙烯产能主要集中于内蒙古、新疆、山东和青海，四省产能占比为 54.43％。未来受原材料、环保、运输等因素综合影响，预估产能将更加集中，规模优势继续凸显。

### 二、氯乙烯的生产方法

1835 年法国人勒尼奥用氢氧化钾在乙醇溶液中处理二氯乙烷首先得到氯乙烯。20 世纪30 年代，德国格里斯海姆电子公司基于氯化氢与乙炔加成，首先实现了氯乙烯的工业生产。初期，氯乙烯采用电石、乙炔与氯化氢催化加成的方法生产，简称乙炔法。乙炔法可分为液相法和气相法。液相法以氯化亚铜和氧化铵的酸性溶液为催化剂，反应在 60℃ 左右进行。液相法不需要采用高温，但乙炔转化率低，产品分离困难。气相法以乙炔和氯化氢气相加成为基础，以吸附氯化汞的活性炭为催化剂进行加成反应，反应温度一般为 120～180℃。乙炔转化率很高，所需设备亦不太复杂，生产技术比较成熟，已为大规模工业生产所采用；其缺点是氯化汞催化剂有毒，价格昂贵。

随着石油化工的发展，氯乙烯的合成迅速转向以乙烯为原料的工艺路线。1940 年，美国联合碳化物公司开发了二氯乙烷法。为了平衡氯气的利用，日本吴羽化学工业公司开发了乙炔法和二氯乙烷法联合生产氯乙烯的联合法。1960 年，美国陶氏化学公司开发了乙烯氧

氯化合成氯乙烯的方法，并和二氯乙烷法配合，开发了以乙烯为原料生产氯乙烯的完整方法，此法得到迅速发展。

经过多年工业生产和工艺改造，现在成熟工艺有电石乙炔法和石油乙烯法。国外主要采用乙烯法，我国由于煤炭和石灰石资源相对丰富，电石乙炔法得以快速发展。除以上两种工艺外，乙烷法因以天然气为原料而受到关注，但研究尚不成熟。

### 三、氯乙烯的生产原理

#### （一）电石乙炔法

乙炔与氯化氢在催化剂 $HgCl_2$ 存在下气相加成得到氯乙烯。

$$CH\equiv CH + HCl \longrightarrow CH_2=CHCl + 124.8kJ$$

该反应选择性比较高，副反应比较少，副产物主要为 1,1-二氯乙烷及少量的 1,2-二氯乙烷以及乙醛等。

加成反应在热力学是有利的，不同温度下的热力学平衡常数 $K$ 值见表 9-1。

表 9-1　乙炔与氯化氢加成反应的平衡常数

| 温度/℃ | 25 | 100 | 130 | 150 | 180 | 200 |
|---|---|---|---|---|---|---|
| $K$ | $1.318\times10^{16}$ | $5.623\times10^{10}$ | $2.754\times10^{9}$ | $4.677\times10^{8}$ | $4.266\times10^{7}$ | $1.289\times10^{7}$ |

从上表可见，平衡常数 $K$ 值随温度的上升而下降，但在 $25\sim200℃$ 范围内，$K$ 值均比较高，在此温度范围内均可获得较高的氯乙烯平衡分压。

反应的动力学方程为：

$$r = k\frac{p(C_2H_2)p(HCl)}{\Lambda + p(HCl)}$$

式中　　　　　$r$——反应速率；

$k$——反应速率常数（表 9-2）；

$\Lambda$——氯化氢在活性炭上吸附系数的倒数；

$p(C_2H_2)$、$p(HCl)$——乙炔和氯化氢分压。

表 9-2　加成反应的速率常数

| 温度/℃ | 100 | 140 | 181 | 218 |
|---|---|---|---|---|
| $k$ | 329.6 | 722.2 | 1421 | 2297 |

从表 9-2 可以看出，乙炔与氯化氢的加成反应速率随温度的升高而加快。

实验表明，活性炭本身只有较低的催化活性，而纯的氯化汞对加成反应并无催化作用，只有当氯化汞吸附于活性炭表面后，才会有较强的催化活性。适量的 $HgCl_2$ 存在，可以提高催化剂的催化活性，但会出现反应过于强烈而发生过热。工业生产上使用的催化剂是浓度为 8%～12% 的氯化汞吸附于 $\phi3mm\times6mm$ 颗粒状活性炭上得到的。

#### （二）乙烯法

以乙烯为原料生产氯乙烯可通过不同途径进行，可以先用乙烯氯化制成二氯乙烷，然后从二氯乙烷出发，通过不同方法脱掉氯化氢制取氯乙烯；也可以直接从乙烯高温氯化制取氯乙烯。

① 二氯乙烷在碱的醇溶液中脱氯化氢（也称为皂化法）

$$CH_2=CH_2+Cl_2 \longrightarrow CH_2Cl-CH_2Cl$$

$$C_2H_4Cl_2+NaOH \longrightarrow C_2H_3Cl+NaCl+H_2O$$

此法是生产氯乙烯最古老的方法。为了加快反应进行，必须使反应在碱的醇溶液中进行。这个方法有严重的缺点：即生产过程间歇，且要消耗大量的醇和碱，此外在生产二氯乙烷时所用的氯，最后以氯化钠的形式耗费了，所以只在小型工业生产中采用。

② 二氯乙烷高温裂解

$$CH_2=CH_2+Cl_2 \longrightarrow CH_2Cl-CH_2Cl$$

$$CH_2Cl-CH_2Cl \longrightarrow CH_2=CHCl+HCl$$

该法反应温度高，易发生连串副反应，其氯化剂只有半数用于生产氯乙烯，另一半生成了氯化氢，消耗了氯，而氯化氢的用途用量有限。因此为了有效地应用氯化氢，出现了平衡法生产氯乙烯的工艺。

### （三）平衡氧氯化法

从乙烯法的二氯乙烷（EDC）裂解制造氯乙烯（VC）的过程中，生成物除氯乙烯外还有等分子的副产物氯化氢生成，因此氯化氢的合理利用是个重要问题。平衡氧氯化制 VCM 工艺正是基于这一需求发展而来的。

该法自工业化以来，工艺不断改进，生产规模不断扩大，目前是氯乙烯工业化生产最先进的技术。平衡氧氯化法是指在催化剂 $CuCl_2$ 的作用下，以氯化氢和氧（空气）的混合物与乙烯发生反应得到氯乙烯的反应。副反应主要是乙烯与氧气反应生成 CO、$CO_2$ 和三氯乙烷。在整个反应过程中，氯化氢始终保持平衡，不需要补充及处理，因此称为平衡氧氯化法。

$$CH_2=CH_2+Cl_2 \longrightarrow CH_2Cl-CH_2Cl$$

$$CH_2Cl-CH_2Cl \longrightarrow CH_2=CHCl+HCl$$

$$CH_2=CH_2+2HCl+1/2O_2 \longrightarrow CH_2Cl-CH_2Cl+H_2O$$

总反应式：

$$2CH_2=CH_2+Cl_2+1/2O_2 \longrightarrow 2CH_2=CHCl+H_2O$$

## 四、工艺条件的确定

### （一）电石乙炔法工艺条件的确定

1. 反应压力

乙炔与氯化氢的加成是物质的量减少的反应，因此，从化学平衡的角度而言，加压有利于平衡向生成氯乙烯的方向移动。从动力学角度而言，加压不仅可以提高原料乙炔和氯化氢的分压，而且可以提高反应的速率。但是由于平衡常数很高，在适宜的反应温度下，采用加压的方法来促进平衡移动意义不大，而且由于加压下使用乙炔不安全，因此工业上选择常压操作。

2. 反应温度

温度对乙炔与氯化氢的加成反应的乙炔转化率的影响见表 9-3。

表 9-3　反应温度对乙炔转化率的影响

| 温度/℃ | 160 | 180 | 200 |
|---|---|---|---|
| 乙炔转化率/% | 85.6 | 93.68 | 98.83 |

从上表可知，提高反应温度有利于获得比较高的乙炔转化率。但是温度过高，反而会使反应的选择性下降，增加副产物二氯乙烷的量，而且会出现乙炔聚合物沉积于催化剂表面的现象，甚至会导致催化剂氯化汞被还原成汞（或亚汞），或者氯化汞升华被气流带走。可见，高温条件下催化剂易失活，使催化剂的使用寿命缩短。

因此，在实际生产中氯乙烯合成反应的适宜温度为 130～180℃。

3. 原料配比

在工业生产中，乙炔与氯化氢的配比要求控制很严格。氯化氢过少，过量的乙炔会将 $HgCl_2$ 还原成亚汞或金属汞，使催化剂失活，并增加副产物 1,2-二氯乙烷的含量。氯化氢过多，则会使生成的氯乙烯进一步发生加成反应得到二氯乙烷等副产物。因此，工业生产上使氯化氢稍过量，这样一方面可以确保乙炔与氯化氢反应完全，避免由于乙炔过量造成的催化剂中毒；另一方面由于氯化氢价格较乙炔便宜，且过量部分容易经水洗、碱洗除掉，而且氯乙烯中含乙炔对聚合的影响较含氯化氢更为有害。

从理论上讲，氯化氢过量越少越好，这不仅对提高氯乙烯收率、提高单体质量有利，而且对降低原料消耗、降低生产成本有利。但是由于受操作等条件的限制，工业生产中通常控制氯化氢过量 5%～10%，而且随着工业生产技术的进步，氯化氢的用量在逐步减少。

4. 原料气的纯度

原料气中一些杂质的存在，会影响反应的进行。因此，为了确保反应的正常进行，原料乙炔气必须经净化处理，除去催化剂毒物磷、硫、砷化合物。原料中游离氯的含量应严格控制在 0.002% 以下，以免游离氯与乙炔剧烈反应生成氯乙炔而引起爆炸危险。原料气不能含有氧气，氧气的存在不仅会影响生产安全，而且会与炭反应生成 CO 和 $CO_2$，使干燥塔内的固碱反应生成碳酸钠，造成后分离困难。原料气中含水量愈低愈好，工业生产上一般要求原料中含水量在 0.03% 以下。原料气中水分的存在不仅会增加生成乙醛的可能性，而且会生成盐酸腐蚀设备和管道，水分的存在还会造成催化剂黏结，使催化剂的催化活性降低，使用寿命缩短。

5. 空间速度

当空间速度增大时，原料与催化剂的接触时间减少，乙炔的转化率随之降低。但由于原料投料量增加，设备的生产能力随之增大。当空速过大时，原料来不及反应便离开反应器，致使设备生产能力下降。反之，当空间速度降低时，虽然提高了乙炔转化率，但是同时副产物也会增多，设备生产能力降低。

6. 催化剂

活性炭本身只有较低的催化活性，而纯的氯化汞对加成反应并无催化作用，只有当氯化汞吸附于活性炭表面后，才会有较强的催化活性。适量的 $HgCl_2$ 存在，可以提高催化剂的催化活性，但会出现反应过于强烈而发生过热。工业生产上使用的催化剂是浓度为 8%～12% 的氯化汞吸附于 $\phi 3mm \times 6mm$ 颗粒状活性炭上得到的。

**（二）平衡氧氯化法工艺条件的确定**

**1. 乙烯与氯气加成工艺条件的确定**

乙烯与氯气加成得到 1,2-二氯乙烷，由于反应的热效应较大，因此工业上多采用液相法生产以利于散热。为了提高反应的选择性，减少副产物多氯化物的生成，常用氯化铁作催化剂，用产物二氯乙烷作溶剂。

（1）反应温度　乙烯氯化反应是强放热反应，温度升得过高，反应选择性下降，副产物增加，高于 60℃ 会有较大量的三氯乙烷生成；而温度过低，反应速率又太慢。因此，最适宜的温度范围为 38～53℃。

（2）原料配比　实际生产中应严格控制乙烯和氯气的配比。氯气过量将会生成较多的多氯乙烷和氯化氢，使产品色泽加深；如果乙烯过量则会降低氯乙烯的收率，但可以使氯化液中游离氯的含量降低，从而减少对设备的腐蚀并有利于后处理。实际生产中控制 $C_2H_2$ 与 $Cl_2$ 的摩尔比为 $(1.02～1.1):1$，通过尾气中乙烯含量为 $3\%～5\%$ 来调节原料配比。

（3）反应压力　加成氯化属于离子型反应机理，通常在极性溶剂中进行，由于氯化反应是在液相中进行，无加压操作的必要，常压下反应即可。

（4）空速　生产上应在保证达到要求的转化率的前提下来提高空速。

（5）原料的纯度　原料乙烯和氯气中若含有较多的惰性气体，将会造成反应器尾气放空量加大，从而使二氯乙烷和乙烯的损失增加，因此应尽可能降低原料中的惰性气体的含量。应严格控制原料气中氧气的含量 $<10\%$，否则会有爆炸危险。此外，应严格控制原料中的不饱和烃（如乙炔、丙烯等）含量。

**2. 氧氯化反应工艺条件的确定**

（1）反应压力　氧氯化反应常压或加压皆可，操作压力要能克服液体阻力。当采用空气为氧化剂时，由于有大量的惰性气体存在，为使反应气体保持一定的分压，常采用加压操作，流化床反应器正常控制压力为 0.32MPa。当降低生产负荷时应相应地降低反应器的顶部压力，以便有效地控制旋风分离器正常工作，确保床层的流化速度和旋风的切线速度在理想的状态下操作。

（2）反应温度　从图 9-1 可知，氧氯化反应速率随温度的变化而变化，在 270～280℃ 时可获得最大的反应速率。

以含 Cu 为 12%（质量分数）的 $CuCl_2/\gamma\text{-}Al_2O_3$ 作催化剂，以纯氧为氧化剂，温度对二氯乙烷的选择性和乙烯燃烧反应影响分别如图 9-2、图 9-3 所示。在 230～250℃ 时，二氯乙烷的选择性最高，低于 230℃ 时生成大量的氯乙烷；高于 250℃ 时，除生成较多的三氯乙烷，还生成二氯乙烯、氯乙烯等。低于 250℃ 时，几乎不发生乙烯燃烧反应；高于 250℃ 时，乙烯燃烧明显增加。

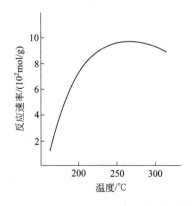

图 9-1　反应温度对氧氯化
反应速率的影响

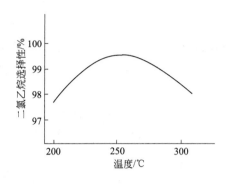
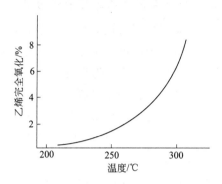

图 9-2　温度对二氯乙烷选择性的影响（以氯计）　　图 9-3　温度对乙烯燃烧反应的影响

反应温度高，催化剂 $CuCl_2$ 的活性组分流失较快，催化剂使用寿命会缩短。因此，在确保 HCl 接近全部转化的前提下，反应温度低一些为好。但是原料要预热到150℃以上再进入反应器，防止可能有 HCl-水冷凝液出现而腐蚀设备。适宜的反应温度与催化剂的活性有关，当采用高活性的 $CuCl_2/\gamma\text{-}Al_2O_3$ 催化剂时，不论是用空气还是纯氧作氧化剂，适宜温度范围为 220～230℃。

（3）原料配比　根据乙烯发生氧氯化反应方程的计量关系，原料中 $C_2H_4$、HCl 和 $O_2$ 的理论摩尔比为 $1:2:0.5$。据研究，在 $CuCl_2/\gamma\text{-}Al_2O_3$ 催化下，氧氯化反应在230℃时反应速率方程为：

$$r = k[C_2H_4][HCl]^{0.3}$$

乙烯分压越大，二氯乙烷生成的速率越快。加上实际生产中若乙烯对氯化氢配比过低，会造成流化床反应不稳定，造成催化剂凝结，催化剂从旋风分离器中大量带出。但若乙烯过量太多，又会使烃类的燃烧反应增多，使反应的选择性下降，尾气中 CO、$CO_2$ 含量增加。因此，实际生产中通常选择乙烯略过量，即 $[C_2H_4]:[HCl] = (1.05\sim1.1):2$。

一般情况下，氧气过量对反应的稳定性有益。但是氧气过量太多，会造成二氯乙烷损失过多和乙烯在反应器中的燃烧反应增加，使乙烯消耗量增大。而氧气不足则会消耗催化剂本身的化学结合氧，从而使催化剂失去优良的流化特性，还会产生局部过热、HCl 反应不完全、$CO_2$ 生成量减少、CO 生成量增加的后果。无论如何，原料气的配比必须在爆炸极限以外。

（4）空速或接触时间　不同的催化剂有不同的最适宜空速，一般活性较高的催化剂，最适宜空速较高，而活性低的催化剂，则最适宜空速较低。图 9-4 为乙烯氧氯化反应接触时间对 HCl 转化率的影响。

由图 9-4 中可以看出，要使 HCl 全部转化，必须有较长的接触时间。但接触时间过长，HCl 的转化率反而下降。工业生产上氧氯化反应通常控制混合气体的空速为250～350$h^{-1}$。

（5）原料气纯度　烷烃、氮气等惰性气体的存在有利于带走热量，使反应易于控制，所以氧氯化反应可以用浓度较稀的原料乙烯。但乙烯中乙炔、其他烯烃存在不仅会使氧氯化产品二氯乙烷的纯度降低，而且对后续的裂解过程会产生不良影响。乙炔的存在还会使反应生成的副产物四氯乙烯、三氯乙烯等在加热汽化时引起结焦。因此，原料气必须要经过处理，严格控制乙炔、$C_3$ 和 $C_4$ 烯烃等杂质的含量。

### 3. 二氯乙烷高温裂解的工艺条件的确定

二氯乙烷加热至高温条件下，脱去 HCl 生成氯乙烯，该反应是可逆的吸热反应。

(1) 反应温度　裂解温度对二氯乙烷转化率的关系如图 9-5 所示。

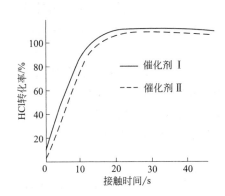

图 9-4　乙烯氧氯化反应接触时间
对 HCl 转化率的影响

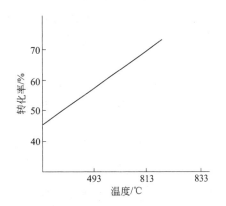

图 9-5　裂解温度对二氯乙烷转化率的影响

从图 9-5 可以看出，随着裂解温度的提高，二氯乙烷转化率也相应提高。当温度低于 450℃时，转化率较低，但当温度升高到 500℃以上时，二氯乙烷转化率明显提高。但是随着温度的升高，副反应速率也随之加快，尤其是温度达到 600℃以上时，二氯乙烷深度裂解为乙炔、氯化氢和碳等副反应的速率将高于主反应速率，反应的选择性明显下降。因此，应综合考虑二氯乙烷的转化率和选择性等因素来选择适宜的反应温度范围，在工业生产中裂解反应的适宜温度为 500~530℃。

(2) 反应压力　从化学平衡移动的角度来看，提高压力并不利于二氯乙烷裂解反应的进行。但实际生产中常采用加压操作，原因是为了保证物料流动畅通，并维持适宜的空速，避免局部过热。此外，加压还能提高氯乙烯收率，提高设备的生产能力。有利于产物氯乙烯和副产物 HCl 的冷凝回收。

(3) 停留时间　停留时间对二氯乙烷转化率的影响见图 9-6。增加停留时间能提高二氯乙烷转化率，但同时也会增加焦炭的生成量，使氯乙烯的产率降低。生产上常采用较短的停留时间以获得较高的产率。工业生产上控制停留时间在 10s 左右，此时转化率为 50%~60%，选择性可达 97% 左右。

(4) 原料纯度　原料二氯乙烷中含有 1,2-二氯丙烷、氯丙烯或三氯甲烷、四氯化碳等杂质都对裂解反应有明显抑制作用。1,2-二氯丙烷含量为 0.1%~0.2% 时，二氯乙烷的转

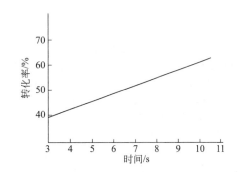

图 9-6　停留时间对二氯乙烷转化率的影响

化率便下降 4%~10%。氯丙烯的存在对二氯乙烷的分解具有更显著的抑制作用。此外，也应严格控制铁离子和水分的含量，铁离子的存在会加速深度裂解副反应的进行，水分的存在会对炉管产生腐蚀。

## 五、氯乙烯生产设备

### （一）电石乙炔法合成反应器

电石乙炔法合成氯乙烯所用的反应器为固定床反应器，合成反应器也称为转化器。转化器是一个圆柱形的列管式反应器，上下盖为锥形，外壳由钢板焊接而成。转化器的结构如图9-7所示。

转化器的圆柱部分有规格为 $\phi 57mm \times 3.5mm$ 的列管数百根，管内装有催化剂，管间有两块花板将整个圆柱分隔为三层，每层均有冷却水进出口，用以通过冷却水带走反应热。上盖有一个气体分配盘，使原料气体均匀分布。下盖内衬瓷砖，以防盐酸腐蚀，其内自下而上充以瓷环，活性炭作填料，支撑列管内的催化剂，防止催化剂粉尘进入管道。

### （二）平衡氧氯化反应器

平衡氧氯化反应采用流化床反应器，该反应器由不锈钢或钢制成，反应器的高径比在10左右，其构造如图9-8所示。

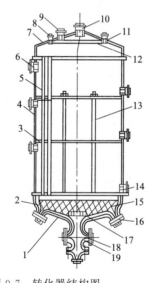

图 9-7　转化器结构图

1—锥形底盖；2—瓷砖；3—隔板；4—外壳；5—列管；
6—冷却水出口；7—大盖；8，11—热电偶插孔；
9—手孔；10—气体进口；12—气体分配板；
13—支撑管；14—冷却水进口；15—填料；
16—手孔；17—下花板；
18—合成气出口；19—防腐衬里

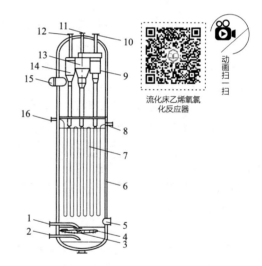

动画扫一扫

流化床乙烯氧氯化反应器

图 9-8　流化床乙烯氧氯化反应器结构图

1—乙烯和氯化氢入口；2—空气入口；3—板式分布器；
4—管式分布器；5—催化剂入口；6—反应器外壳；
7—冷却管；8—加压热水入口；
9，13，14—第三、二、一级旋风分离器；
10—反应气体出口；11，12—净化空气入口；
15—人孔；16—高压水蒸气出口

空气进料管水平进入氧氯化反应器底部的中心处。管上方设置一向下弯的拱形板式分布器。分布器上有许多个喷嘴，每个喷嘴由下伸的短管及其下端开有小孔的盖帽所组成。在分布板的上方又有乙烯和HCl混合气的进入管，此管连接一套具有同样多个喷嘴的管式分布器，喷嘴恰好插入空气分布器的喷嘴内。这样就能使两股物料气体在进入催化剂床层之前的瞬间混合均匀。

在分布器的上方至总高度 6/10 处的一段筒体内，存放 CuCl/Al$_2$O$_3$ 催化剂，并设置了一定数量的冷却管组，管内通入加压热水，借水的汽化除去反应热。

在氧氯化反应器的上部空间内设置有三个互相串联的内旋风分离器，用以分离回收气体所夹带的催化剂。

## 六、氯乙烯生产工艺

### （一）电石乙炔法合成氯乙烯工艺流程

电石乙炔法合成氯乙烯的工艺流程如图 9-9 所示。经净制处理后的干燥的乙炔气体通过砂封 1 与干燥的氯化氢气体在混合器 2 中均匀混合，进入反应器 3 中，在催化剂氯化汞的作用下进行加成反应。反应后的混合气体经过水洗塔 4 除去氯化氢，再经过碱洗塔 5 除去残余的氯化氢和二氧化碳，然后在预冷器 6 中用水间接降温除去冷凝水，其余气体在全凝器 7 中用盐水降温使氯乙烯和二氯乙烷等全部冷凝后，液体送入低沸塔 8 中使乙醛等低沸物及乙炔等气体从塔顶蒸出，釜液送入氯乙烯塔 9，塔顶馏出液为精氯乙烯单体，釜液则是二氯乙烷等高沸物，去回收再用。

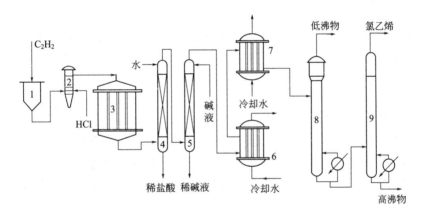

图 9-9　电石乙炔法合成氯乙烯的工艺流程

1—砂封；2—混合器；3—反应器；4—水洗塔；5—碱洗塔；
6—预冷器；7—全凝器；8—低沸塔；9—氯乙烯塔

### （二）平衡氧氯化法生产氯乙烯的工艺流程

平衡氧氯化法是目前世界各国广泛采用的氯乙烯生产方法，从原料到目的产品的化学反应分三步完成，又称三步法。其流程由直接氯化、氧氯化、二氯乙烷精馏、二氯乙烷裂解、氯乙烯精馏、废水处理和残液焚烧等工序组成。

#### 1. 乙烯液相直接氯化的工艺流程

乙烯液相直接氯化制二氯乙烷工艺流程如图 9-10 所示。在氯化塔 1 内部有一套筒，内充铁环和氯化液，乙烯和氯气从塔底进入氯化塔 1 套筒内的二氯乙烷介质中发生反应。为了保证气液相良好的接触和移除大量的反应热，在氯化塔外连通两台循环水冷却器 2 进行冷却。反应器中的氯化液由内套筒溢流至反应器本体与套筒的环形空隙，再用循环泵将氯化液从氯化塔的下部抽出，经过滤器 4 过滤后送至冷却器降温。补充的 FeCl$_3$ 催化剂用循环液在催化剂溶解槽 3 中溶解后从氯化塔的上部加入，氯化液中 FeCl$_3$ 浓度维持在

0.02%～0.03%（质量分数）。

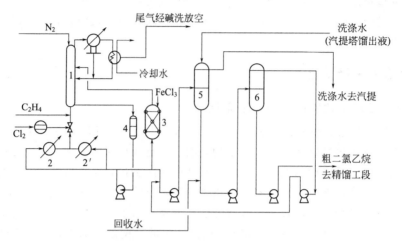

图 9-10 乙烯液相直接氯化制二氯乙烷工艺流程图

1—氯化塔；2，2′—循环水冷却器；3—催化剂溶解槽；4—过滤器；5，6—洗涤分层器

从氯化塔引出的反应液，一部分经降温后循环回塔内保持塔内液面的稳定，其余则作为粗产品送出，在两个串联的洗涤分层器 5 和 6 中先后经过两次洗涤，以除去夹杂的 HCl 和 $FeCl_3$。所得的粗二氯乙烷送至蒸馏工段精制。自氯化塔塔顶逸出的反应尾气经过两次冷凝回收夹带的二氯乙烷后，送焚烧炉处理。

2. 乙烯气相氧氯化的工艺流程

乙烯气相氧氯化制二氯乙烷工艺流程如图 9-11 所示。原料乙烯经预热器加热至130℃左右，从裂解得到的氯化氢加热到170℃左右，与氢气一起送入脱炔反应器 1，将氯化氢中所含乙炔选择加氢生成乙烯。脱炔反应器出来的氯化氢与原料乙烯混合后，进入氧氯化反应器 2 中。

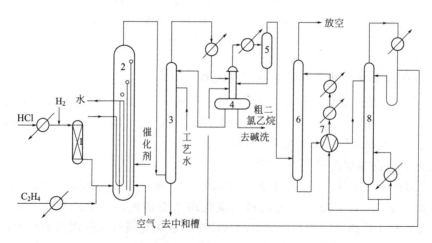

图 9-11 乙烯气相氧氯化制二氯乙烷工艺流程图

1—脱炔反应器；2—氧氯化反应器；3—骤冷器；4—粗二氯乙烷分层器；5—气液分离器；

6—二氯乙烷吸收塔；7—溶剂热交换器；8—二氯乙烷解吸塔

乙烯、氯化氢与空气中的氧气进入氧氯化反应器中，在氯化铜催化剂的作用下，于$190\sim240℃$及$250\sim300h^{-1}$的空速下进行反应，生成二氯乙烷、水和其他少量的氯化烃类。反应所放出的热量由反应器冷却管内的水直接汽化带走。

从氧氯化反应器出来的高温气体，从底部进入骤冷器3中。水从塔顶自上而下与进塔的气体逆流接触，从气体中吸收氯化氢，分离除去夹带的催化剂粉末。塔底水溶液含酸$0.5\%\sim1.0\%$（质量分数），经中和槽用碱液中和，再送至废水处理工序回收二氯乙烷。

从骤冷塔塔顶部出来的含有二氯乙烷和水的气体，进入粗二氯乙烷冷凝器，大部分二氯乙烷被冷凝后收集在分层器4中。从粗二氯乙烷分层器顶部出来的气体，降温后进入气液分离器5，冷凝后的二氯乙烷经气液分离后返回分层器4中，气体由塔底部进入二氯乙烷吸收塔6，与塔上部加入的溶剂逆流接触后，从吸收塔的塔顶排入大气。从塔底部出来的含有二氯乙烷的液体，经过溶剂热交换器7加热后，送入二氯乙烷解吸塔8中进行解吸。

经解吸塔解吸后，塔顶获得不含溶剂的二氯乙烷蒸气，经二氯乙烷解吸塔冷凝器冷凝，凝液一部分作回流送回解吸塔，另一部分送至粗二氯乙烷分层器4。

粗二氯乙烷分层器中的液体二氯乙烷经碱洗、水洗后进入储槽，在二氯乙烷精制系统精制分离后，可得到精二氯乙烷。

### 3. 二氯乙烷裂解制氯乙烯的工艺流程

二氯乙烷裂解制氯乙烯工艺流程如图9-12所示。精二氯乙烷用定量泵送入裂解反应炉2的对流段，预热后送至二氯乙烷蒸发器4中蒸发并达到一定的温度，再经气液分离器3分离除去可能夹带的液滴后，进入裂解炉辐射段反应管。升温至$500\sim550℃$进行裂解反应生成氯乙烯和氯化氢。从裂解炉出来的裂解气在骤冷塔5中迅速降温，未反应的二氯乙烷会部分冷凝下来，通过骤冷后还可以除去炭。为了防止盐酸对设备的腐蚀，急冷剂不用水而用二氯乙烷。出骤冷塔的裂解气再经冷却冷凝，将冷凝液和未冷凝气体以及多余的骤冷塔釜液三股物料一并送入脱氯化氢塔6中，脱除的HCl浓度为99.8%，作为氧氯化反应的原料。塔釜液为含微量氯化氢的二氯乙烷、氯化氢的混合液送入氯乙烯塔7中精馏，馏出液氯乙烯经汽提塔再次除去氯化氢，再经碱洗中和即得纯度为99.9%的成品氯乙烯。

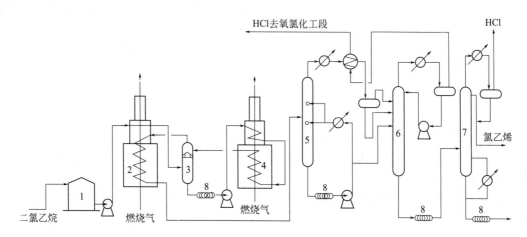

图 9-12　二氯乙烷裂解制氯乙烯工艺流程

1—二氯乙烷储槽；2—裂解反应炉；3—气液分离器；4—二氯乙烷蒸发器；

5—骤冷塔；6—脱氯化氢塔；7—氯乙烯塔；8—过滤器

## 任务二　氯乙烯生产运行控制与开停车

### ✿ 工作任务

查一查氯乙烯装置开停车和运行控制的相关资料，理解氯乙烯生产的操作要点和调控方案，完成下表。

| | |
|---|---|
| 氯乙烯生产合成工段的正常操作要点 | |
| 氯乙烯生产压缩工段的正常操作要点 | |
| 氯乙烯生产分馏工段的正常操作要点 | |
| 氯乙烯生产开车的必备条件 | |
| 氯乙烯生产停车的原因 | |
| 反应器温度偏高的原因和处理方案 | |
| 反应器超压的原因和处理方案 | |
| 压缩机声音异常的原因和处理方案 | |
| 精馏塔产品—氯乙烯单体质量差的原因和处理方案 | |

对表中内容进行整理，并相互交流。

### ✖ 技术理论

#### 一、乙炔法合成岗位的操作与控制

##### （一）开车前的准备工作

① 检查循环冷却水槽液位是否在规定处（即在液面计的 2/3 左右），浓碱槽是否有足够的 $30\%NaOH$。

② 检查所有设备、管道、阀门是否符合开车要求，电器、仪表有无问题。

③ 检查各转化器进出口阀门、开关是否处于正确位置。

④ 通蒸汽到循环冷却水槽，使水温升至 $85\sim90℃$，同时开启热水泵进行循环，直到转化器温度在 $80℃$ 以上。

⑤ 与调度室联系，通知盐酸、乙炔、压缩、冷冻岗位准备开车。

⑥ 待冷冻盐水温度达到要求后，打开石墨冷凝器、酸雾捕集器各盐水进出口阀门，通知冷冻站输送 $-35℃$ 冷冻盐水。

⑦ 待碱液配好后，开启碱泵循环。开启水洗塔阀门调节水量，开启水洗塔后的放空阀门。

##### （二）开车操作

① 当 HCl 纯度达到 $90\%$ 以上且不含游离氯时，打开 HCl 流量调节阀，通入一定量的 HCl 气。

② 通 HCl 10～15min 后，取样分析 HCl 纯度大于 92％及不含 Cl⁻时，通知乙炔工段送乙炔气。当乙炔纯度、压力达到所需要求后，慢慢打开乙炔调节阀，开始通乙炔。

③ 在通乙炔时，关闭水洗后的放空阀门。打开碱洗塔进口阀门，同时通知压缩岗位开车。

④ 在保证转化器出口 $C_2H_2$ 及 HCl 含量在正常控制范围，催化剂温度在 180℃以下的情况下，逐步按比例加大乙炔通量到需要量为止。

⑤ 通乙炔 1h 后转化器底部放酸。

⑥ 正常生产过程中，如需升降压力或增减流量，须经调度允许，由调度指令。

### （三）新装催化剂的活化与开车操作

① 打开转化器循环热水进出口阀门，通循环热水使催化剂升温。

② 当催化剂温度升至 80℃以上时，通 HCl 使催化剂干燥与活化。通氯化氢时间不得少于 10h。直至转化器底部放不出酸水时，方可通入乙炔。

③ 使用新催化剂时，$C_2H_2$ 最初通量为 20～30m³/h，在反应良好、反应温度稳定且不超过 150℃时，可逐渐提高乙炔通量。一般新催化剂转化器均串联在旧催化剂转化器后运行，因而旧催化剂通量也应按上述原则分配。

④ 使用新催化剂时，通量的提高速度不得超过 10m³/h。

### （四）正常停车操作

① 通知调度室、乙炔工段、氯化氢工段及有关岗位，做好停车准备。

② 得到乙炔工段停车通知后，关闭乙炔流量调节阀门，关闭碱洗塔出口总阀门，开放空阀，此时转化器继续通 HCl 5min。

③ 关转化器出口总阀门，以维持系统的压力。通知 HCl 工段停车，再关 HCl 流量调节阀门，关各转化器进出口阀门。

④ 停碱泵，关水洗塔进水阀，如停车超过 8h，应关闭各转化器循环水进出口阀门，并停循环水泵。

⑤ 如遇乙炔短时间停车。可继续通入 HCl，通气时间应视具体情况而定。

### （五）更换催化剂停车

① 关闭需换催化剂之转化器的进出口阀门和循环水进出口阀门，并开转化器底部放水阀，将转化器列管外的水放尽。

② 在转化器处于正压的情况下，用 $N_2$ 排除内部的残余气体。

③ 经过一定时间的自然降温后，使转化器内部温度在 60℃以下时，才可以拆卸管道。

### （六）紧急停车操作

① 先按警铃，再关 $C_2H_2$ 阀门，最后关 HCl 阀门，同时通知其他工序紧急停车。

② 其余同一般停车顺序。

## 二、压缩岗位的操作与控制

### （一）开车前的准备工作

① 检查本岗位各压力表、温度表、阀门、油面是否符合开车要求。

② 开启机前冷却器冷冻盐水进口阀门，开启机后冷却器冷却水进口阀门，开压缩机气缸冷却水阀门。

③ 检查压缩机、电动机底脚螺栓是否紧固，工具是否齐全。

### （二）开车操作

① 接到合成岗位开车的通知后，当气柜高度保持在 4 格时，打开机前冷却器进口阀门，即可开机，并通知分馏岗位准备开车。

② 打开压缩机循环阀。

③ 启动电机，待运转正常且油压和滴油正常时，关闭循环阀，迅速打开出口阀，再缓慢打开一级进口阀门。

④ 根据气柜的高度，调节压缩机，保证平稳抽气，控制出口压力和温度。

### （三）正常停车操作

① 接到停车通知后，与有关工序联系好，然后把气柜高度抽至剩 2 格时，关压缩机进口阀门，停电机。当电机完全停止运转时，关闭压缩机的出口阀门，打开循环阀。

② 关闭机前冷却器的盐水进口阀门和机后冷却器的水进口阀门。

③ 关闭机前冷却器粗 VCM 进口阀门。

### （四）紧急停车操作

① 当压缩机发生严重故障或上、下工序影响安全生产时，采取紧急停车措施。

② 停电动机，关进口阀门，其余同计划停车。

③ 通知有关工序本岗位已停车。

## 三、分馏岗位的操作与控制

### （一）开车前的准备工作

① 检查各设备、管道、阀门、仪表、液位计是否完好和灵活好用。

② 打开各冷凝器盐水进出口阀门，通知冷冻岗位送冷冻盐水，且控制到规定的温度。

③ 开单体储槽下料管、平衡管阀门，开启全凝器、尾气冷凝器物料进出口阀门。

### （二）开车操作

① 通知压缩岗位开车。

② 经冷凝后的粗氯乙烯经水分离器去水后进入低沸塔，此时应准确控制好尾气冷凝器的温度和放空压力。

③ 当低沸塔有液体氯乙烯溢流入中间控制槽时，开启循环热水阀，准确控制低沸塔塔釜的温度和压力。

④ 当中间控制槽的液面、温度、压力稳定时，开启通入高沸塔的进料调节阀门。

⑤ 当高沸塔塔釜内出现液面并超过溢流时，开启循环热水进行加热，逐渐提高温度至规定指标。

⑥ 当成品冷凝器有氯乙烯冷凝液出现后，开启高、低沸塔塔顶冷凝器，并调节内回流，控制回流比。

⑦ 严格控制低沸塔塔釜和高沸塔塔顶之间的压力差，使氯乙烯液体能顺利地由低沸塔

塔釜压入中间控制槽，再压入高沸塔。

⑧ 严格控制塔底压力与塔顶压力之差。一般塔底压力比塔顶压力高 0.01～0.02MPa。

### （三）正常停车操作

① 当压缩岗位停止送气后，关小尾气放空阀门。

② 当压缩岗位停车 5min 后，关闭尾气放空阀及低沸塔塔顶、全凝器、尾气冷凝器盐水进口阀门。

③ 提高低沸塔塔釜温度，关闭塔釜平衡阀，使系统压力升高，将塔釜内的单体全部送入高沸塔。

④ 成品冷凝器下料停止后，关闭下料阀门和平衡阀门。

⑤ 水分离器内的水单体混合物放入集水器后再用热水加热回收至气柜。

⑥ 放出高沸物。如要检修时，可用氮气进行排空处理。

### （四）紧急停车操作

① 当压缩岗位停止送气后，关闭尾气放空阀门。

② 关闭下料阀、平衡阀、高沸塔进料阀，停各冷凝器的冷冻盐水及塔釜的循环热水。

③ 若遇停车时间较长时，可请示调度按计划停车程序处理。

## 四、氯乙烯生产异常现象及处理方法（以乙炔法为例）

氯乙烯生产中合成岗位、压缩岗位、分馏岗位的异常现象及处理方法见表 9-4～表 9-6。

表 9-4　合成岗位的异常现象及处理方法

| 异常现象 | 故障原因 | 处理方法 |
|---|---|---|
| 混合器温度上升超过 50℃ | HCl 内游离氯过多与乙炔激烈反应放热 | 按警铃通知 HCl、$C_2H_2$ 岗位后，紧急停止通乙炔，严重时通入 $N_2$ 排空 |
| 混合器和酸雾捕集器之间压差大 | 中间的石墨冷凝器过冷结冰堵塞列管 | 停止通冷冻盐水 |
| 石墨冷凝器下酸量突然增大 | 石墨冷凝器列管漏，盐水渗入列管内 | 停车检修 |
| 预热器下部放酸多 | 预热器漏 | 停车检修或更换 |
| 转化器温度急剧上升 | ① 循环水断流，反应热不能及时移出<br>② 新催化剂流量过大，反应过于剧烈 | ① 立即加大循环水量<br>② 降低乙炔流量 |
| 转化后气体温度低且不见 HCl 气体 | 转化合成反应温度突然下降或生成大量的副产物 | 降低乙炔流量或提高 HCl 流量，控制温度和分子配比的稳定 |
| 乙炔转化率低 | ① 反应温度过低<br>② 流量超过负荷<br>③ 催化剂未能充分活化或催化剂失效或装入有问题，部分管子负荷过大<br>④ 原料气纯度低 | ① 提高水温或加大流量<br>② 降低流量，适当降低提量速度<br>③ 更换或重装催化剂；<br>④ 提高原料气纯度 |

表 9-5 压缩岗位的异常现象及处理方法

| 异常现象 | 故障原因 | 处理方法 |
|---|---|---|
| 压缩机出口压力低 | ① 出口阀门损坏<br>② 活塞环失效 | 停车检修 |
| 压缩机排气温度过高 | 进口气体温度高 | 降低进口气体温度,加大机前预冷器的盐水量 |
| 压缩机油压降低 | ① 油泵坏或油泵漏<br>② 油管或滤油器堵塞<br>③ 油面下降过低 | ① 检修修理油泵<br>② 清理油管或滤油器<br>③ 应及时补充油 |
| 压缩机声音不正常 | ① 安装不当,地脚螺栓松动<br>② 靠背轮安装不正<br>③ 内部有零件脱落<br>④ 气缸内落入硬物<br>⑤ 油泵故障引起断电或气缸磨损<br>⑥ 进口气体带水、气缸漏水或中间冷却器漏水,引起气缸内积液 | 停车检修 |

表 9-6 分馏岗位的异常现象及处理方法

| 异常现象 | 故障原因 | 处理方法 |
|---|---|---|
| 塔釜液面不稳 | ① 循环水量、水温不够<br>② 尾气放空量不够<br>③ 塔顶冷凝器温度不稳 | ① 控制一定进水量和稳定温度<br>② 连续放空,保持压力平稳<br>③ 控制冷冻水量和温度平稳 |
| 塔釜液面稳定,但单体质量差 | ① 物料在塔中回流量小<br>② 物料在塔中蒸发量小<br>③ 塔釜温度低<br>④ 低沸塔进料温度低<br>⑤ 低沸塔塔顶或尾气冷凝器温度太低<br>⑥ 循环水温低,循环量不稳<br>⑦ 乙炔转化率低<br>⑧ 中间控制槽拉空 | ① 加大回流量<br>② 提高塔釜温度<br>③ 提高塔釜温度<br>④ 适当减少全凝器的冷冻水量<br>⑤ 提高温度<br>⑥ 提高水温,加大循环量<br>⑦ 加强合成控制<br>⑧ 稳定中间控制槽液面 |
| 尾气冷凝器温度低,但氯乙烯放空量增大 | ① 尾气冷凝器结冰堵塞<br>② 粗氯乙烯纯度低<br>③ 全凝器温度高<br>④ 蒸发量过大 | ① 倒换尾气冷凝器<br>② 通知转化岗位找原因<br>③ 降低全凝器温度<br>④ 调整塔釜蒸发量 |
| 成品冷凝器下料不均匀或间断下料 | ① 下料平衡管堵塞、失灵<br>② 下料管有堵塞现象<br>③ 成品冷凝器压力波动大 | ① 检查并疏通堵塞<br>② 停车或停用高沸塔检查<br>③ 调整系统压力,严格控制压力稳定 |
| 高沸塔积料 | 塔内自聚物堵塞 | 倒换高沸塔,停塔处理 |
| 全凝器温度高 | ① 5℃盐水温度高或压力低<br>② 盐水进出口不畅通 | ① 通知冷冻站调整盐水温度或提高压力<br>② 检查进出口阀门 |
| 盐水内漏入氯乙烯 | 冷凝器设备列管渗漏 | 各台冷凝器排查确认后,更换冷凝器 |

## 思考题

1. 氯乙烯的工业生产方法主要有哪几种？

2. 什么是氧氯化反应？三步氧氯化法生产氯乙烯包括哪些反应过程？该装置由哪些工序组成？

3. 影响氧氯化法生产氯乙烯的因素有哪些？

4. 反应温度、空速、原料配比等对乙炔和氯化氢气相合成氯乙烯的反应有何影响？

5. 对氧氯化合成反应器材质有什么要求？

6. 氧氯化法生产氯乙烯的催化剂是什么？

7. 乙炔和氯化氢加成反应的转化器结构有何特点？

8. 简述三步氧氯化法生产氯乙烯的工艺过程，并绘制工艺流程图。

9. 氯乙烯生产过程中存在哪些安全隐患？如何确保安全生产？

10. 氯乙烯生产过程中会产生哪些废气、废液和废固？如何进行处理？

11. 请认真思考你在本项目中，是否与团队进行了愉快合作？是否在团队讨论中展示了良好的语言表达能力？是否在完成项目报告中贡献了较好的文字表达能力？是否深刻体会到了安全环保对化工生产的重要性？

## 课外阅读

# 聚氯乙烯

PVC 是聚氯乙烯（polyvinyl chloride）塑料的英文缩写，呈白色或浅黄色粉末状，价格便宜，应用广泛。根据不同用途可以加入不同的添加剂，使之呈现不同的物理性能和力学性能。比如在聚氯乙烯树脂中加入适量的增塑剂，可制成多种硬质、软质和透明制品。

聚氯乙烯有较好的电气绝缘性能，可作低频绝缘材料，其化学稳定性也好。但聚氯乙烯的热稳定性较差，长时间加热会导致分解，放出 HCl 气体，使聚氯乙烯变色，所以其使用温度范围一般为 $-15\sim55℃$。

硬聚氯乙烯有较好的抗拉、抗弯、抗压和抗冲击能力，可单独用作结构材料。软聚氯乙烯有良好的柔软性、断裂伸长率、耐寒性，但脆性、硬度、拉伸强度会降低。因其性能优良，聚氯乙烯用途非常广泛，可用于制作汽车配件、板材等。

1. PVC 一般软制品

利用挤出机可以挤成软管、电缆、电线等；利用注塑成型机配合各种模具，可制成塑料凉鞋、鞋底、拖鞋、玩具、汽车配件等。

2. PVC 薄膜

PVC 与添加剂混合、塑化后，利用三辊或四辊压延机制成规定厚度的透明或着色薄膜，即压延薄膜；也可通过剪裁，热合加工成为包装袋、雨衣、桌布、窗帘、充气玩具等。宽幅的透明薄膜可供温室、塑料大棚及地膜之用。

3. PVC 涂层制品

将 PVC 涂敷于布上或纸上，然后在 100℃ 以上塑化而成有衬底的人造革，或者先将 PVC 与助剂压延成薄膜，再与衬底压合而成。而无衬底的人造革则是直接由压延机压延成一定厚度的软制薄片，再压上花纹即可。用这种方法生产的人造革可以用来制作皮箱、皮包、沙发、汽车坐垫、地板革等。

### 4. PVC泡沫制品

软质PVC混炼时，加入适量的发泡剂做成片材，经发泡成型为泡沫塑料，可作泡沫拖鞋、凉鞋、鞋垫及防震缓冲包装材料；也可用挤出机制成低发泡硬PVC板材和异型材，可替代木材使用，是一种新型的建筑材料。

### 5. PVC透明片材

在PVC中添加冲击改性剂和有机锡稳定剂，经混合、塑化、压延可以制成透明的片材；利用热成型可以做成薄壁透明容器或用于真空吸塑包装，是优良的包装材料和装饰材料。

### 6. PVC硬板和板材

在PVC中添加稳定剂、润滑剂和填料，经混炼后，用挤出机可挤出各种口径的硬管、异型管、波纹管，可用作下水管、饮水管、电线套管或楼梯扶手；将压延好的薄片重叠热压，可制成各种厚度的硬质板材；板材可以切割成所需的形状，然后利用PVC焊条用热空气焊接成各种耐化学腐蚀的储槽、风道及容器等。

# 项目十
# 氯碱的生产

 学习指南

氯碱工业是重要的基本化工原料工业。该工业以食盐为原料，电解工业盐水制成烧碱、盐酸、氯气和氢气。氯气进一步制成以聚氯乙烯为代表的多种耗氯产品，目前我国能够生产200多种耗氯产品，主要品种70多个。通过本项目的学习和工作任务训练，了解氯碱工业的基本情况，熟悉氯碱的生产方法，能根据生产操作规程进行氯碱生产的运行控制、开停车操作。

知识目标　1. 了解氯气和烧碱的理化性质、用途、工业现状及发展趋势。
　　　　　2. 掌握离子膜法制氯碱的生产原理和工艺条件的确定方法。
　　　　　3. 了解电解槽的结构和特点。
　　　　　4. 熟悉离子膜法生产氯碱的工艺流程。
　　　　　5. 理解离子膜法制氯碱生产中典型故障产生原因。

能力目标　1. 能收集和归纳氯碱相关资料。
　　　　　2. 能对影响氯碱生产的工艺条件进行分析。
　　　　　3. 能比较并选择氯碱生产典型设备。
　　　　　4. 能对离子膜法制氯碱生产工艺流程进行解析。
　　　　　5. 能读懂氯碱生产操作规程并能按照规程进行生产操作。
　　　　　6. 能正确分析氯碱生产中不正常现象的产生原因并采取应对措施。

## 任务一　氯碱工业生产概貌

工作任务

查一查国内外氯碱工业现状和发展趋势，了解氯碱的生产方法、生产原理、工艺条件、设备、工艺流程等，完成下表。

| | |
|---|---|
| 氯碱的工业生产方法 | |
| 离子膜法制氯碱的原理 | |
| 离子膜法制氯碱的工艺条件 | |

续表

| | |
|---|---|
| 离子膜电解槽的结构和特点 | |
| 离子膜法制氯碱的安全技术方案 | |
| 离子膜法制氯碱的环保技术方案 | |
| 离子膜法制氯碱的能量综合利用方案 | |
| 离子膜法制氯碱的工艺流程 | |

对表中内容进行整理，并相互交流。

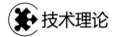 技术理论

### 一、氯碱工业发展概况

用电解饱和食盐水的方法制取 NaOH、$Cl_2$、$H_2$，并以它们为原料生产一系列化工产品的工业称为氯碱工业。氯碱工业是基本原材料工业，其产品主要是烧碱、氯气、氢气，下游产品可达 900 多种，广泛应用于轻工、纺织、化工、农业、建材、国防等国民经济各个部门，是国民经济发展与人民生活衣食住行不可或缺的重要基本化工原料。

中国氯碱工业开始于 20 世纪 20 年代，当时氯产品仅有液氯、漂白粉、盐酸、三氯化铝等简单品种。烧碱年产量不足 2 万吨。第一家氯碱厂是上海天原化工厂，1930 年正式投产，采用爱伦-摩尔式电解槽，日产烧碱 2t。新中国成立后，氯碱工业迅速扩建，在产量、品种和生产技术等方面都得到了很大发展，从科研、设计到生产，形成了完整的工业体系。2000 年开始高速发展，氯碱产品的规模化和系列化日趋显现，形成了漂白消毒剂系列、环氧化合物、甲烷氯化物、氯化聚合物、光气系列、氯代芳烃系列、氯乙烯系列以及精细化学品等十余个大系列，其中聚氯乙烯、甲烷氯化物、环氧氯丙烷、环氧丙烷、MDI/TDI 等产能规模较大。现在氯碱工业发展已趋于平稳，完成了产能扩张到经济结构调整和产业转型升级。中国已成为世界氯碱生产大国，全球烧碱产能约为 9470 万吨，中国占比 42%。近年来，中国氯碱工业产业集中度不断提高，生产技术水平不断提升，产品开工率不断提高，行业效益明显提升，安全环保节能水平上了一个新台阶。

2000 年以前世界氯碱市场受北美洲氯碱市场主导。2000 年后因能源价格上升，北美洲氯生产能力减少了大约 180 万吨/年，已不再是世界上最适合生产氯碱的地区。目前中东和亚太地区氯碱工业的影响力在增大，国际市场的烧碱价格将受中东大量出口的廉价烧碱的抑制。澳大利亚今后仍将是世界最大的烧碱进口国。

由于国际市场氯碱消费量提升空间有限，所以各国氯碱行业都在寻求更好的发展途径。北美洲氯碱行业主要致力于节能和改善安全与环保。西欧拥有先进的离子膜电解技术，目前在开发下一代氯碱生产技术。日本的烧碱生产能力超过 500 万吨/年，其氯碱全部由环保、节能的离子膜法生产，每吨碱平均能耗自 1913 年以来降低了近 1000kW·h，现已低于 2470kW·h；其中不少装置采用可高电流密度运行的电解槽，在用电高峰时段减产，在低谷时段则高电流密度运行。印度的氯碱生产能力长期过剩，电价高，总体竞争力不强，与欧盟一样面临如何淘汰汞法的难题。巴基斯坦氯碱工业主要为本国纺织、印染业服务。泰国发展了以合资企业为主的出口创汇型氯碱产业。

## 二、氯碱工业生产方法

工业氯碱的生产方法有苛化法和电解法，电解法又有水银法、隔膜法和离子膜法。目前，中国的氯碱工业主要采用隔膜电解法和离子膜交换电解法。水银法制得的碱液浓度高、质量好、成本低，但此法会产生较多的汞污染，已被淘汰。隔膜法于1893年研制成功，曾是我国氯碱工业的主要方法，主要是利用空渗透膜来进行生产。此法在生产过程中会产生效率极低的情况，因此要保证产品质量就要使用石棉膜，但石棉膜会对环境造成较大的损害。20世纪70年代大力发展了离子交换膜法。离子膜法可通过选择不同的离子作为隔离层进行电解，生产过程较为稳固，且电解槽的结构较为简单。该法具有投资省、碱液浓度高、能耗低、碱液质量好、氯气和氢气纯度高、成本低、无污染等优点。

## 三、离子膜法生产原理

具有固定离子和对离子（或称解离离子、相反离子）的膜有排斥外界溶液中某一离子的能力。在电解食盐水溶液所使用的阳离子交换膜的膜体中有活性基团，它是由带负电荷的固定离子如 $SO_3^-$，同一个带正电荷的对离子 $Na^+$ 形成静电键，磺酸型阳离子交换膜的化学结构简式为：

$$R-SO_3^- \longrightarrow H^+(Na^+)$$

由于磺酸基团具有亲水性能，会使膜在溶液中溶胀，膜体结构变松，从而造成许多微小弯曲的通道，使其活性基团中的 $Na^+$ 可以与水溶液中的同电荷的 $Na^+$ 进行交换。与此同时膜中的活性基团中的固定离子具有排斥 $Cl^-$ 和 $OH^-$ 的能力，见图10-1，从而获得高纯度的氢氧化钠溶液。

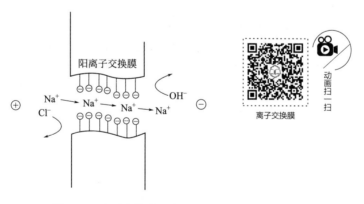

图10-1　离子交换膜示意图

水化钠离子从阳极室透过离子膜迁移到阴极室时，水分子也伴随着迁移。此外，还有少数 $Cl^-$ 通过扩散移动到阴极室。少量的 $OH^-$ 则由于受阳极的吸引而迁移到阳极室，此反向迁移的 $OH^-$ 导致了阴极电流效率的降低。$OH^-$ 可能在阳极上放电，生成 $O_2$ 而使氯气纯度降低；生成的 $ClO_3^-$ 积累在阳极液中。阴极附近形成的 $OH^-$ 和从阳极室通过离子膜而进入阴极室的 $Na^+$ 生成氢氧化钠溶液。为了提高阴极电流效率，要适当提高离子交换膜的交换容量和降低含水率；尽可能减少阴极室 $OH^-$ 的反迁移。

### 四、离子膜法工艺条件的确定

#### 1. 盐水质量

离子膜法制碱技术中，进入电解槽的盐水质量是这项技术的关键，它对离子膜的寿命、槽电压和电流效率有着重要的影响。电解槽所用的阳离子交换膜具有选择和透过溶液中阳离子的特性，因此它对盐水中的 $Na^+$ 能选择地透过，而对其他阳离子如 $Ca^{2+}$、$Mg^{2+}$ 等也同样能透过。$Ca^{2+}$、$Mg^{2+}$ 等多价阳离子在透过交换膜时，会和少量的从阴极室迁移来的 $OH^-$ 生成氢氧化物。这些沉淀会堵塞离子膜，使膜电阻增加，引起电解槽槽电压上升，还会加剧 $OH^-$ 向阳极室的反迁移，从而降低了电流效率。因此要确保二次精制后盐水中的 $Ca^{2+}$、$Mg^{2+}$ 质量之和不高于 $2 \times 10^{-8}$。

有时为了降低氯气中含氧量，在进槽盐水中加盐酸以中和从阴极室迁移来的 $OH^-$，但要严格控制阳极液的 pH 值不低于 2，如果加了过量的盐酸或搅拌不均，会使离子膜的阴极一侧的导电性被破坏，离子膜的电压很快上升并造成永久性的损坏。为了防止离子膜损坏，如果生产上确有必要在盐水中连续加入盐酸，可以采用联锁装置，当盐水停止或电源中断时，盐酸立即自动停止加入。

#### 2. 阴极液中 NaOH 浓度

随着 NaOH 浓度的升高，阴极一侧膜的含水率减少，固定离子浓度增大，因此电流效率随之增加。但是随着 NaOH 浓度的继续升高，膜中 $OH^-$ 浓度增大，当 NaOH 浓度超过 35％～36％ 以后，膜中 $OH^-$ 浓度增大的影响起决定作用，使电流效率明显下降。阴极液中的 NaOH 浓度对槽电压的影响一般是浓度高，槽电压也高，反之槽电压低。因此，长期稳定地控制 NaOH 浓度是非常重要的。

阴极液中 NaOH 浓度用加入纯水的量来控制。加水过多，纯水会造成 NaOH 浓度太低，不符合生产需要；加水太少则造成 NaOH 浓度太高。就目前工业化的离子膜而言，NaOH 浓度长期超过 37％（质量分数），会造成电流效率永久性下降。

#### 3. 阳极液中 NaCl 浓度

阳极液中的 NaCl 浓度对电流效率、槽电压、碱液含盐量的影响是很明显的。NaCl 浓度太低不仅对提高电流效率、降低碱中含盐不利，而且会成为离子膜鼓泡的主要原因。虽然轻微的鼓泡影响不大，但是离子膜若过度鼓泡将导致槽电压上升和电流效率下降。因此通常要保持阳极液中的 NaCl 浓度稳定在 $190 \sim 210 g/L$，至少不应低于 $170 g/L$。

#### 4. 气体压力

阳极室的氯气和阴极室的氢气的压力差的变化，会使离子膜与电极反复摩擦受到机械伤，特别是离子膜有皱纹时，就容易在膜上产生裂纹，因此除了电极表面要做得光滑，同时要自动调节阳极室和阴极的压差，使其保持在一定范围内。几乎所有离子膜电解槽都是控制阴极室的压力大于阳极室的压力，但是如果将离子膜过分地压向阳极表面也会导致离子膜的损伤。

#### 5. 电流密度

电流密度变化对电解生产的电流效率影响不大，这使得离子膜电解槽在操作上有很大弹性，部分厂家也会根据电价差别采取白天与晚上在不同电流密度下运行电解槽。但是频繁调整电流密度会对电解槽的稳定运行产生负面影响，特别是低电流密度运行对电解槽危害较大，容易造成离子膜鼓泡等现象。

电流密度不同会造成电解槽内的气体产生量发生变化，从而导致槽内气相压力波动影响槽压差。阳极液电导率远小于阴极液电导率，因此强制循环复极式离子膜电解槽多控制正压差为 15kPa，自然循环复极式离子膜电解槽控制为 4kPa。正压差能有效减少槽电压，而负压差增加槽电压，每片增加 0.4～0.5V。但是正压差过大将使阳极变形、极距增大、离子膜易损坏；正压差过小或形成负压差不仅使槽电压上升，还使得槽压波动，离子膜贴向阴极，膜与阴极摩擦而出现针孔。

电流密度变化也会对碱中含盐量有影响。电流密度高时槽内气体量大，液体在槽内的循环速度大，阴阳极液在电解槽内停留时间短，水中游离氯减少，碱中含盐相应减少。相反电流密度低会造成碱中含盐上升，影响产品质量。

## 五、氯碱生产设备

电解槽是离子膜烧碱生产工艺中的关键设备，主要有单极式和复极式两种，二者结构特点不同，应用领域也不尽相同，其结构见图 10-2 和图 10-3。目前电解槽逐渐由单极式、大间距向复极式、小间距甚至"零极距"发展，以达到低耗能、低污染、高效益的目的。

图 10-2　离子膜电解设备

单极式电解槽，电解槽的极间距相对较大，结构电阻大，电压损失相对较大，电流密度大。单元槽间并联，导致其供电是高电流、低电压，在槽与槽之间要用铜排进行连接，增加了铜的耗量；每个电解槽的配件及其管件数量较多，工段占地面积较大，在设计电解槽时，只能根据电解槽的电流大小来增减单元槽的数量。其优点是电解槽之间并联连接，如果其中一台电解槽发生故障，可以单独停下来检修，不影响其他电解槽的生产。

复极式电解槽，其极间距相对较小，结构电阻小，电压损失较小，电流密度高。单元槽之间为串联连接，导致其供电是低电流、高电压，电流效率较高，槽与槽之间不需要连接铜排，减小电压损失；由于电解槽的配件、管件数量较少，使其占地面积较小；在设计单元槽时，可以根据实际情况来增减单元槽的数量。其缺点是在生产中若发生故障，则需要停下全

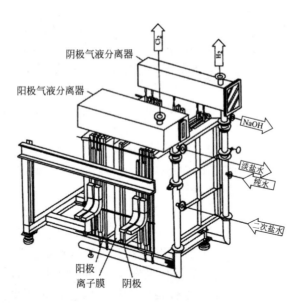

图 10-3 离子膜电解槽结构

部电解槽才能检修,影响生产。

单极槽与复极槽的性能比较见表 10-1。由于二者结构特点的差异,前者低电压、大电流,后者低电流、高电压,因此在液体循环方式上,单极槽多采用自然循环,而复极槽多采用强制循环。复极槽与单极槽相比,流程短、投资小、能耗低、设备简单、布置合理,具有更高的经济效益,因此复极槽在企业生产中备受关注。

表 10-1  单极槽与复极槽的性能比较

| 项目 | 单极槽 | 复极槽 |
|---|---|---|
| 安装 | 连接点多,安装复杂 | 配件少,安装方便 |
| 供电方式 | 低电压,高电流 | 高电压,低电流 |
| 电流分布 | 电流径向输入,电流分布不均匀 | 电流轴向输入,电流分布均匀 |
| 槽间电压降 | 大 | 小 |
| 循环方式 | 一般为自然循环,个别为强制循环 | 强制循环和自然循环 |
| 变流效率 | 低 | 高 |
| 膜利用率 | 较低,72%～77% | 较高,可达92% |
| 停车频率 | 少 | 多 |
| 电解能耗 | 高 | 低 |
| 阳极更换 | 可重复使用 | 一次性报废 |
| 维修 | 电解槽数量多,维修量大,费用高 | 电解槽数量少,漏点少,维修简单,费用低 |
| 占地面积 | 大 | 小 |
| 投资 | 多 | 少 |
| 适用范围 | 可根据不同需要,自由选择电解槽的数量,一般适用于小规模生产,单台生产能力小 | 一般适用于大规模生产,单台生产能力大 |

## 六、氯碱生产工艺

### (一) 原料的处理过程

原盐是氯碱生产的唯一原料,盐水工序是保证氯碱厂正常安全生产,取得经济效益的重要工序,其任务是供应符合电解槽需要的高纯度的饱和盐水,并合理处理盐泥,尽量减少对生态环境的影响。离子交换法对于盐水中杂质离子的要求非常严格,因为金属氢氧化物在离子膜中沉积,会导致其性能急骤下降,甚至破坏离子交换膜而影响正常生产。

1. 一次盐水精制流程

盐水精制包括化盐、精制、澄清、过滤、重饱和、预热、中和以及盐泥洗涤处理等过程,制得纯净的精制盐水供电解槽使用。以采用道尔型澄清桶和重力式砂滤器的盐水精制工艺流程为例,如图 10-4 所示。

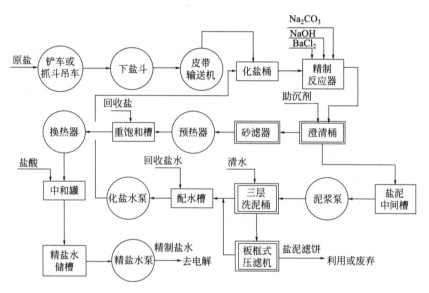

图 10-4　盐水精制工艺流程图

用铲车从盐库内运送原盐,计量重量后,送入盐斗,经皮带输送机加入化盐桶内。通过自动开关控制皮带输送机的运行,以便使化盐桶内盐层高度维持在 2.5m 以上。来自蒸发工段的回收盐水以及来自洗泥桶的洗泥水等在配水槽内配成化盐水,由泵送往化盐桶化盐。化盐水经桶底分配管均匀流出,通过盐层逆流而上,溶解原盐成为饱和的粗盐水,从化盐桶的上部溢流出来,经反应器与精制剂氯化钡溶液、碳酸钠溶液以及回收盐水中的氢氧化钠进行反应,使粗盐水中的 $SO_4^{2-}$、$Ca^{2+}$、$Mg^{2+}$ 等杂质生成不溶的硫酸钡、碳酸钙、氢氧化镁等沉淀。为了保证反应完全,严格控制碳酸钠和氢氧化钠的碱量略大于理论用量。$BaCl_2$ 的加入量则按反应后盐水中 $SO_4^{2-}$ 含量不超过 5g/L 的标准加以控制。带有悬浮沉淀物的粗盐水借位差流入澄清桶的中间筒,与此同时,加入苛化麸皮或聚丙烯酸钠等高分子凝聚剂作为助沉剂,使细小的沉淀凝聚为较大的絮团,借重力作用向下沉到桶底,澄清的盐水则上升到上层,并从澄清桶的溢流堰溢流出来,进入重力式砂滤器,盐水通过颗粒大小不一的石英砂(或焦炭)和卵石层,其所挟带的细微悬浮颗粒被截留。过滤后清盐水中悬浮物的含量可降

低到 $5 \times 10^{-6}$ 以下。再经预热器预热到 70℃ 左右，进入重饱和槽。通过蒸发回收盐层或真空精制盐层，得到含 NaCl 320g/L 以上的重饱和精盐水，再经换热器加热到 80℃ 以上，进入中和罐，用盐酸中和到 pH 为 7～8，然后在精盐水储槽内储存，一般储存量可供 12h 使用。用精盐水泵送往电解工序。

澄清桶底部的盐泥定期排入泥浆中间槽，由泥浆泵送到三层洗泥桶，用清水或蒸发工序送来的蒸汽冷凝水洗涤，回收盐泥中的氯化钠。洗泥水进入洗泥水储槽与回收盐水混合后送化盐配水桶用来化盐。洗涤后的盐泥在自动板框式压滤机内压滤，得到含盐水 40% 左右（盐水的 NaCl 浓度 2g/L）的盐泥滤饼，供进一步加工利用或作为填充物废弃。

通常盐水工序设置一个盐水回收池，处理盐水系统任何失常，盐水泥浆或不合格的盐水均可送到回收池内，上部澄清的盐水回收化盐，下部的盐泥送往洗泥桶，以保证盐水的质量并减少原盐的损失。

### 2. 二次盐水精制流程

从离子膜砂滤器出来的过滤盐水，先经过加酸中和，使盐水中的镁、钙等金属阳离子处于离子状态，使过滤盐水进入螯合树脂塔后，确保优良的离子交换效果。离子交换树脂是以固定在不溶性聚合物骨架上的活性阴离子基团为基础的，活性基团为氨基磷酸或亚氨基二乙酸中的阴性基团，惰性结构为聚苯乙烯-二乙烯苯。通常活性阴离子基团是用碱性阳离子钠，与盐水中的带等量电荷的离子进行交换，最终使树脂达到离子吸收的饱和状态。饱和的树脂可用稀盐酸溶液进行再生，使树脂呈氢离子态，然后再用稀 NaOH 溶液进行处理，使树脂恢复为钠离子状态，重新投入运行。

### （二）离子膜法生产工艺流程

#### 1. 单极槽离子膜电解工艺流程

各种单极槽离子膜电解工艺流程虽有一些差别，但总的大致相同，采用的设备和操作条件也大同小异。图 10-5 为旭硝子单极槽离子膜电解工艺流程简图。

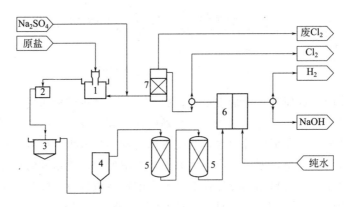

图 10-5　旭硝子单极槽离子膜电解工艺流程
1—饱和槽；2—反应罐；3—澄清桶；4—过滤器；5—树脂塔；6—电解槽；7—脱氯塔

如图 10-5 所示，以原盐为原料，从离子膜电解槽 6 中流出的淡盐水经过脱氯塔 7 脱去氯气，进入盐水饱和槽 1 制成饱和盐水，而后在反应罐 2 中加入 NaOH、$Na_2CO_3$、$BaCl_2$ 等化学物质，出反应器盐水进入澄清桶 3 澄清，但此时盐水仍有一定固溶物未达要求，因而再进入过滤器 4 过滤，经树脂塔 5 去除钙镁离子后方可进入离子膜电解槽 6 的阳极室；与此同时，纯水和液碱一同进入到阴极室。通入直流电后，在阳极室产生氯气和流出的淡盐水经分离器分离，氯气进入氯气总管，淡盐水一般含 NaCl 200～220g/L，经脱氯塔 7 去盐水饱和槽。在电解槽的阴极室产生氢气和 30%～35% 的 NaOH 液碱，同样也经过分离器，氢气进入氢气总管。30%～35% 的 NaOH 液碱可直接进行商品销售，也可送到氢氧化钠浓缩装置进一步处理，制得 50% 的液碱或更高纯度的固碱。

### 2. 复极槽离子膜电解工艺流程

复极槽离子膜电解工艺流程按进槽盐水、进槽淡碱液的供给方式不同分为强制循环和自然循环两种流程。国内众多氯碱生产厂家中，强制循环的代表流程为日本氯工程公司的强制循环流程，而自然循环流程的代表流程则为旭化成与北化机的自然循环流程。两种流程在供给进槽盐水、进槽淡碱液的设计上虽有一些区别，但总的原理和过程大致相同，采用设备也大同小异。

（1）自然循环旭化成复极槽离子膜电解工艺流程　自然循环旭化成复极槽离子膜电解工艺流程如图 10-6 所示。从离子膜电解槽 9 流出的淡盐水，经过阳极液气液分离器 10、阳极液循环槽 8、脱氯塔 13 脱去氯气，从亚硫酸钠槽 14 加入适量的亚硫酸钠，使淡盐水中的氯脱除干净，进入饱和塔 1，制成饱和食盐水溶液。向此溶液加入碳酸钠、氢氧化钠、氯化钡等化学品，在反应器 2 中进行反应，进入沉降器 3，使盐水中的杂质得以沉降。从盐水槽 4 出来的澄清盐水中仍含有一些悬浮物，经过盐水过滤器 5，使悬浮物降到 1mg/L 以下。此盐水流入过滤后盐水槽 6 再通过螯合树脂塔 7，进入阳极液循环槽 8，加入电解槽 9 的阳极室中去。向阴极液循环槽 11 加入纯水，然后与碱液一道进入电解槽阴极室，控制纯水加入量以调节制得氢氧化钠的浓度，氢氧化钠经阴极液气液分离器 12 及阴极液循环槽 11，一部分经泵引出直接作商品出售，也可以进入浓缩装置，进一步浓缩后再作为商品；另一部分经循环泵进入电解槽。电解产生的氯气经阳极液气液分离器 10 并与二次盐水进行热交换后送入氯气总管。淡盐水含 NaCl 190～210g/L，送到脱氯塔 13，脱除的废气再送处理塔进行处

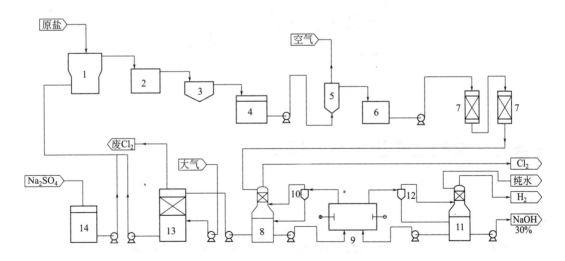

图 10-6　自然循环旭化成复极槽离子膜电解工艺流程图

1—饱和塔；2—反应器；3—沉降器；4—盐水槽；5—盐水过滤器；6—过滤后盐水槽；7—螯合树脂塔；

8—阳极液循环槽；9—电解槽；10—阳极液气液分离器；11—阴极液循环槽；

12—阴极液气液分离器；13—脱氯塔；14—亚硫酸钠槽

理（如果是真空脱氯，脱除的氯气可回到氯气总管）。

（2）强制循环复极槽离子膜电解工艺流程 强制循环复极槽离子膜电解工艺流程如图 10-7 所示。从盐水工序来的二次精盐水与氯气换热后与来自淡盐水循环槽的循环盐水在管道混合器中混合后，送到离子膜电解槽阳极室；来自碱液循环槽的碱液，用脱盐水稀释至 29%～30%，再经换热器预热至 80～85℃进入电解槽阴极室。经过电解反应后，阳极室生成氯气和淡盐水，阴极室生成氢气和氢氧化钠。从电解槽出来的 pH 值为 4～5 的淡盐水在进入淡盐水循环槽之前，在管道中再加入 30% 的盐酸酸化至 pH 值 2～3，一部分返回电解槽，另一部分送至脱氯工序处理。从系统来的氯水被回收到淡盐水储槽经淡盐水输出泵送出，并与电解淡盐水循环槽送来的淡盐水混合后送去脱氯。来自阳极室的氯气送至氯气处理工序处理。在保持离子膜电解槽氯氢气压力差为（300±20）mm $H_2O$（1mm$H_2O$=9.80665Pa）的情况下，将氢气送至氢气处理工序进行处理。电解槽流出碱液汇集在碱液循环槽后，一部分通过碱液中间槽送到成品槽销售或再加工使用，另一部分循环回电解槽作循环碱液使用。

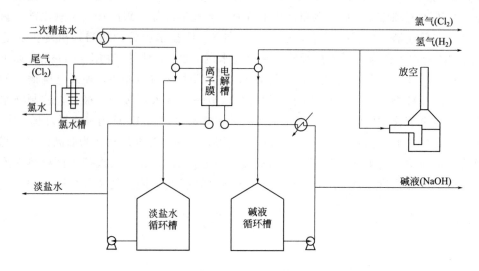

图 10-7　强制循环复极槽离子膜电解工艺流程图

# 任务二　氯碱生产运行与开停车

 工作任务

查一查氯碱装置开停车和运行控制的相关资料，理解氯碱生产的操作要点和调控方案，完成下表。

| 离子膜法生产氯碱的正常操作要点 | |
| --- | --- |
| 电解槽开车的必备条件 | |
| 电解槽操作中触发联锁的原因 | |

续表

| | |
|---|---|
| 电解槽停车的操作原则 | |
| 电解槽电压波动的原因和处理方案 | |
| 阳极液 pH 值偏高的原因和处理方案 | |
| 阴极液温度波动的原因和处理方案 | |

对表中内容进行整理，并相互交流。

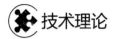 技术理论

### 一、离子膜电解槽的操作

#### (一) 电解槽的运行和保护

**1. 运行**

(1) 电流　整个装置的能力依赖于电解槽的负荷，电流由整流器供给电解槽。

(2) 极化整流器　电解槽由极化整流器经母线供给极化电流（30A）以保护阳极涂层免受 $Cl_2$ 的损害（停车条件下）。当主整流器运行时，二极管可防止反向电流进入极化整流器；当主整流器跳闸或计划停运时，投用极化整流器。

(3) 电解槽进料　根据负荷调节电解槽进料量。最小流量必须确保分配到每个单元槽的物料流动良好，在没有流量时通电是很危险的，电解液流量变送值与整流联锁。

(4) NaOH 浓度　为保证阴极液 NaOH 浓度为 32％，在阴极循环系统中加纯水，其流量控制根据整流负荷调节，在线浓度检测仪可确保阴极液 NaOH 的浓度。

**2. 联锁**

(1) 整流器跳闸　当发生以下情况中的其中一种或多种时，整流跳闸，同时 $Cl_2$ 压力调节阀关闭；$H_2$ 压力调节阀关闭；系统切换至自动联锁状态，部分装置手动操作，直至系统正常。

① 电解槽槽电压差高，高限报警超过 3s。

② 进槽盐水流量低，低限报警超过 2min。

③ 进槽碱液流量低，低限报警超过 2min。

④ 电解槽阴极出料阀未全开。

⑤ 电解槽阳极出料阀未全开。

⑥ $Cl_2$-$H_2$ 压差高，高限报警超过 10s。

⑦ $Cl_2$-$H_2$ 压差低，低限报警超过 10s。

⑧ $Cl_2$-$H_2$ 压差低，低限报警超过 $Cl_2$ 控制阀调节范围。

⑨ $Cl_2$ 压差高，高限报警超过 10s。

⑩ 任一应急按钮被激活。

⑪ 阴极液高位槽 31D001 液位低，低限报警。

⑫ 阳极液储槽 07D001 液位高，高限报警。

⑬ 阳极液高位槽 06D001 液位低，低限报警。

⑭ 两个阳极液泵 07P006A/B 都停运超过 20s。

⑮ 氯压机跳闸。

⑯ 电解槽阴极液温度高，高限报警超过 2min。

（2）降负荷　当发生以下情况中的其中一种或多种时，按每秒 1％降负荷，通常负荷不宜低于 4kA。只要相关联锁解除，就停止降负荷，启动倒计时（120s 作为第一点，180s 为最后一点），如果没有联锁反应，可恢复生产负荷。

① $Cl_2$-$H_2$ 压差高，高限报警。

② $Cl_2$ 压力高，高限报警。

③ 至废气的 $Cl_2$ 调节阀开到 20％超过 2min。

④ 电解槽阴极液温度高，高限报警。

⑤ 入槽盐水流量低，低限报警。

⑥ 入槽碱液流量低，低限报警。

（3）$H_2$ 低压保护　如果 $H_2$ 总管压力过低，尤其低于 25mbar（1mbar＝100Pa）时，$N_2$ 总管阀打开。

**（二）电解槽的开车**

1. 正常开车前的准备

（1）预先通知　要把开车时间和计划供给电解槽的电流负荷通知相关工段。

（2）生产条件的准备

① 将氮气送入阴极液循环槽，并且使氢气管线中的氧含量小于 1％（也可根据氮气实际含氧而定之，若氮气含氧为 3％，则氢气管线中的氧含量小于 3％即可）。

② 保持阴极液循环槽的液面在指定值，并进行开车，用碱预热循环。

③ 保持阳极液循环槽的液面在指定值，并通过阳极液循环槽进行二次盐水循环。

④ 向阳极液循环槽中加入纯水，调整阳极液中含 NaCl 量为（18.5±1）％。

⑤ 供给阳极液循环槽的盐酸管线及供给阴极液循环槽的纯水管线已准备好。

⑥ 电解槽的膜泄漏试验，槽泄漏试验完毕。

⑦ 电解槽移动端的锁定螺母已调节至指定位置。

（3）确认下列相关工段

① 氯氢处理工段已准备好，通往除害工序的氯气管线，通往氢气放空的氢气管线皆被打开。

② 动力供给工段已做好准备。

③ 整流工段已做好准备。

④ 二次盐水精制工序，脱氯工序已稳定运行起来。

（4）电解液的供给和电解液的循环　开动阴极液循环泵和阳极液循环泵，并将阴极液充入电解槽的阴极室，阳极液充入电解槽的阳极室，电解槽阴、阳极室分别用电解液充满后，打开电解槽出口管线上的阀门，调整进电解槽阴、阳极室流量分别为（94±5）$m^3/h$，保持电解液循环 10min，以检查各单元槽电解液的流动情况及电解槽的泄漏情况，保持电解槽的压差在 15kPa 范围内，如果槽内电解液流动正常，且无漏点，则可提高电解槽液压机的油压至规定值 12MPa。

2. 开车

当电解槽电流提至 5kA 后，再进行以下各项工作。

① 用数字式电压表测量每个单元槽的电压，假如某单元槽电压高于平均单元槽电压0.3V以上，则该单元槽为异常。

② 停止向氢气总管和阴极液循环槽供应氮气。

③ 停止向阳极液循环槽加入纯水，并调整向阳极液循环槽进入的二次盐水流量并与电解槽的电流负荷相适应。

④ 确认供给电解槽电流的电流表和电解槽电压表的指针没有异常的波动，然后调整电解槽差压电位计的指针至零点并将此联锁装置投入。

⑤ 将阴极液 NaOH 浓度设定在指定值，调整加入阴极液循环槽纯水的流量，保证阴极液 NaOH 浓度在规定的范围内。

⑥ 将阴、阳极液循环槽的液位设定在指定值，使液位自动保持在规定值。

⑦ 检查电解槽两侧出口软管中流体的流动状态，在软管中不允许有低的流动速率。

⑧ 检查各单元槽阳极液出口软管中的颜色，淡红色、紫色或无色都表明处在该单元槽位置的离子膜泄漏。

⑨ 检查单元槽的泄漏情况，主要是单元槽的软管螺母处和单元槽密封面处。

⑩ 设定接地继电器的指针在规定范围内。

⑪ 逐步向阳极液循环槽中加入盐酸，控制从阳极液循环槽排出的淡盐水 pH 值为 2.0～2.5。

⑫ 逐步提高氯气和氢气分离器出口总管的氯气和氢气压力至规定值，并利用仪表的比值调节功能，保持两气体压力差为 15kPa，在氯气和氢气压力升高期间，一名操作人员应站在电解槽前，通过调节阳极液和阴极液流量的方法，保持电解槽的压差在 $(1.5\pm0.3)\times10^4$ Pa 的范围内。

⑬ 检查氯气纯度，如果氯气纯度大于 98.5%，则切换氯气管线至氯气处理工序。

⑭ 检查氢气纯度，如果氢气纯度大于 99.9%，则切换氢气管线至氢气处理工序。

⑮ 氯气、氢气纯度合格后，根据生产平衡，可逐步提高电流负荷至规定值。

⑯ 当电解槽的温度（阴极液出口温度）达 85℃，并在 85℃稳定 2h 后，用锁定螺母锁定电解槽的移动端，然后将液压机的油压降至规定值。

⑰ 用阴极液冷却器调整阴极液进入电解槽的温度，保证电解槽阴极液的出口温度在 (85±1)℃。

### （三）电解槽的停车

电解槽停车可能是计划性的或因紧急情况跳闸造成的。电解槽可以紧急断电而不损坏离子膜，但应采取一些预防措施来防止跳闸后事故的发生。一旦出现电解电力故障，电解槽应紧急停车，相关联锁装置可以避免单元槽碱液被稀释。如果盐水和碱液循环停止，高位槽的精盐水和碱液继续向电解槽进液以便置换单元槽中的气体，直到电解槽出口软管溢流。

在停车期间，应用新鲜盐水和碱液清洗电解槽（最好是连续的）。游离氯必须彻底排出，以免损坏阳极涂层。计划停车或紧急停车时应遵守以下原则：

① 逐渐降负荷直至停整流，确认阴极系统补水或电解槽加酸已停止，等待单元槽溢流，确保极化整流正常运行，盐水和碱液流量减至 17.3m³/h。

② 稳定离子膜两侧压差以便相对固定离子膜。

③ 用偏碱性盐水清洗阳极室除游离氯，否则次氯酸盐和 NaCl 将在膜中结晶使膜鼓泡。

④ 继续循环碱液，停止碱液加热，当停车时间超过 4h，将盐水和阴极液冷却至 55℃。

⑤ 将阴阳极液的浓度维持在正常操作水平，这将使阴极液离子浓度高于阳极液中离子浓度，保证水从阳极通过离子膜向阴极渗透，返渗透可能会引起离子膜永久性损坏。

**1. 短时间停车步骤**

① 电解槽降负荷（每步 0.5kA），直至停整流。

② 等待单元槽溢流。

③ 停车后立即确认电解槽总管充 $N_2$。

④ 确保极化整流运行正常。

⑤ 确认阴极系统补水停止。

⑥ 确认成品碱阀关闭。

⑦ 按规定流量继续循环盐水和碱液，隔离阀保持打开状态。

⑧ 加热盐水和碱液在 70～75℃，保持电解液温度。

⑨ 如果停车时间超过 1h 而不超过 4h，检测阴极液含量，使之不低于 28%。保持碱液流量或间歇输入新鲜碱液，定期检测其浓度。

⑩ 重新开车前升温至 70℃，检测阴极 Fe 含量。

**2. 长时间停车步骤**

① 盐水和碱液保持循环。

② 盐水和碱液温度降至 55℃。

③ 当温度低于 55℃ 或阴极液游离氯除尽后，停极化整流。

a. 若停车时间少于 7d：确认碱液含量必须在 28%；如果碱液含量低于 28%，加新鲜碱液将其含量提高至 28%，加碱前需检测其 Fe 含量。

b. 若停车时间超过 7d：停极化；温度降至 40℃。

④ 电解槽排液。排液程序如下：

电解槽开始排液前，通常要冷却电解槽，冷却电解槽的盐水用纯水稀释防止结晶；从进液总管对电解槽排液，先排盐水以便让单元槽阴极侧液面略高于阳极侧；随时仔细观察电解槽液位，测量液位时需关闭排放阀并打开液位计上的阀门，读完数后打开此阀继续排液；当盐水液位比阴极液液位低约 300mm，同步打开阴极液排放阀，随时检测液位并相应调整排液速度；确认氢气总管充氮气，检查排液时"U"形压力计压力，使之保持正压；当阴阳极液位指示已排净时，关闭阴阳极排放阀；阴极侧保持微正压，阳极侧放空；冷却盐水和碱液至 55℃。

**3. 紧急停车步骤**

（1）紧急停车的原因　当发生以下情况时，需要进行紧急停车。

① 下游工序即氯、氢处理和氯化氢等工序的故障；

② 电解槽压差大于 35kPa，或小于 -5kPa；

③ 电解槽的差压电位值大于 2V 或小于 -2V；

④ 阴极液循环泵或阳极液循环泵停止运转；

⑤ 仪表电源突然断电；

⑥ 仪表气源压力小于 0.45MPa；

⑦ 氯气或氢气压力突然升高至联锁点；

⑧ 电流过载，供给电解槽直流电超过电解槽额定电流；

⑨ 电解槽内电解液泄漏，导致电解槽接地；

⑩ 高压电路故障；

⑪ 整流器故障；

⑫ 其他意外事故，用紧急停车旋钮进行紧急停车。

电解槽紧急停车后，应迅速和中心调度室联系，以便及时通知相应工序，采取应急措施，避免重大事故发生，同时对电解槽进行处理。

（2）紧急停车后，阴、阳极液循环泵继续运转的情况

① 调节电解槽的阴、阳极液进口流量，以保持电解槽的压差在 0～15kPa；

② 停止向阳极液循环槽中供给盐酸，降低（或停止）二次盐水向阳极液循环槽中的加入量，停止向阴极液循环槽中供应纯水；

③ 确认电解槽是否被锁定，如果电解槽还未被锁定，降低液压机的油压至 6.9MPa；

④ 保持电解槽内阴极、阳极液循环 5min；

⑤ 确认电解槽能否在 1h 内开车，如果能开车，准备开车；如果不能在 1h 内开车，对电解槽进行排气、排液、水洗。

（3）紧急停车后，阴、阳极液循环泵停止运转的情况

① 首先停止向阳极液循环槽中加入盐酸，降低（或停止）向阳极液循环槽中加入二次盐水的流量，停止向阴极液循环槽中加入纯水；

② 关闭电解槽的阴、阳极液的进出口阀门；

③ 确认电解槽是否被锁定，如果未锁定，降低液压机的油压至 6.9MPa；

④ 如果阴、阳极液循环泵能马上启动，则按上文（2）中的④；

⑤ 如果阴、阳极液循环泵不能马上启动，则需将氯气管线切换至除害工序，氢气管线切换至放空管线，然后向电解槽内加入纯水，使电解槽内气体排出，再按上述（2）中的程序⑤进行。

## 二、离子膜法生产氯碱的工艺控制

### （一）氯碱工艺计量

由于在氯碱工艺过程中，从原料、中间体到成品都有腐蚀性，并有固、液、气三种状态，还遇到一些浑浊、沉积、易结晶的介质。因此给计量与控制带来了很大困难。另外，以往各仪表制造厂都是生产通用的工业自动化仪表，很少生产批量较小、材质要求特殊的氯碱专用仪表。因此长期以来一直影响了氯碱工艺的检测和自动化技术的发展，特别是中、小规模的老企业，计量与控制都较简单。近年来随着新材料和新技术的出现，在通用仪表的基础上对测量、变送和执行机构加以改进，选用特殊材料，并且为氯碱工艺提供了不少专用分析仪器，例如：氯气中含氢、氯气中微量水分、氯气浓度、盐酸浓度、液碱浓度等分析仪器，逐步完善了氯碱的检测与控制技术。近年来，新建的大规模氯碱生产线都配备有相当数量的计量与控制仪表，基本上满足了工艺控制的要求。

### （二）温度调节系统

温度调节有加热调节和冷却调节两种类型。加热调节有：盐水工序溶盐桶的温度调节、电解工序盐水预热器温度调节、蒸发工序电解液的温度调节等。冷却调节有：成品碱冷却的温度调节、氢气冷却塔的温度调节、氯气液化槽的温度调节等。

1. 加热型温度调节系统

以电解工序盐水预热器为例，选用电动单元组合仪表，其调节系统组成如图 10-8 所示。

其工作过程如下。

进电解槽的盐水需要预热到规定温度，用热电阻测预热器出口的盐水温度，经温度变送器变换为 $0\sim10\text{mA}$ 或 $4\sim20\text{mA}$ 电流统一信号。作为调节器的输入及调节器进行 PID 运算后输出调节信号，由电气转换器将电流信号转换成压力为 $0.02\sim0.1\text{MPa}$ 的气动信号送到调节阀，使其改变开启度来调节加热蒸汽流量，使盐水温度达到设定温度。

**2. 冷却型温度调节系统**

以氢气冷却塔温度调节为例，氢气处理工序有防爆要求，可选用气动单元组合仪表，其调节系统如图 10-9 所示，工作过程与盐水预热器温度调节相仿，不再详述。

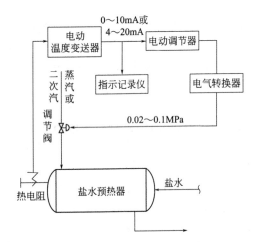

图 10-8 盐水预热温度调节系统

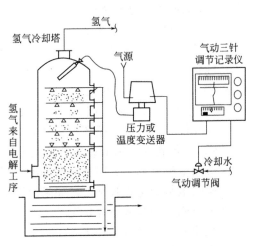

图 10-9 氢气冷却塔温度调节系统

**3. 调节阀的选用与调节信号的匹配**

从生产安全考虑加热型调节宜用气开式调节阀，调节器输出信号要选反作用，即温度下降输出信号增加，使阀门开大，增加热量，被调对象温度上升。冷却型调节宜用气闭式调节阀，调节器输出也是反作用，如遇温度上升，输出信号下降，阀门开大，增加冷却量。对氢气冷却塔不允许断水，因此在调节器输出信号中要设置上限限幅，防止阀门全关，当系统故障时输出信号为零，阀门处于全开状态，不致发生事故和危险。

**（三）压力调节系统**

氯碱工艺过程中稳压调节系统用得较多，例如，氯、氢总管的压力调节、压缩后的氯气稳压调节、液氯汽化器压力调节、蒸发工序一次蒸汽压力调节等，下面列举两个典型的压力调节系统。

**1. 氯气总管稳压调节系统**

氯气总管要求保持微负压，防止电解槽氯气外溢，一般选用电动单元仪表组成调节回路。由于湿氯气腐蚀性强，要采用钽膜片低差压变送器测量氯气的微负压，也可用氟油隔离防腐。其调节系统如图 10-10 所示，对此类调节系统应认真考虑以下几点：

① 取压点位置的选择。应尽量靠近电解部分的总管上，能迅速反映电解槽的压力。

② 调节阀安装位置的选择。调节阀必须装在回流管上，回流管最好从氯气压缩机出口回到取压点的总管上，调节回流量来稳定电解系统的氯气压力。

③ 调节阀的选择。调节阀要考虑防腐和密封，由于阀前、后的压差较大，通过阀门的

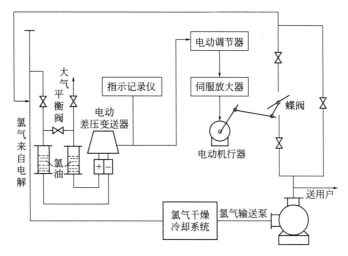

图 10-10　氯气总管稳压调节系统图

气体流速大，容易磨损，因此阀体和阀芯都要用防腐材料制成，而且选用蝶形调节阀为宜。

2. 氢气总管稳压调节系统

氢气总管要求保持微正压，以保证电解槽正常生产，氢气有防爆要求，在分散控制场合可选用气动单元仪表，如果是集中控制则选用防爆型电动单元仪表。在此系统中，调节对象是氢气总管压力。回流量和排空量为被调量，可采用比例积分调节规律。根据不同的工艺状况可选用以下三种调节方案。

(1) 氢气总管压力调节方案一　此方案与氯气总管稳压调节基本相同，只是在氢气总管上装有钟罩式安全放空装置，当回流调节阀处于全关闭状态时总管压力还继续上升并超过规定值时，钟罩上升将氢气排空，保持总管稳压。当氢气用量小于产量时系统压力趋向不稳定，在大量氢气放空（在系统开车时）或钟罩断水时可能会失灵，造成空气倒吸入氢气系统而发生事故。

(2) 氢气总管压力调节方案二　在方案一的基础上作改进，多余氢气通过调节阀"B"，来控制放空量，它与回流调节阀"A"组成分程调节回路，由调节器输出信号控制两个调节阀的开和闭，其调节系统如图 10-11 所示。氢气稳压的调节过程如下：氢气输送泵的输送能力一般都大于产量，当氢气需要量大于产量时，泵的抽力加大，进口压力下降，调节器接受偏差信号，经运算后输出气信号（反作用）增加，回流调节阀"A"开大，增加回流量，使进口压力回升到设定值。当用气量低于产量时，泵出口阻力增加，输送量降低，泵进口和总管压力升高，回流调节阀"A"关小，直至关闭，然后开启放空阀，开启度大小由调节器控制，以保持总管压力的稳定。由于调节对象是管道，因此容量小，如果两个调节阀匹配不当会引起系统振荡。

(3) 氢气总管压力调节方案三　如果工艺上在输出泵出口设置湿式气柜，增加了缓冲量，可以使系统趋于稳定，并可将多余氢气作为能源利用。

**(四) 流量调节系统**

在氯碱生产过程中流量调节有单参数调节和流量配比调节两种。下面以两个典型的调节系统为例，说明调节过程。

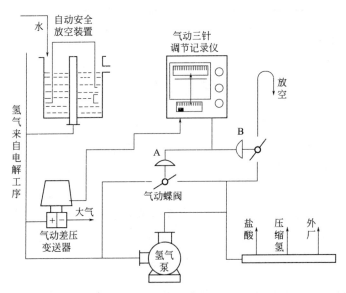

图 10-11 氢气总管稳压调节系统图

## 1. 氯气透平压缩机防喘振流量调节系统

一般要求在不低于额定流量的 $70\%$ 情况下工作，不致引起喘振而造成事故。其方法是通过回流调节阀，将经过压缩并冷却的氯气回流一部分到透平机的进口，形成自身循环。其调节系统如图 10-12 所示。

## 2. 盐水工序洗泥桶清水和泥浆流量配比调节系统

洗涤盐泥的热水和泥浆应按一定配比量进入洗泥桶，以泥浆为主调量组成单参数调节系统，并经配比调节器对洗涤热水进行调节，组合起来构成配比调节系统。如图 10-13 所示。

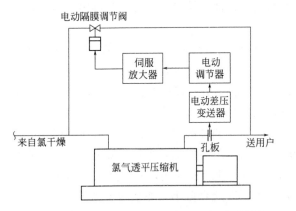

图 10-12 氯气透平压缩机防喘振流量调节系统图

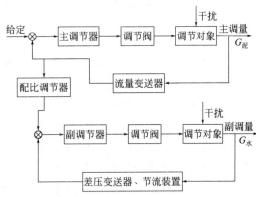

图 10-13 洗泥桶清水和泥浆流量配比调节系统图

其调节过程是：按工艺条件定泥浆流量作主调回路给定值，实际流量由主调回路来实现定值调节，使实际流量稳定在一定范围内。同时将流量变送器的信号分一支路给配比调节，配比调节器按工艺要求选定泥浆与洗涤热水的配比系数，其输出信号作为热水流量调节的给定值，再经过副调回路对洗涤热水进行配比调节，从而适应工艺要求以达到自控目的。

在此系统中由于泥浆易结垢、堵塞及腐蚀等问题，所以测量流量要选用靶式流量变送器或电磁流量变送器，并要求带有定期冲洗的装置选用 V 形调节阀或偏心调节阀，才能保证系统正常工作。

### （五）液位调节系统

在氯碱生产过程中液位调节的应用较多，一般均采用单参数调节，例如，盐水高位槽液位调节，氢气水环泵气、水分离器液位调节，液氯的气、液分离器液位调节，以及液碱蒸发器液位调节等。这些系统的组成基本相同，测量液位都可用法兰式差压变送器，都应设置高、低位报警信号。

#### 1. 电解工序的盐水高位槽液位调节系统

此系统采用单参数定值调节，被调参数是液位高度，由于盐水易结晶有沉积物，易堵塞，且有腐蚀性，测量液位可选单插入法兰式差压变送器，测量膜片选用含钼、钛的不锈钢材质。安装位置应离底部稍高一点的位置上，调节阀可选用 U 形调节阀。

#### 2. 液氯工序的液氯气、液分离器液位调节系统

要使气液完全分离，须保持分离器液位在一定范围内变化，用衬防腐材料的隔膜式调节阀来控制液氯排出量，测量液位可选用双平法兰式差压变送器，测量膜片可选用钽膜片或在普通不锈钢膜片上衬 F46 膜片防腐。

### （六）物料的组分调节系统

氯碱工艺采用组分调节系统不多，目前普遍采用的有：盐水工序的盐水 pH 调节；次氯酸钠反应终点的 pH 控制；蒸发工序蒸发器的液碱浓度控制；盐酸工序的盐酸浓度控制等。组分调节质量的好坏主要取决于组分测量仪表的可靠性与稳定性，以及正确选择测量点。

#### 1. 精制盐水的 pH 调节系统

精制盐水在进入电解槽前必须加盐酸，使其接近中性以保证电流效率，因此 pH 调节是必不可少的，其调节系统是单参数调节。为保证调节质量对其系统要求：①盐酸高位槽液位要稳定（可用两位式液位调节或用卧式储槽）；②盐水流量要稳定；③检测点要选在反应完全、均匀的地点（一般采用流通式酸度发生器装在中和槽出口管上）；④控制盐酸的调节阀要耐腐蚀、且用小尺寸阀门。此系统有以下三种方案。

（1）调节方案一　如果工艺规模小，加酸量很微小，若用泵或小尺寸阀都不能稳 pH 值的调节，则可改变工艺，将氯化氢气体直接加入盐水的中和槽中，采用隔膜式调节阀控制氯化氢气体加入量。

（2）调节方案二　取消盐酸高位槽及夹管调节阀，用隔膜泵控制盐酸加入量，根据 pH 值来调节泵的转速，以达到控制加酸量目的。例如调节盐水高位槽液位，也是调节盐水泵的转速，不仅节能，还可防腐蚀。

（3）调节方案三　控制盐酸加入量的阀门可采用夹管式调节阀，夹管材料为氯丁橡胶。

#### 2. 盐酸浓度调节系统

首先要测得盐酸的浓度，然后由单参数调节回路控制吸收水的加入量，测量盐酸浓度的仪表有三种：①超声波式；②光电式；③电磁式。可选用其中一种作为浓度测量的变送器。为保证调节质量和防断水造成的严重后果，对系统要求：①调节阀的最小开启度要限值；②吸收水流量要显示，并带下限报警；③吸收水压力要有压力补偿，最好选用数字式单回路调节器，以减少仪表数量提高系统的可靠性。

### 三、氯碱生产异常现象及处理方法

氯碱生产中异常现象产生的原因及处理方法见表 10-2～表 10-5。

**表 10-2　异常现象产生的原因及处理方法（二次精制部分）**

| 序号 | 异常现象 | 产生的原因 | 处理方法 |
|---|---|---|---|
| 1 | 第一塔出口 $Ca^{2+}+Mg^{2+}$ 浓度超过 $200\times10^{-9}$ 或第二塔出口 $Ca^{2+}+Mg^{2+}$ 浓度超过 $20\times10^{-9}$ 或第二塔出口 $Sr^{2+}$ 浓度超标 | ① 过滤盐水不合格<br>② 树脂异常<br>③ 再生异常 | ① 纠正过滤异常,并据超标情况决定是否提前切换<br>② 检查树脂颜色(正常为浅黄色)、粒形(正常为球状)、分布(正常时树脂层表面平整)以及树脂的数量,必要时更换或补充树脂,根据超标情况决定是否提前切换<br>③ 提前切换,确认再生所有步骤的条件和进展情况,纠正异常步骤<br>④ 立即进行树脂塔的切换或停车 |
| 2 | 树脂塔流量(F-2002)下降或失去流量 | ① PU-204 异常<br>② F-2002V 异常<br>③ 压差过高(>0.1MPa)<br>④ 第二塔出口压力高(>0.15MPa)<br>⑤ 程控阀出现故障 | ① 开动 PU-204 备泵<br>② 打开 F-2002V 旁路阀,并通知仪表工<br>③ 切换、再生,加大反洗力度<br>④ 反冲树脂捕集器 |

**表 10-3　异常现象产生的原因及处理方法（电解部分）**

| 序号 | 异常现象 | 产生的原因 | 处理方法 |
|---|---|---|---|
| 1 | 淡盐水浓度偏低或高 | ① 供给盐水量偏小或偏大<br>② 供给盐水浓度偏低或偏高 | ① 增加或减少供给盐水量<br>② 将供给盐水浓度调至正常范围或加大流量 |
| 2 | 碱浓度偏高或低 | ① 供给纯水量偏小或偏大<br>② 淡盐水浓度偏高或偏低 | ① 增大或减少供给纯水量<br>② 将淡盐水浓度调至正常范围 |
| 3 | 槽温偏高或低 | ① 进槽盐水或循环碱温度偏高或偏低<br>② 膜破,碱由阴极室进入阳极室 | ① 降低或升高进槽物料温度<br>② 停槽、换膜 |
| 4 | 槽温槽压异常上升 | 断进槽盐水或循环碱 | 立即恢复进槽盐水或循环碱流量 |
| 5 | 槽压异常上升 | ① 电解液温度低<br>② 阳极液浓度增加<br>③ 由于整流器的故障引起过电流<br>④ 阴极液浓度增加<br>⑤ 膜的金属污染 | ① 调整进槽物料温度及流量<br>② 通知整流<br>③ 根据盐水中钙镁含量降电流或紧急停车 |
| 6 | 氯内含氧异常偏高 | ① 膜破裂<br>② 供给盐水质量异常 | ① 停槽换膜<br>② 恢复供给盐水质量、降负荷或紧急停车 |
| 7 | 槽温上升,槽压下降,电流效率急剧下降,氯内含氧急剧上升,淡盐水 ppH 急剧上升 | 膜破裂 | 停槽换膜 |
| 8 | 停车期间出槽阳极软管内或进槽阴阳软管颜色改变 | ① 膜破裂<br>② 进槽物料内含有铁离子 | ① 停槽换膜<br>② 检查进料管线阀门衬胶 |

续表

| 序号 | 异常现象 | 产生的原因 | 处理方法 |
|---|---|---|---|
| 9 | 碱中氯化钠含量偏高 | ① 阴极液浓度偏低<br>② 阳极液浓度偏低<br>③ 膜受损或破裂 | ① 调整阴极液浓度<br>② 调整淡盐水<br>③ 停槽换膜 |
| 10 | 进槽盐水和循环碱流量异常波动 | ① 高位槽液位波动<br>② 自动控制阀或流量计出现故障 | ① 立即将控制高位槽液位的自动阀手动控制<br>② 请仪表工检修或更换 |
| 11 | 氯氢压力异常波动 | ① 自动阀频繁开关<br>② 放空阀打开<br>③ 相关储槽液位异常 | ① 手动调节稳定后投自动<br>② 检查仪表空气压力是否正常<br>③ 检查储槽液位并恢复正常 |

**表 10-4    异常现象产生的原因及处理方法（脱氯部分）**

| 序号 | 异常现象 | 产生的原因 | 处理方法 |
|---|---|---|---|
| 1 | A3404 显示值偏高,脱氯含游离氯偏高 | ① 真空度偏低<br>② 淡盐水 pH 值高<br>③ 淡盐水温度偏低<br>④ 脱氯盐水 pH 值低<br>⑤ 亚硫酸钠添加量不足 | ① 检查系统是否漏气,蒸汽压力是否正常<br>② 调节 A3403 处于 1.5~2.2 之间<br>③ 尽可能升高淡盐水温度<br>④ 调节 A3405 在 7~10.5 之间<br>⑤ 加大亚硫酸钠流量 |
| 2 | 真空度偏低 | ① 真空系统有漏点<br>② 蒸汽压力偏低<br>③ 到蒸汽喷射器去的氯气温度太高<br>④ VE-353 内气相压力太高 | ① 检查真空系统的密封<br>② 提高蒸汽压力<br>③ 检查脱氯蒸汽冷却器的冷却水的流量<br>④ 设法恢复 VE-353 内的气相压力 |

**表 10-5    异常现象产生的原因及处理方法（废气吸收部分）**

| 序号 | 异常现象 | 产生的原因 | 处理方法 |
|---|---|---|---|
| 1 | 大量氯气溢出 | ① 循环液中含碱浓度过低<br>② 有关阀门泄漏大量氯气进除害塔<br>③ 循环泵故障 | ① 切换循环液储槽<br>② 检查泄漏阀门<br>③ 消除循环泵故障 |
| 2 | 循环槽液位异常升高 | ① 引风机跳停<br>② 循环液中次氯酸钠开始分解 | ① 检修引风机<br>② 检查 HE-001 的循环水状况<br>③ 向循环槽中加碱 |

## 思考题

1. 氯碱的生产方法主要有哪几种?

2. 离子交换膜法与隔膜法相比较有什么特点?

3. 离子膜的电解原理是什么? 影响离子膜法生产氯碱的因素有哪些?

4. 目前的电解槽有单极槽和复极槽,其区别有哪些? 各有什么优缺点?

5. 简述旭硝子离子膜法生产氯碱的工艺过程。

6. 氯碱生产产生的氯气腐蚀性和毒性极强,如何做到安全生产?

7. 氯碱行业能耗高,尤其是电耗非常大,生产过程中有哪些措施能够降低能耗?

8. 在正常运行过程中,遇到电解槽电压偏高时该如何进行调控?

9. 在生产中，盐水进入电解槽前，如何进行精制盐水的 pH 调节，使之符合要求？

10. 请认真思考你在本项目中，是否与团队进行了愉快合作？是否在团队讨论中展示了良好的语言表达能力？是否在完成项目报告中贡献了较好的文字表达能力？是否深刻体会到了安全环保对化工生产的重要性？

 课外阅读

## 液氯生产泄漏事故应急处理

液氯生产系统中储槽集中，存销量大，氯气及液氯的管道、设备较多，随时都有可能发生氯气泄漏事故。一旦泄漏体积迅速膨胀，泄漏出来的液氯会在空气中迅速蒸发为氯气并沿着地面扩散和随风飘移，在很短的时间内可形成半径很大的有毒气体危险区。氯气又可助燃，并以毒气雾状向大气迅速扩散，进而导致引发爆炸的连锁事故，出现死伤惨剧。此类事故不仅影响城市安全，而且社会危害极大，所以在液氯生产和储存管理中如何防止泄漏，在事故发生后，如何按预定措施紧急快速控制和处理泄漏事故点、减少人员伤亡及环境污染等，是氯碱企业系统安全生产管理中的重中之重。

### 一、液氯泄漏的特点

液氯泄漏具有发生突然、扩散迅速并造成大面积毒害、泄漏环境复杂、处置难度大、持续时间长、涉及面广等特点，因此液氯泄漏时要遵循快速应战、紧急疏散、处置泄漏、清理现场的顺序进行科学合理的处置。

### 二、泄漏原因分析

氯是一种非常活泼的元素，可以和大多数元素（或化合物）起反应，在常压下即气化成气体，有剧烈刺激作用和腐蚀性。干燥的氯气对钢铁等常用材料的腐蚀较小，但潮湿的氯气对钢铁及大多数金属有较强的腐蚀性。

氯气生产过程中会含有一定量的水分，虽经氯压机干燥处理，但最终装入储槽的氯气仍可能含有少量的水分，使之对液氯容器及管道、阀门等产生缓慢腐蚀。因此氯气泄漏的原因主要是储存容器、管道附件等受腐蚀损坏。

### 三、液氯泄漏的分类及应急处置程序

1. 泄漏分类

① 液氯钢瓶泄漏；

② 液氯管道泄漏；

③ 液氯管件（阀门、法兰、弯头、垫片）泄漏；

④ 液氯储槽泄漏。

2. 泄漏的应急处置程序

（1）液氯管道上的管件（阀门、法兰、弯头、垫片）泄漏

① 2 人穿戴好空气呼吸器、防化衣，用氨水检查出管件泄漏部位，泄漏量较小时，可

直接将管卡上紧，将漏点密闭。如泄漏量较大，将水幕喷淋及事故塔启动，并将负压管对准泄漏点，将泄漏出的氯气进行抽吸，防止氯气扩散。对泄漏出的氯气可用氯气捕消器进行捕消。

② 打开液氯包装主管上的回流阀、负压储槽进料阀，将充装主管内液氯泄压到负压储槽内。待压力平衡时，关闭负压储槽进料阀，打开回流管至纳氏泵进口阀，用纳氏泵将包装主管内气体抽空。

③ 报告分厂调度，待置换、化验合格后将漏点补焊或更换阀门、法兰、弯头、垫片处理。经检修、检验合格后，方可重新投入生产。

以液氯储槽泄漏为例，介绍应急处置程序：液氯储槽泄漏时一般情况比较严重，现场人员应及时戴好防护用品，按操作规程尽可能地进行关阀、堵漏等初步应急处理，并报警。

① 第一时间将厂房玻璃门窗关闭，启动水幕喷淋及事故吸收塔系统，并向调度及分厂领导汇报，启动相应预案，抢险队结合，疏散无关人员，启动公司级事故预案。

② 操作工立即穿戴好防化衣、空气呼吸器，关闭储槽进料阀、出料阀、平衡阀，进入现场查漏，向有关人员汇报。

③ 如泄漏量较小，2人用氨水检查出设备泄漏部位，可直接用密封剂将漏点密闭。如泄漏量较大，将负压管对准泄漏点，将泄漏出的氯气进行抽吸，防止氯气扩散。

④ 打开事故储槽出口阀和低液位储槽回流阀，开启液下泵，将液氯回流至其他储槽进行泄压，待事故储槽液位到液位计底限时停液下泵，关闭回流阀。

⑤ 打开泄漏储槽与负压储槽的放空阀，将压力泄至负压槽，开启纳氏泵，将泄漏储槽进行抽真空、置换。

⑥ 分析污染区域空气质量，洗消直至合格。

⑦ 报告分厂调度，待置换、化验储槽内气体合格后将漏点补焊处理。检查、检测合格后抽真空，作为事故负压槽备用。

氯气泄漏抢修后，现场可能仍有大量的残余物对人员安全、生态环境造成危害，因此，必须在事故结束后对现场残留物进行洗消和清除，经化验现场内空气合格后方可进入车间检查设备阀门，重新组织开车。

液氯泄漏事故应急处置是一项专业技术性很强的工作，企业对待事故必须"高度重视，快速处置"，遵循"疏散救人、划定区域、有序处置、确保安全"的战术原则。采取及时有效的安全防护以及应急救援程序，尽可能将液氯泄漏事故做到早发现、早控制、早处理，快速、有效地将氯气生产过程中出现的泄漏事故控制在萌芽和初现阶段，使液氯泄漏危害后果降低在最低限，达到液氯生产安全、清洁、环保的目的。在处置事故时遵循"疏散救人、划定区域、有序处置、确保安全"的基本原则，遵循科学规律，既能有效地控制事故，又能避免应急人员遭遇不必要的伤亡。

# 参 考 文 献

［1］ 陈学梅，梁凤凯．有机化工生产技术与操作．3 版．北京：化学工业出版社，2021．

［2］ 颜鑫．无机化工生产技术与操作．3 版．北京：化学工业出版社，2021．

［3］ 仓理．新型环保涂料生产技术．北京：化学工业出版社，2020．

［4］ 李志松，王少青．聚氯乙烯生产技术．北京：化学工业出版社，2020．

［5］ 何小荣．石油化工生产技术．北京：化学工业出版社，2019．

［6］ 郑哲奎．石油加工生产技术．北京：化学工业出版社，2019．

［7］ 卞进发，彭德厚．化工基本生产技术．2 版．北京：化学工业出版社，2015．

［8］ 刘振河．化工生产技术．北京：化学工业出版社，2016．

［9］ 程桂花，张志华．合成氨．2 版．北京：化学工业出版社，2016．

［10］ 陈五平．无机化工工艺学（下）：纯碱与烧碱．3 版．北京：化学工业出版社，2018．

［11］ 崔世玉．化工生产技术．北京：中国劳动社会保障出版社，2012．

［12］ 刘国桢．现代氯碱技术手册．北京：化学工业出版社，2018．

［13］ 王焕梅．有机化工生产技术．2 版．北京：高等教育出版社，2013．

［14］ 刘晓勤．化学工艺学．2 版．北京：化学工业出版社，2016．

［15］ 徐绍平．化工工艺学．2 版．大连：大连理工大学出版社，2012．

［16］ 赵忠尧．甲醇生产工业．北京：化学工业出版社，2013．

［17］ 郑广俭，张志华．无机化工生产技术．2 版．北京：化学工业出版社，2010．

［18］ 符德学．无机化工工艺．西安：西安交通大学出版社，2005．

［19］ 吴志泉．工业化学．2 版．上海：华东理工大学出版社，2003．

［20］ 陈声宗．化工过程开发与设计．北京：化学工业出版社，2005．

［21］ 陈文华，郭丽梅．制药技术．北京：化学工业出版社，2003．

［22］ 曾繁芯．化学工艺学概论．2 版．北京：化学工业出版社，1998．